U0266261

21 世纪先进制造技术丛书

铝基非晶纳米晶涂层技术

梁秀兵　程江波　张志彬　陈永雄　胡振峰　著

科学出版社

北　京

内 容 简 介

铝基非晶材料具有低密度、高强度、耐腐蚀、耐磨损等优异特性,近年来已成为海洋设施表面防护材料的研究热点之一。本书结合作者多年来的研究工作,概述了铝基非晶材料及其涂层制备技术的发展现状,系统介绍了三种铝基非晶纳米晶涂层材料制备、组织结构、力学性能、耐腐蚀和耐磨损性能,分析了热处理工艺对铝基非晶纳米晶涂层组织结构、力学性能、耐腐蚀和耐磨损性能的影响规律,最后介绍了铝基非晶纳米晶涂层的初步应用情况并分析了其经济性。

本书可供表面工程与腐蚀防护领域的科研、教学和工程技术人员阅读,也可供相关专业研究生、本科生参考。

图书在版编目(CIP)数据

铝基非晶纳米晶涂层技术 / 梁秀兵等著. -- 北京 : 科学出版社,2025.3. -- (21世纪先进制造技术丛书). -- ISBN 978-7-03-081228-5

Ⅰ. TM271

中国国家版本馆CIP数据核字第2025647QQ7号

责任编辑:刘宝莉 乔丽维 / 责任校对:任苗苗
责任印制:肖 兴 / 封面设计:蓝正设计

科 学 出 版 社 出版

北京东黄城根北街 16 号
邮政编码:100717
http://www.sciencep.com

三河市春园印刷有限公司印刷
科学出版社发行 各地新华书店经销

*

2025 年 3 月第 一 版 开本:720×1000 1/16
2025 年 3 月第一次印刷 印张:15
字数:300 000

定价:138.00 元

(如有印装质量问题,我社负责调换)

"21 世纪先进制造技术丛书"编委会

"21世纪先进制造技术丛书"序

21世纪，先进制造技术呈现出精微化、数字化、信息化、智能化和网络化的显著特点，同时也代表了技术科学综合交叉融合的发展趋势。高技术领域如光电子、纳电子、机器视觉、控制理论、生物医学、航空航天等学科的发展，为先进制造技术提供了更多更好的新理论、新方法和新技术，出现了微纳制造、生物制造和电子制造等先进制造新领域。随着制造学科与信息科学、生命科学、材料科学、管理科学、纳米科技的交叉融合，产生了仿生机械学、纳米摩擦学、制造信息学、制造管理学等新兴交叉科学。21世纪地球资源和环境面临空前的严峻挑战，要求制造技术比以往任何时候都更重视环境保护、节能减排、循环制造和可持续发展，激发了产品的安全性和绿色度、产品的可拆卸性和再利用、机电装备的再制造等基础研究的开展。

"21世纪先进制造技术丛书"旨在展示先进制造领域的最新研究成果，促进多学科多领域的交叉融合，推动国际间的学术交流与合作，提升制造学科的学术水平。我们相信，有广大先进制造领域的专家、学者的积极参与和大力支持，以及编委们的共同努力，本丛书将为发展制造科学，推广先进制造技术，增强企业创新能力做出应有的贡献。

先进机器人和先进制造技术一样是多学科交叉融合的产物，在制造业中的应用范围很广，从喷漆、焊接到装配、抛光和修理，成为重要的先进制造装备。机器人操作是将机器人本体及其作业任务整合为一体的学科，已成为智能机器人和智能制造研究的焦点之一，并在机械装配、多指抓取、协调操作和工件夹持等方面取得显著进展，因此，本系列丛书也包含先进机器人的有关著作。

最后，我们衷心地感谢所有关心本丛书并为丛书出版尽力的专家们，感谢科学出版社及有关学术机构的大力支持和资助，感谢广大读者对丛书的厚爱。

华中科技大学

2008 年 4 月

序

非晶材料与传统晶态材料不同,其原子呈短程有序、长程无序排列,表现出无周期性和平移对称性,具有均匀结构和均一成分,不存在晶界、位错等易诱发失效的结构缺陷,拥有优异的物理、化学、力学、防腐蚀和耐磨损等性能,在航空、航天、海洋、交通、电力等领域的应用潜力巨大。然而,非晶结构在热力学上并不稳定,会在特定条件下发生由高能态向低能态的转变,即形核与长大。其中,铝基非晶结构的形成能力较低,导致由传统工艺制备的铝基非晶材料产品多以粉状、丝棒状、片层状等形态存在,而且制备过程中易受到外界条件的干扰,极易发生氧化。高速电弧喷涂铝基非晶涂层制备技术具有材料制备与成形一体化的特点,可将具有强非晶形成能力的普通晶态合金粉末包覆在铝基药芯焊丝内,并以此药芯焊丝作为电弧喷涂材料,能够在动态喷涂过程中原位实现铝基非晶涂层的制备。该工艺具有简单易操作、效率高等特点,不会受到工件形状与尺寸限制,适合在户外开展大面积工程应用,在海洋防腐蚀领域尤其具有重要应用前景。

《铝基非晶纳米晶涂层技术》一书对铝基非晶纳米晶涂层技术基础理论的阐述系统全面,对铝基非晶纳米晶涂层微观组织、制备工艺和性能特点的研究深入细致,技术成果的系统性强、创新性突出,是铝基非晶纳米晶涂层技术领域难得的著作。该书的出版定将对铝基非晶材料研究领域的科技人员、教师及学生产生积极的作用,同时对于推动铝基非晶纳米晶涂层的技术工程化应用也具有重要的理论价值和实践意义。

涂善东

中国工程院院士
华东理工大学
2024 年 8 月

前　言

在海洋工程领域，钢铁和铝合金等构件材料长时间暴露于海水和海洋大气等严苛环境中，承受着高盐分、高湿热、酸碱变化、泥沙冲击、机械擦伤等环境因素带来的持续损害。随着时间的推移，这种持续损伤可能导致材料表面出现点蚀、划痕、裂纹、屈服变形等多种形式的破坏。这些损伤形式可能诱发严重的海上事故，给国家财产和人民安全带来重大损失。

为了解决这一问题，研究人员一直在力图开发超耐蚀表面防护涂层材料。铝基非晶材料以其低密度、高强度、耐腐蚀、耐磨损等优异特性，成为这一领域的理想选择，结合高速电弧喷涂技术的低成本、高效率、设备简单、操作方便等优势，尤其适宜现场大面积施工操作，在海洋防护方面的应用前景巨大。

我国相继开展了针对铝基非晶材料的研究工作，并取得了一定的研究成果，但较为全面、系统地介绍有关铝基非晶涂层材料的专著较少。为进一步促进铝基非晶涂层材料的发展，作者结合课题组多年来针对铝基非晶涂层材料的研究成果和实践经验撰写了本书。全书系统概括了铝基非晶涂层材料及其基础理论和制备技术方面的研究进展，具有很强的科学性、系统性和实用性，是适用于铝基非晶纳米晶涂层材料研究及其基本知识普及和应用指导的著作。

本书是在中国工程院徐滨士院士、薛群基院士、涂善东院士、周建平院士指导下完成的，由梁秀兵、程江波、张志彬、陈永雄、胡振峰等撰写。全书共6章。第1章主要概述铝基亚稳态材料及其涂层制备技术的研究现状，由陈永雄、张志彬、鲁楠、袁嘉驰撰写；第2章主要介绍 Al-Ni-Mm-Co 非晶纳米晶涂层的制备工艺优化、组织结构、力学性能、耐腐蚀和耐磨损性能，由张志彬、梁秀兵、张秦梁、王骏遥撰写；第3章主要介绍 Al-Ni-Zr(-Cr) 非晶纳米晶涂层的组织结构、力学性能、耐腐蚀和耐磨损性能，由梁秀兵、范建文、王鑫、邢悦、商俊超撰写；第4章主要介绍 Al-Fe-Si 非晶纳米晶涂层的材料设计与制备、组织结构、力学性能、耐腐蚀和耐磨损性能，由程江波、王宝磊、严晨、宋培松撰写；第5章主要介绍热处理对铝基非晶纳米晶涂层组织结构、力学性能、耐腐蚀和耐磨损性能的影响，由梁秀兵、程江波、王必时、李旭、花李薇撰写；第6章主要介绍铝基非晶纳米晶涂层初步应用结果，并对其经济性进行分析，由胡振峰、井致远、何鹏飞、杜晓坤撰写。

本书的相关研究内容获得了国家重点研发计划"固废资源化"重点专项项

目"废旧重型装备损伤检测与再制造形性调控技术"（2018YFC1902400），国家自然科学基金面上项目"防腐与耐磨双重功能铝基亚稳态复合涂层成形机制与性能"（51375492）、"快速动态原位合成 AlSi 基非晶涂层及其损伤行为研究"（51575159），以及军队科研项目等的资助，在此表示衷心感谢。

　　铝基非晶纳米晶涂层材料研究工作仍处于不断发展过程中，相关的理念及成果还在不断涌现。由于作者水平有限，书中难免存在不足之处，敬请读者批评指正。

目　　录

第1章 概　　述

1.1　铝基亚稳态材料概述

1.1.1　亚稳态材料概述

亚稳态材料是热力学上以高于平衡态自由能的状态存在的材料，主要包括非晶材料、纳米晶材料和准晶材料[1]。亚稳态材料是指由非晶相、纳米晶相复合组成的材料，是一种兼具非晶材料和纳米晶材料性能优势的综合体。

非晶材料的研究工作起源于 20 世纪 30 年代末，1937 年，Kramer[2]首次采用蒸发沉积法制备了非晶薄膜，从此揭开了非晶材料研究的序幕。1949 年，Turnbull[3]完成了水银过冷试验，提出了液态金属可以一直过冷到远离平衡熔点以下而不发生形核与长大，即液态金属在一定条件下可以冷却到非晶态，从而奠定了非晶形成的理论依据。1950 年，Brenner 等[4]采用电沉积法制备出了 Ni-P 非晶薄膜，并且首次实现了工业化应用。1958 年，第一届非晶态固体物理国际会议在美国艾尔弗雷德市召开，从此非晶材料得到了更多的关注。1960 年，Klement 等[5]采用熔体急冷法制备了组成为 $Au_{70}Si_{30}$（表示各元素原子分数：Au 70%，Si 30%，下同）的非晶薄带，突破了非晶态合金制备工艺的关键技术难题。1971 年，Gilman[6]将此技术加以拓展，使非晶薄带可以以 2km/min 的高速连续生产，为研究非晶材料力学、磁性、超导电性、防腐蚀等性能以及探索开发新型非晶材料提供了重要途径。目前，已开发了 Pd 基、Mg 基、La 基、Ce 基、Ti 基、Fe 基、Cu 基、Ni 基、Zr 基、Al 基等多种非晶合金材料体系[7-16]。

非晶材料，也被称为玻璃态材料或无定形材料，与晶态材料相比，其没有周期性和平移对称性，具有短程有序、长程无序性。图 1.1 为晶态材料和非晶材料中的原子排布示意图。从图中可以看出，晶态材料组织结构均匀、成分均一，不存在晶界、位错等缺陷，拥有比传统材料更优异的物理、化学、力学、防腐蚀和耐磨损等性能，在航空航天、精密机械、信息通信、电子电器等领域具有较大的应用潜能。但是，非晶材料在热力学上是非平衡的亚稳态结构，在一定条件下会向低能量的状态转变，即发生形核长大现象[17]。如果晶化所需的条件适合，可从非晶结构中析出纳米晶相，即形成由非晶相与纳米晶相复合组成的材料。纳米晶材料通常晶粒细小（<100nm），具有较高的界面体积分数，表现出较高的强度、较强的塑性变形能力等特点，赋予了非晶纳米晶复合材料更加优异的性能。

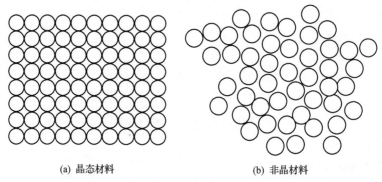

(a) 晶态材料   (b) 非晶材料

图 1.1   晶态材料和非晶材料中的原子排布示意图

1.1.2 铝基非晶材料概述

铝基非晶材料具有低密度、高强度、优异的防腐蚀性能和良好的弹塑性等优势，受到了较多的关注[18]。20 世纪 60 年代以前，利用熔体急冷法制备铝基非晶材料，且其材料体系主要为铝-非金属和铝-过渡金属体系，但是基于这些体系制备出的材料中只含有极少量的非晶结构。1965 年，Predecki 等[19]首次获得了 Al-Si 体系的非晶合金，但是该合金内部并不是完全非晶结构。1981 年，Inoue 等[20]制备了 Al 元素原子分数超过 50%且呈现完全非晶结构的三元 Al-Fe-B 和 Al-Co-B 非晶合金。此后，相继开发出单一非晶结构的 Al-Fe-Si[21]、Al-Ge-Mn[22]等合金材料，但是这些材料脆性较大，导致在之后的一段时期内，人们普遍认为脆性是铝基非晶合金无法逾越的固有属性。直到 1987 年，Inoue 等[23]成功获得了具有高硬度和高强度的铝基非晶合金，而且这类合金在大幅度弯曲的情况下并未发生断裂，表现出良好的韧性。自此开始，铝基非晶合金的研究进入了高速发展阶段。

国内针对铝基非晶合金的研究工作也取得了一些重要的成果。2009 年，Mu 等[24]采用熔体处理法获得了临界尺寸达毫米级的 Al-Ni-La 体系块体非晶合金，同时这些材料的压缩强度和塑性应变分别达到 1180MPa 和 0.02。2013 年，Wang 等[25]采用气体雾化法制备了 $Al_{85}Ni_5Y_6Co_2Fe_2$ 非晶合金粉末。研究结果表明，该合金粉末由非晶相和纳米晶相共同组成，且粉末显微硬度值超过了 300HV，远高于传统晶态高强铝合金的硬度。2017 年，谈震等[26]采用惰性气体雾化法制备了 $Al_{86}Ni_7Er_5Co_1La_1$ 合金粉末。研究结果表明，随着粉末粒径的减小，粉末的组织结构由非晶相与晶体相的复合结构逐渐转变为完全非晶结构，其中粒径小于 25μm 的粉末几乎完全为非晶结构。2017 年，牛犇等[27]采用单辊旋淬法制备了 $Al_{88}Co_4Y_6Er_2$ 非晶合金，并运用差示热分析法研究了非晶合金的晶化动力学性能，获得了非晶合金的初始晶化激活能。2022 年，Zhang 等[28]基于材料模拟技术研究了 Zr 元素含量对 Al-Ni-Zr 非晶合金的玻璃形成能力与热稳定性的影响,并获得了最优耐腐蚀性能的合金成分。

目前,有关铝基非晶合金开发、性能等方面的研究主要集中在 Al-RE、Al-RE-TM、Al-LTM-ETM 等二元或多元体系(RE 表示稀土元素,TM 表示过渡族元素,LTM 表示周期表中的Ⅶ族和Ⅷ族元素,ETM 表示周期表中的Ⅳ~Ⅵ族元素)[29]。基于这些体系制备出的铝基非晶合金均表现出了较高的强度和较好的塑性,在航空、航天等轻质构件材料领域具有广阔的发展前景。

铝基非晶合金的传统制备技术主要有两种[30]:一是急冷技术,即寻求满足更大冷却速度的快速凝固制备技术来获得非晶合金,如单辊旋转淬冷、气体雾化、表面熔化及强化等技术;二是机械合金化技术,也就是使合金粉末经过反复变形、冷焊、破碎后,实现粉末颗粒原子扩散,从而获得非晶化的合金粉末,如高能研磨或球磨等技术。但是,由于 Al 元素具有极强的活性和易氧化的特性,与其他合金系相比,铝基非晶合金具有较低的玻璃形成能力(glass forming ability,GFA)。GFA 体现了非晶形成的难易程度,即 GFA 越强,获得高的非晶含量的可能性越大。到目前为止,还未出现存在较大 GFA 的铝基非晶合金(即过冷液相区温度范围 $\Delta T_x \geqslant 50\text{K}$ [2])。这使依靠上述传统的非晶合金制备技术仅能获得薄带、条状或粉末状等低维度的铝基非晶合金材料,极大地限制了该类材料的工程应用[28]。因此,解析铝基非晶合金的形成机制,提升铝基非晶合金的热稳定性,改善铝基非晶合金的制备技术,获得制备出块体或大面积铝基非晶合金的新理论、新技术,是铝基非晶合金研究的重点之一[31]。

1.1.3 铝基非晶合金玻璃形成能力概述

非晶合金的形成机制涉及材料结构、热力学和动力学等多方面因素。在非晶合金的开发历程中,为了获得高非晶含量的合金材料,围绕上述因素形成了众多的科学理论。Turnbull[32]提出了连续形核理论,揭示了非晶合金玻璃形成的动力学特性,阐述了非晶合金的玻璃化转变特征。Uhlmann[33]在连续形核理论基础上,首次引入了玻璃形成的相变理论。Davies 等[34-36]将这些理论应用于玻璃体系,估算出了玻璃形成的临界温度。随着块体非晶合金的发展,玻璃形成理论也逐渐丰富。当前,影响块体非晶合金形成机制研究最深的两个理论为 Greer[37]的混沌理论和 Inoue[38]的三个经验准则。其中,Greer[37]提出的混沌理论指出,玻璃形成能力随合金组元数目增多、组元原子半径差增大而增强。Egami[39]在此基础上,将拓扑学理论推广到多组元块体非晶合金,提出了延伸后的混沌理论:①增加组元的原子尺寸比;②增加组元数目;③增加小原子组元和大原子组元之间的交互作用;④增加小原子组元之间的相互排斥作用。Inoue[38]提出的三个经验准则为:①合金成分由 3 个或 3 个以上组元组成;②主要组元之间原子尺寸差大于 12%,且满足大、中、小的关系;③主要组元间有较大的负混合热。

由于铝基非晶合金种类、成分类型、成分比例差异等因素,尚未形成一种较为成熟的可准确用于指导铝基非晶合金材料体系设计与建立的理论[40]。因此,结合热物性参数、热力学参数、热力学-动力学参数和临界冷却速度等因素,对铝基非晶合金的玻璃形成能力进行分析,在铝基非晶合金成分设计与体系开发方面具有重要意义[41,42]。

1. 热物性参数

通常采用热物性参数来表征合金的玻璃形成能力,如过冷液相区温度范围 ΔT_x($\Delta T_x = T_x - T_g$, T_x 为晶化开始温度, T_g 为玻璃化转变温度)、约化玻璃化转变温度 T_{rg}($T_{rg} = T_g / T_l$, T_l 为液相温度)等。通常, ΔT_x 越大,玻璃化转变液相区间温度范围越宽,合金的玻璃形成能力越强。许多块体非晶合金具有较宽的过冷液相区,如最大的 Pb 基合金的 ΔT_x 可达 117K。表 1.1 为部分铝基非晶合金的热物性参数[41]。从表中可以看出,铝基非晶合金的 ΔT_x 普遍小于 16K,仅有部分超过 20K。T_{rg} 是根据非平衡凝固理论来评价合金体系玻璃形成能力的重要指标,即 T_{rg} 越大,穿过 T_l 到 T_g 温度区间进行快速冷却而不发生晶化的可能性越大,合金的玻璃形成能力越强。Louzguine-Luzgin 等[43-46]的研究结果表明,通常情况下合金的 $T_{rg} > 0.6K$ 时,具有良好的玻璃形成能力;而铝基非晶合金的 T_{rg} 数值普遍处于 0.4～0.5K,小于 0.6K。最为重要的是,铝基非晶合金没有明显的 T_g,这使得上述两个参数在分析铝基非晶合金的玻璃形成能力时失去了作用。可见,铝基非晶合金的玻璃形成能力较弱,属于边缘性非晶合金[47]。

表 1.1　部分铝基非晶合金的热物性参数[41]

铝基非晶合金	T_g/K	T_x/K	T_m/K	T_l/K	ΔT_x/K	T_{rg}/K	γ
$Al_{84}Ni_{10}Zr_3Ce_3$	554.69	565.87	896.87	1187.67	11.18	0.4670	0.3248
$Al_{84}Ni_{10}Zr_2Ce_4$	550.10	561.79	896.63	1149.90	11.69	0.4784	0.3305
$Al_{84}Ni_{10}Zr_1Ce_5$	549.65	562.19	898.07	1158.61	12.54	0.4744	0.3291
$Al_{84}Ni_{10}Ce_6$	544.94	561.09	896.03	1135.86	16.15	0.4798	0.3338
$Al_{85.8}Ni_{9.1}Y_{5.1}$	477	496	899	1200	19	0.3975	0.2958
$Al_{86}Y_{4.5}Ni_6Co_2La_{1.5}$	505	513	900	1197	8	0.4219	0.3014
$Al_{85}Ni_5Co_2Ce_8$	543	576	—	—	33	—	—
$Al_{85}Ni_5Co_2U_8$	560	580	—	—	20	—	—

注:T_m 为合金熔点。

促进合金非晶形成的关键在于保持非晶结构的热稳定性以及对晶核形成与长大的抑制力，即通过调控 T_{rg} 和 ΔT_x 这两个热物性参数可实现对合金玻璃形成能力的改善，但是它们并不能完全准确地反映出铝基非晶合金的玻璃形成能力。T_{rg} 和 ΔT_x 之间不存在绝对的相关性，片面增大 T_{rg} 反而会缩小 ΔT_x，在评价合金的玻璃形成能力时存在一定的不足[41]。为此，Lu 等[48]提出采用 γ 参数来表征合金的玻璃形成能力，即 $\gamma = T_x/(T_g + T_l)$，γ 越大表示合金的玻璃形成能力越强。从表 1.1 可以看出，大部分铝基非晶合金的 γ 值在 0.3 附近。

虽然 ΔT_x、T_{rg} 和 γ 等热物性参数在一定程度上均可用来表征合金的玻璃形成能力，但是这些参数均是在非晶合金经过加热晶化后获得的，受加热时间和加热速度影响；而合金的玻璃形成能力是独立于加热速度的物理量，其表征参数仍需要通过液相冷却形成非晶过程中的热力学和动力学共同耦合建立。

2. 热力学参数

非晶态结构是一种原子排列呈短程有序、长程无序的均质结构，其非晶形成过程中熔化态合金液体的结构演化行为应满足热力学原理[49]。热力学参数 θ 受到非晶的混合熵 ΔS_{mix} 和矫正错配熵 S_σ/k_B（k_B 为玻尔兹曼常数）的影响，也可以用来表征合金的玻璃形成能力[50]。其中，ΔS_{mix} 是一种用来表征合金系统状态无序程度的物理参数，合金熔体的 ΔS_{mix} 越大，说明合金系统的无序程度越高，在快速冷却过程中原子越难实现规则排列，即合金的玻璃形成能力较强[50]。S_σ/k_B 表示原子间结构对非晶的影响，且根据 Inoue 的三个经验准则可知，S_σ/k_B 越大，原子尺寸差异越大，合金的玻璃形成能力越强[41]。因此，可将 ΔS_{mix} 与 S_σ/k_B 的乘积用 θ 参数来表示[51]。表 1.2 为部分铝基非晶合金的热力学和动力学参数[41]。对表 1.2 中几种铝基非晶合金的 θ 值进行分析可知，θ 值与合金的玻璃形成能力成正比，即 θ 值越大，合金的玻璃形成能力越强。

表 1.2　部分铝基非晶合金的热力学和动力学参数[41]

铝基非晶合金	T_x /K	T_l /K	T_{rx} /K	M	ΔS_{mix} /(kJ/mol)	S_σ/k_B	θ /(kJ/mol)	θ/M /(kJ/mol)
$Al_{87}Co_4Ce_9$	573	1104	0.519	1.155	4.156	0.249	1.035	0.896
$Al_{85}Co_{10}Ce_5$	562	1203	0.467	1.531	4.523	0.191	0.864	0.564
$Al_{84}Yb_{11}$	446	1085	0.411	0.984	3.291	0.390	1.283	1.303
$Al_{91}Yb_9$	433	1068	0.405	1.127	2.864	0.335	0.959	0.851
$Al_{84}Ni_{10}Ce_3La_3$	566	1095	0.517	1.020	5.143	0.234	1.203	1.179
$Al_{84}Ni_{10}Ce_3Nd_3$	567	1210	0.469	1.037	5.119	0.210	1.075	1.037

注：T_{rx} 为约化晶化转变温度，即 $T_{rx} = T_x/T_l$。

3. 热力学-动力学参数

黏度也是判断合金玻璃形成能力强弱的一个重要参数。黏度越大，原子重新规则排列的难度越大，越不易形成长程有序的结构。Angell[52]提出了过冷液体脆性参数 m，并通过试验证明了 m 和 GFA 之间呈负相关关系，且只有当形成非晶合金时才能获得 m 值。基于此，Bian 等[53]提出了采用过热熔体的脆性参数 M（M 是过热温度到液相温度区间范围内黏度的变化率）来评价合金玻璃形成能力的强弱，并通过研究证明了 M 与 GFA 之间存在良好的负相关性。

只有综合考虑热力学和动力学的共同作用，并采用 θ/M 来表征玻璃形成能力，才能更合理地反映出玻璃形成能力的真实情况。在 θ/M 中，θ 值越大，即体系中原子混乱程度和原子间尺寸差异越大，越有利于非晶的形成；M 值越小，则表示快速凝固时原子结构重新规则排列的阻力越大，越有利于非晶的形成。表 1.2 中的数值可以证实采用 θ/M 来评价合金玻璃形成能力的可行性。

4. 临界冷却速度

临界冷却速度 R_c 常被用来表征合金的玻璃形成能力。R_c 值越低或 R_c 值下获得合金的直径或厚度越大，合金的玻璃形成能力越强[54]。当熔体合金的冷却速度高于 R_c 时，才会形成均匀的非晶结构，也就是说熔体所需 R_c 越小，合金形成非晶的能力越强[55]。Liao 等[56]基于 Takeuchi 等[57]提出的 R_c 理论进行了计算与统计。表 1.3 为典型铝基非晶合金计算结果[41]。从表中可以看出：

（1）$Al_{86}Ni_6Y_{4.5}Co_2La_{1.5}$ 具有最好的玻璃形成能力，其 R_c 数值最小，达到 $3.01\times10^3K/s$；而 $Al_{87}Ni_9Ce_4$ 的 R_c 数值最大，达到 $10.20\times10^3K/s$。

（2）随着合金成分组元数目的增多，合金的 R_c 数值逐渐变小，其玻璃形成能力增强。

（3）除 $Al_{87.5}Ni_4Sm_{8.5}$ 和 $Al_{85}Ni_5Fe_2Gd_8$ 外，合金的 R_c 数值越小，制备出的样品尺寸 t_c 越大。

（4）存在三元合金比四元合金具有更强玻璃形成能力的情况，如 $Al_{85.5}Ni_{9.5}Ce_5$ 和 $Al_{85}Ni_5Fe_2Gd_8$。

表 1.3　典型铝基非晶合金计算结果[41]

铝基非晶合金	a /Å	T_g /K	T_l /K	η_{T_l} /(Pa·s)	R_c /(10^3K/s)	t_c /μm
$Al_{87.5}Ni_4Sm_{8.5}$	2.60	508	1268	0.13	7.20	—
$Al_{87}Ni_7Gd_6$	2.66	488	1167	0.16	7.01	300
$Al_{87}Ni_9Ce_4$	2.86	468	1146	0.14	10.20	290

续表

铝基非晶合金	a /Å	T_g /K	T_1 /K	η_{T_1} /(Pa·s)	R_c /(10^3K/s)	t_c /μm
$Al_{85}Ni_{10}Ce_5$	2.86	523	1165	0.22	4.45	425
$Al_{85.5}Ni_{9.5}Ce_5$	2.86	519	1158	0.21	3.49	510
$Al_{85}Ni_6Fe_3Gd_6$	2.58	570	1173	0.33	3.82	250
$Al_{85}Ni_5Fe_2Gd_8$	2.56	570	1283	0.20	3.65	200
$Al_{86}Ni_7Y_5Co_1La_1$	2.88	500	1205	0.15	3.22	1000
$Al_{86}Ni_7Y_{4.5}Co_1La_{1.5}$	2.88	504	1196	0.16	3.04	1000
$Al_{86}Ni_6Y_{4.5}Co_2La_{1.5}$	2.88	505	1197	0.16	3.01	1000

注: a 为原子间距; η_{T_1} 为 T_1 下的熔体黏度。

Gangopadhyay 等[58]采用球磨法制备了七元 $Al_{88}La_2Ce_2Gd_2Y_1Er_1N_4$ 和四元 $Al_{88}La_2Gd_6Ni_4$ 合金，并证实两者具有相近的玻璃形成能力。换言之，依靠多组分促进非晶形成的混乱理论并不一定适用于所有铝基非晶合金体系。

综上所述，铝基非晶合金的成分体系、组元数目及含量、结构特性、热力学和动力学特征等因素均会对其玻璃形成能力产生明显的影响，这导致没有一种较为合适的评价标准可以用来指导铝基非晶合金成分的精准设计。因此，未来仍需加强对适用于铝基非晶合金成分设计的通用型指导理论的深入研究。

1.2　铝基非晶纳米晶涂层制备技术

1.2.1　铝基非晶纳米晶薄膜层制备技术

采用表面改性技术制备较薄级别的铝基非晶纳米晶涂层，具有成分可控、非晶含量较高等特点，已经被广泛认可。其中，气相沉积铝基非晶纳米晶薄膜制备技术是近三十年来迅速发展起来的一门新技术，受到了普遍重视。该技术具有沉积涂层均匀致密、涂层材料广、对环境无污染等特点，在非晶薄膜制备领域优势明显。该技术可依据材料形态分为化学气相沉积(chemical vapor deposition, CVD)和物理气相沉积(physical vapor deposition, PVD)两大类[59-64]。其中，CVD 是一种在相当高的温度下，利用气相物质在材料表面发生化学反应而形成固态薄膜层的工艺。在 CVD 镀膜过程中，常利用辉光放电、光照射、激光照射、等离子照射等外界物理条件使反应气体活化，促进化学反应过程或降低气相反应的温度。而 PVD 是一种在真空条件下，利用各种物理手段，将靶材气化成原子、分子或电离成离子，并直接沉积到材料表面形成固态薄膜层的工艺，主要包括蒸发镀膜、溅射镀膜和离子镀膜。

Car 等[65]利用直流磁控溅射技术制备了 Al-M(M=Ta, Nb, Mo, W)合金涂层，并绘制了 Al-M(M=Ta, Nb, Mo, W)合金的晶化与非晶结构转变图，如图 1.2 所示。研究结果表明，Al-Ta 和 Al-Nb 合金涂层形成完全非晶结构的成分区间较宽，且当 Al 含量较高时其易存在纳米晶化相；而 Al-W 和 Al-Mo 合金涂层形成完全非晶结构的成分区间较窄。

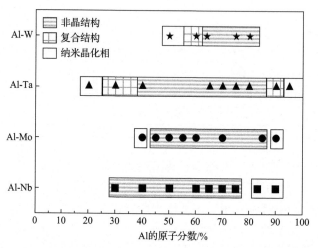

图 1.2　Al-M(M=Ta, Nb, Mo, W)合金的晶化与非晶结构转变图[65]

Nie 等[66]利用直流磁控溅射技术制备了 Al-M(M=Ti, Cr, Mo, W)合金涂层，并绘制了 Al-M(M=Ti, Cr, Mo, W)合金的晶化与非晶结构转变图，如图 1.3 所示。研究结果表明，Al-Ti 和 Al-Cr 合金涂层在较宽的成分范围内呈现为完全非晶结构，而 Al-Mo 和 Al-W 合金涂层一般呈现为非晶/晶化复合结构。

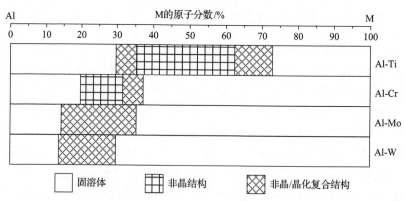

图 1.3　Al-M(M=Ti, Cr, Mo, W)合金的晶化与非晶结构转变图[66]

1998 年，Li 等[67]采用电沉积技术在 1020 钢棒材表面制备了 Al-Mn 合金薄膜，并研究了 Mn 含量对制备的薄膜非晶含量的影响。研究结果表明，随着 Mn 元素的原子分数从 15% 增加到 25%、44%，Al-Mn 合金薄膜的相结构经历了三个过程：铝基非晶 + 铝纳米晶复合结构→完全非晶结构→铝基非晶相 + 金属间化合物复合结构。

2009 年，Ruan 等[68]采用电沉积技术制备了 Al-Mn 合金镀层，研究了其微观组织随 Mn 元素原子分数递增的变化情况。研究结果表明，当 Mn 元素的原子分数为 0～7.5%时，Al-Mn 合金镀层表现为 Al 的面心立方体单相结构，而且晶粒尺寸不断减小；当 Mn 元素的原子分数为 8.2%～12.3%时，Al-Mn 合金镀层表现为非晶与纳米晶共存结构，纳米晶粒尺寸为 2～50nm；当 Mn 元素的原子分数继续增大到 13.6%～15.8%时，Al-Mn 合金涂层表现为完全非晶结构。

2009 年，Zhang 等[69]采用电沉积技术在 AZ32B 镁合金表面制备了高 Mn 元素含量的 Al-Mn 合金薄膜。研究结果表明，当 Mn 元素的质量分数为 24.5%～29.3%时，Al-Mn 合金薄膜达到完全非晶结构。

2012 年，Chen 等[70]利用电沉积技术在 NdFeB 磁体表面制备了 Al-Mn 非晶镀层。研究结果表明，镀层的结构均匀，与基体结合良好，没有明显的裂纹，而且该镀层为非晶结构，但厚度仅有 18μm。

2013 年，Li 等[71]采用大面积电子束辐照技术辐照块状 Al-Co-Ce 晶态合金表面。研究结果表明，在 35kV 阴极电压下，当脉冲数为 25 和 50 时可以得到完全非晶相，而当脉冲数为 100 和 150 时，非晶基体相中会出现局部结晶区域。

2013 年，Liu 等[72]利用摩擦搅拌焊工艺将 Al-Ni-La 非晶薄带焊接在 5A06 铝合金表面，并在合金表面形成了"三明治"结构薄涂层。该涂层的结构主要为 α-Al、Mg_2Al_3、$MnAl_6$ 和 La_3Al_{11} 晶化相以及存在较多的由 α-Al 相和非晶相复合而成的超细晶结构，其晶粒尺寸为 90～400nm。

2014 年，Chang 等[73]利用离子溅射技术以 Al-Ni-Y 为靶材在 Si 基板上沉积了不同成分且厚度均为 200nm 的铝基非晶薄膜。研究结果表明，仅有 $Al_{83}Ni_4Y_2Zr_{11}$、$Al_{83}Ni_3Y_1Ta_{13}$ 和 $Al_{77}Ni_2Y_1Ta_{20}$ 合金的薄膜表现出完全非晶结构，而其他成分组成的薄膜表现为面心立方结构的 Al 晶相镶嵌于非晶相基体中的复合结构。

2016 年，Chen 等[74]采用多弧离子镀技术在 316L 不锈钢表面制备了 Al-Cr-Si-N 纳米复合涂层。研究结果表明，该涂层由 Al-Cr-Si-N 外层、Al-Cr-N 中间层和黏合层复合构成，厚度约为 3.3μm，结构较为致密；在 Al-Cr-Si-N 外层中存在纳米晶层和 Si_3N_4 非晶层交替存在的超晶格结构，而整体涂层表现为纳米晶结构，其非晶含量较低。

2017 年，Lawal 等[75]采用磁控溅射技术在 304 不锈钢表面沉积了厚度为 7～14μm 的 Al-Ni-Ti-Si-B 涂层。研究结果表明，在标准状况流速为 15mL/min 的氮气辅助下，该涂层上部形成了完全非晶结构的铝基涂层；在采用不同流速的氮气辅助下，分别在该涂层上、中、下三个部位形成了不同程度纳米晶化的铝基非晶涂层，涂层主要晶化相为 Al、Ni 和 Al_3Ni 相。

2024 年，Wang 等[76]采用磁控溅射技术制备了具有非晶与纳米晶双相结构的 Al-Mo 非晶合金薄膜，研究了薄膜在 550℃退火条件下的微观结构演变和力学性能。

综上所述，气相沉积技术在完全铝基非晶结构的薄膜制备方面具有明显优势，尤其是能够通过对材料成分配比的调控来实现完全非晶的制备；其他表面改性技术，如摩擦搅拌焊法，在制备高非晶含量铝基薄膜层方面表现不足。上述制备技术对于设备条件、制备环境、工件尺寸等的要求较高，无法实现大面积规模化制备，而且获得的薄膜层厚度较小，最大也不到几十微米，极大地限制了其应用。

1.2.2 铝基非晶纳米晶厚涂层制备技术

1. 激光熔覆铝基非晶纳米晶涂层制备技术

近年来，研究者们利用激光的快速加热和快速冷却特征，在金属表面制备了非晶涂层，并取得了一些研究进展。激光熔覆技术采用同步送粉或者预置粉末等方式，利用高能密度激光束产生的热量来熔化粉末以及基体表面，并快速凝固形成与基体冶金结合的表面涂层。该涂层的厚度较大，一般单道熔覆工艺参数下的厚度可达毫米级[77]。该技术可以提供高达 10^6K/s 的冷却速度，理论上能满足非晶材料的形成条件，且易于实现自动化。

2011 年，林日东等[78]针对铝合金硬度低、耐磨性差的问题，采用 Al、Y、Ni 的质量分数分别为 80%、10%和 10%的混合粉作为熔覆粉，利用激光熔覆技术在 2034 铝合金表面沉积了 Al-Y-Ni 合金涂层。研究结果表明，在熔池凝固过程中高熔点金属元素未均匀过渡到熔覆层内而发生了较严重的成分偏析现象，导致涂层中未出现非晶相。

2016 年，朱胜等[79]研究了扫描速度对激光熔覆铝基非晶复合涂层组织的影响。该研究中采用的熔覆粉末为气体雾化法制备的 $Al_{86}Ni_6Y_{4.5}Co_2La_{1.5}$ 非晶合金粉末，其粒径为 45～75μm。研究结果表明，不同扫描速度的熔覆层均由 α-Al 相和 Al_3Y、Al_4NiY 等金属间化合物相组成，仅有部分非晶相形成。

2017 年，Tan 等[18]在 AZ80 镁合金表面铺设了厚度为 1mm 的由纯 Al 粉、纯 Cu 粉与纯 Zn 粉组成的混合粉，利用激光熔覆法在氩气保护下借助水冷法制备出 $Al_{85}Cu_{10}Zn_5$ 非晶纳米晶涂层。该涂层由非晶相、纳米晶相和一些三元金属间化合物相构成，其非晶相体积分数最高为 36.76%。

2018 年，Zhang 等[80]利用激光技术在 S355 钢上制备了 Al 和 Ni 质量比为 3:2、3:1、4:1 的非晶 Al-Ni 涂层，研究了涂层的微观结构及其在质量分数为 3.5%的 NaCl 溶液中浸泡 720h 的腐蚀行为。研究结果表明，Al 和 Ni 质量比为 3:2 和 4:1 的涂层耐腐蚀性能较好。在此基础上，Kong 等[81]利用 1300W、1500W 和 1700W

的激光功率在 S355 钢上制备了 Al-Ti-Ni 非晶涂层，并研究了激光功率对这些涂层分别在质量分数为 3.5% 的 NaCl 溶液、摩尔浓度为 0.1mol/L 的 H_2SO_4 溶液和摩尔浓度为 0.1mol/L 的 NaOH 溶液中浸泡时的电化学腐蚀性能。

目前，对激光熔覆非晶纳米晶涂层技术进行了初步的探索，也取得了一些可观的研究成果。但是，对于低熔点的铝基非晶合金材料，由于受到激光熔覆技术的工艺限制，制备的铝基合金涂层的非晶含量偏低，其产生的成分偏析现象较为严重，而且涂层中容易因热量过度集中而产生微裂纹，甚至发生涂层皱裂。因此，对于激光熔覆制备铝基非晶涂层的成分优化、工艺控制以及组织结构设计等方面仍需深入探讨和研究。

2. 热喷涂铝基非晶纳米晶涂层制备技术

热喷涂技术主要是利用不同热源(火焰、电弧、等离子等)，将喷涂材料迅速加热到熔化或半熔化状态，再采用高压焰流或气体对熔化态或半熔化态液滴进行雾化及加速，使其快速飞行、撞击基体并扁平化凝固沉积于工件表面，继而快速冷却、不断叠加形成涂层的制备技术[82]。这种技术不仅可以发挥高效、低成本、施工便利的优势，还可以获得拥有优异功能特性的表面防护涂层，因此具有广阔的应用前景。而且，该技术不仅可以制备几百微米级别的薄涂层和毫米级别的厚涂层，还能够提供超过 10^5K/s 的冷却速度，为高性能非晶纳米晶涂层的大面积或厚尺寸制备创造了可行条件。目前，采用热喷涂制备铝基非晶纳米晶涂层的技术主要有两类：一类是预先制备具有完全非晶或非晶与纳米晶共存结构的喷涂材料(如粉末、条带等)，再基于热喷涂技术的快速凝固特征，实现铝基非晶纳米晶涂层的制备；另一类是喷涂含有强 GFA 元素的、本身不具备非晶或非晶纳米晶共存结构的药芯焊丝，在动态喷涂过程中原位实现铝基非晶纳米晶涂层的制备。

1)采用预制喷涂材料的铝基非晶纳米晶涂层制备技术

采用预制喷涂材料制备铝基非晶纳米晶涂层的技术需要事先通过水雾化、气体雾化、机械合金化、急冷甩带等技术制备出含有完全非晶或部分晶化结构的喷涂材料，再利用热喷涂的快速凝固特征来制备铝基非晶纳米晶涂层。该制备技术主要包括超声速火焰喷涂、电热爆炸喷涂和冷喷涂等技术。

超声速火焰喷涂技术可以在相对较低的温度下实施，能提供超声速的粒子飞行速度，而且制备的涂层的孔隙率低、氧含量低、结合强度高，很适合用于制备非晶涂层[83]，且在铁基非晶涂层制备方面较为成熟。Zhang 等[84]、Gao 等[85]分别采用非晶相体积分数达到 85% 以上的组成为 $Al_{86}Ni_6Y_{4.5}Co_2La_{1.5}$ 的预制非晶合金粉末，利用超声速火焰喷涂技术在 2024 铝合金表面制备了铝基非晶纳米晶涂层。研究结果表明，涂层的孔隙率小于 0.5%，且涂层中非晶相体积分数大于 80%。在此基础上，邱实等[86]研究了孔隙特性对上述铝基非晶纳米晶涂层的电化学腐蚀性能的影响，研究结果表明，具有低孔隙率的涂层的耐局部点蚀能力较佳，并具有较大的接触角和较好的疏水性能。但是，有关采用此技术制备铝基非晶纳米晶涂层的研究较少，对于利用该技术高冷却速度的优势，喷涂非晶含量较低或仅含有强非晶形成能力元素的合金粉末，是否能形成具有高非晶含量的铝基涂层方面的研究仍有待深入探索。

电热爆炸喷涂技术是将自蔓延高温合成法与热喷涂法结合为一体的技术，其热源为大电流高电压，喷涂材料为丝状或薄片状合金，在喷涂过程中实现材料的合成及沉积。Wang 等[87]将铜辊甩带法制备的 $Al_{85}Ni_{10}Ce_5$ 非晶条带作为原材料，采用高速电热爆炸喷涂技术在 7075 铝合金表面制备了非晶纳米晶涂层。研究结果表明，涂层中非晶相体积分数较低，而且在涂层与基体之间结合处 Al 和 Ni 元素存在明显的浓度梯度。这可能是由于 Ni 元素和 Al 等其他元素在结合处形成新相。虽然该技术在沉积速度方面占有优势，但是其获得的铝基非晶相体积分数仍有较大的提升空间。

冷喷涂技术基于空气动力学原理，利用压缩气体使喷涂粉末通过拉瓦尔喷嘴加速飞行，快速撞击基体表面产生较大的塑性变形而形成涂层。与超声速火焰喷涂、爆炸喷涂技术不同，该技术未将喷涂合金粉末熔化，且形成涂层的表面温度一般不超过 200℃，能够尽可能地避免涂层内部的形核、长大和氧化。Lahiri 等[88]、Pitchuka 等[89,90]、Babu 等[91]分别通过气体雾化法预制了 $Al_{90.05}Y_{4.4}Ni_{4.3}Co_{0.9}Sc_{0.35}$ 非晶纳米晶粉末，采用冷喷涂技术在 6061 铝合金表面制备了铝基非晶纳米晶涂层，且该涂层的厚度约为 250μm，结构致密，孔隙率为 0.5%；经过 250℃热处理后，涂层析出面心立方结构的 α-Al 纳米晶相和 Al_3Y、Al_3Sc、Al_4YNi、Al_9Co_2 金属间化合物相。Henao 等[92]采用由气体雾化法制备的非晶相体积分数达 82.4%的组成为 $Al_{88}Ni_6Y_{4.5}Co_1La_{0.5}$ 的合金粉末，利用冷喷涂技术在 7075-T6 铝合金表面制备了铝基非晶纳米晶涂层。研究结果表明，涂层中非晶相体积分数达 81%，厚度约为 400μm，孔隙率约为 1.6%，表现出孔隙率低、结合强度高的优势。Jin 等[93]利用冷喷涂技术制备了 $Al_{86}Ni_8Co_1La_1Y_2Gd_2$ 非晶涂层。研究结果表明，涂层的孔隙率、厚度、非晶相体积分数和硬度分别约为 3.2%、893mm、82.5%和 300$HV_{0.2}$，且其耐电化学腐蚀性能约为 7075 铝合金的 3.8 倍。尽管该技术在非晶涂层制备方面具有优势，但是其对于预制的喷涂材料的非晶相体积分数要求较高。为了获得较高非晶相体积分数的铝基涂层，需要预制高非晶相体积分数的铝基合金粉末，而且该技术尚属于实验室探索制备阶段，在未来的应用中仍需要进一步的发展。

2) 采用药芯焊丝的铝基非晶纳米晶涂层原位制备技术

热喷涂药芯焊丝原位制备铝基非晶纳米晶涂层的技术主要为高速电弧喷涂技术。所采用的热喷涂药芯焊丝是以铝或铝合金带材为外皮，包覆含有强 GFA 元素的常见合金粉末，在药芯焊丝生产设备上采用多辊连续轧制和多道连续拔丝减径工艺制备而成。高速电弧喷涂技术采用了双药芯焊丝的喷涂方式，即在喷涂过程中将双丝分别接通喷涂电源的正负极，并经推式或拉式送丝机送进后，使双丝短接产生高温电弧，此时高温电弧产生的高温热量将作为热源来熔化双丝，使之成为熔化态液滴。然后，通过压缩空气雾化及加速后，液滴更加分散，并以高速撞击到基体表面，经扁平化沉积和快速凝固后形成涂层。

自 2009 年以来，作者研究团队陆续开展了高速电弧喷涂铝基非晶纳米晶涂层的制备及综合性能研究工作，并取得了一定的学术成果。2011 年，作者研究团队率先采用高速电弧喷涂技术获得了 Al-Ni-Y-Co、Al-Ni-Mm-Fe 和 Al-Ni-Mm-Co（Mm 为混合稀土元素）非晶纳米晶涂层，经过测试分析发现这些涂层由非晶、纳米晶和晶化相共同组成[94-100]。这些成果拓宽了该类材料的制备技术和应用范围。但是，这些铝基非晶纳米晶涂层的非晶相体积分数较低，仍有可提升的空间。

综上所述，表面改性技术虽然在制备较高非晶相体积分数的铝基非晶纳米晶涂层方面占据优势，但是仅能获得较低厚度的薄膜层材料，在长久防腐和动态耐磨方面的性能效果欠佳；激光熔覆技术在铝基非晶纳米晶涂层制备方面具有快速、厚度大等特点，但是在 GFA、涂层质量等方面难以实现有效控制，无法充分发挥该类材料的性能优势；采用预制高非晶相体积分数喷涂原材料的热喷涂技术制备的铝基非晶纳米晶涂层的非晶相体积分数较高，但是增加了喷涂材料的预制工艺，同时存在要求喷涂材料非晶相体积分数较高、制备工艺精细调控、喷涂粉末沉积率较低等问题。而高速电弧喷涂技术将材料设计与制备成形相结合，喷涂含有强非晶形成能力元素的铝基药芯焊丝，在高温弧区发生动态冶金反应后经快速凝固，可以原位制备铝基非晶纳米晶涂层；而且，与上述制备技术相比，高速电弧喷涂铝基药芯焊丝原位制备铝基非晶纳米晶涂层技术具有设备简单、高效、成本低、涂层性能优异等优势，尤其适宜于现场大面积施工操作，在海洋工程设施表面防护领域具有巨大的应用前景。

参 考 文 献

[1] 梁秀兵，徐滨士，魏世丞，等. 热喷涂亚稳态复合涂层研究进展. 材料导报，2009，23(5)：1-4.

[2] Kramer J. Der amorphe zustand der metalle. Zeitschrift Für Physik, 1937, 106(11): 675-691.

[3] Turnbull D. The subcooling of liquid metals. Journal of Applied Physics, 1949, 20(8): 817.

[4] Brenner A, Couch D E, Williams E K. Electrodeposition of alloys of phosphorus with nickel or cobalt. Journal of Research of the National Bureau of Standards, 1950, 44(1): 109.

[5] Klement W, Willens R H, Duwez P. Non-crystalline structure in solidified gold-silicon alloys. Nature, 1960, 187: 869-870.

[6] Gilman J J. Bulk stiffnesses of metals. Materials Science and Engineering, 1971, 7(6): 357-361.

[7] Deng Y H, Chen B, Qi Q H, et al. Research of caged dynamics of clusters center atoms in $Pd_{82}Si_{18}$ amorphous alloy. Chinese Physics B, 2024, 33(4): 47102.

[8] Opitek B, Żak P L, Lelito J, et al. Modelling crystalline α-Mg phase growth in an amorphous alloy $Mg_{72}Zn_{28}$. Applied Sciences, 2024, 14(7): 3008.

[9] Liang H, Li J, Shen X H, et al. The study of amorphous La@Mg catalyst for high efficiency hydrogen storage. International Journal of Hydrogen Energy, 2022, 47(42): 18404-18411.

[10] Utiarahman A, Alkaim A F, Aljeboree A M, et al. Role of elastostatic loading and cyclic cryogenic treatment on relaxation behavior of Ce-based amorphous alloy. Materials Today Communications, 2021, 26: 101843.

[11] Du Q, Wei D Q, Wang Y M, et al. Microstructure and surface performance of hydroxyapatite-modified multilayer amorphous coating on Ti-rich TiNbZrSn medium entropy alloy: A comparative study. Surfaces and Interfaces, 2023, 41: 103288.

[12] Wang X, Zhao Y F, Zhu T T, et al. The effect of RE (RE=Pr, Ce) substitution on formability, magnetic and magnetocaloric properties of the $Fe_{88}Zr_2Ti_2Nd_4B_4$ amorphous alloy. Journal of Non-Crystalline Solids, 2024, 636: 122989.

[13] Zhang C Y, Yuan G, Zhang Y X, et al. Cu-based amorphous alloy plates fabricated via twin-roll strip casting. Materials Science and Engineering: A, 2021, 828: 142123.

[14] Kostera Z, Antonowicz J, Dzięgielewski P. Atomic and electronic structures of $Ni_{64}Zr_{36}$ metallic glass under high pressure. New Journal of Physics, 2024, 26(7): 073032.

[15] Wang N N, Kang X H, Liu W M, et al. Increased tensile strength induced by the precipitation of nanocrystals for welding joints of Zr-based amorphous alloys. Heliyon, 2024, 10(15): e35005.

[16] Mousavi S A, Hashemi S H, Ashrafi A, et al. Characterization and corrosion behavior of Al-Co-rare earth (Ce-La) amorphous alloy. Journal of Rare Earths, 2023, 41(5): 771-779.

[17] 吴文飞, 姚可夫. 非晶合金纳米晶化的研究进展. 稀有金属材料与工程, 2005, 34(4): 505-509.

[18] Tan C L, Zhu H M, Kuang T C, et al. Laser cladding Al-based amorphous-nanocrystalline composite coatings on AZ80 magnesium alloy under water cooling condition. Journal of Alloys and Compounds, 2017, 690: 108-115.

[19] Predecki P, Giessen B C, Grant N J. New metastable alloy phases of gold silver and aluminum. Transactions of the Metallurgical Society of AIME, 1965, 233(7): 1438-1439.

[20] Inoue A, Kitamura A, Masumoto T. The effect of aluminium on mechanical properties and thermal stability of (Fe, Ni)-Al-P ternary amorphous alloys. Journal of Materials Science, 1981, 16(7): 1895-1908.

[21] Suzuki R O, Komatsu Y, Kobayashi K F, et al. Formation and crystallization of Al-Fe-Si amorphous alloys. Journal of Materials Science, 1983, 18(4): 1195-1201.

[22] Inoue A, Bizen Y, Kimura H, et al. Development of compositional short-range ordering in an $Al_{50}Ge_{40}Mn_{10}$ amorphous alloy upon annealing. Journal of Materials Science Letters, 1987, 6(7): 811-814.

[23] Inoue A, Yamamoto M, Kimura H M, et al. Ductile aluminium-base amorphous alloys with two separate phases. Journal of Materials Science Letters, 1987, 6(2): 194-196.

[24] Mu J, Fu H M, Zhu Z W, et al. Synthesis and properties of Al-Ni-La bulk metallic glass. Advanced Engineering Materials, 2009, 11(7): 530-532.

[25] Wang J Q, Dong P, Hou W L, et al. Synthesis of Al-rich bulk metallic glass composites by warm extrusion of gas atomized powders. Journal of Alloys and Compounds, 2013, 554: 419-425.

[26] 谈震, 薛云飞, 王国红, 等. 气体雾化法制备 Al 基非晶合金粉末工艺及组织结构. 北京工业大学学报, 2017, 43(4): 546-550, 482.

[27] 牛犇, 高辉, 赵学阳, 等. $Al_{88}Co_4Y_6Er_2$ 非晶合金的晶化动力学效应. 金属功能材料, 2017, 24(1): 35-38.

[28] Zhang S, Chong K, Zhang Z B, et al. An ab initio simulation and experimental studies of the glass-forming ability and properties of $Al_{86}Ni_{(14-x)}Zr_x$ (x=1-7) alloys. Journal of Non-Crystalline Solids, 2022, 586: 121566.

[29] 梁秀兵, 周志丹, 张志彬, 等. 铝基非晶材料研究与再制造应用前景. 材料导报, 2021, 35(1): 3-10.

[30] 张志彬, 梁秀兵, 陈永雄, 等. 热喷涂工艺制备铝基非晶态合金材料研究进展. 材料工程, 2012, 40(2): 86-90.

[31] 李传福, 李艳芳. 铝基非晶合金的玻璃形成能力、热稳定性以及应用展望. 齐鲁工业大学学报(自然科学版), 2015, 29(2): 26-28.

[32] Turnbull D. Under what conditions can a glass be formed? Contemporary Physics, 1969, 10(5): 473-488.

[33] Uhlmann D R. A kinetic treatment of glass formation. Journal of Non-Crystalline Solids, 1972, 7(4): 337-348.

[34] Davies H A, Aucote J, Hull J B. The kinetics of formation and stabilities of metallic glasses. Scripta Metallurgica, 1974, 8(10): 1179-1189.

[35] Davies H A. The kinetics of formation of a Au-Ge-Si metallic glass. Journal of Non-Crystalline Solids, 1975, 17(2): 266-272.

[36] Davies H A, Lewis B G. A generalised kinetic approach to metallic glass formation. Scripta Metallurgica, 1975, 9(10): 1107-1112.

[37] Greer A L. Confusion by design. Nature, 1993, 366(6453): 303-304.

[38] Inoue A. Stabilization of metallic supercooled liquid and bulk amorphous alloys. Acta Materialia, 2000, 48(1): 279-306.

[39] Egami T. Atomistic mechanism of bulk metallic glass formation. Journal of Non-Crystalline Solids, 2003, 317 (1-2): 30-33.

[40] 贺自强, 王新林, 全白云. 块体非晶态合金的成分设计准则及玻璃形成能力的表征. 材料热处理学报, 2006, 27 (1): 28-32, 131.

[41] 范建文. 铝基非晶合金非晶形成能力的评价方法. 工具技术, 2017, 51 (9): 81-84.

[42] 段成银, 黄光杰. 铝基非晶合金的研究进展. 轻合金加工技术, 2007, 35 (8): 11-17, 55.

[43] Louzguine-Luzgin D V, Takeuchi A, Inoue A. Structure and crystallization behavior of Al-free Ge-based amorphous alloys produced by rapid solidification of the melt. Journal of Non-Crystalline Solids, 2001, 289 (1-3): 196-203.

[44] Louzguine-Luzgin D V, Shimada T, Inoue A. Ni-based bulk glassy alloys with large supercooled liquid region exceeding 90K. Intermetallics, 2005, 13 (11): 1166-1171.

[45] Louzguine-Luzgin D V, Inoue A. Comparative study of the effect of cold rolling on the structure of Al-RE-Ni-Co (RE=rare-earth metals) amorphous and glassy alloys. Journal of Non-Crystalline Solids, 2006, 352 (36-37): 3903-3909.

[46] Louzguine-Luzgin D V, Setyawan A D, Kato H, et al. Thermal conductivity of an alloy in relation to the observed cooling rate and glass-forming ability. Philosophical Magazine, 2007, 87 (12): 1845-1854.

[47] Kim D H, Kim W T, Park E S, et al. Phase separation in metallic glasses. Progress in Materials Science, 2013, 58 (8): 1103-1172.

[48] Lu Z P, Bei H B, Liu C T. Recent progress in quantifying glass-forming ability of bulk metallic glasses. Intermetallics, 2007, 15 (5-6): 618-624.

[49] 傅明喜, 赵江, 周宏军, 等. FeNiAlGaPBSiC 系块体非晶合金的结构、热参数及形成能力分析. 稀有金属材料与工程, 2008, 37 (6): 970-974.

[50] Hu X F, Guo J, Fan G J, et al. Evaluation of glass-forming ability for Al-based amorphous alloys based on superheated liquid fragility and thermodynamics. Journal of Alloys and Compounds, 2013, 574: 18-21.

[51] Zhang L, Chen H M, Ouyang Y F, et al. Amorphous forming ranges of Al-Fe-Nd-Zr system predicted by miedema and geometrical models. Journal of Rare Earths, 2014, 32 (4): 343-351.

[52] Angell C A. Spectroscopy simulation and scattering, and the medium range order problem in glass. Journal of Non-Crystalline Solids, 1985, 73 (1-3): 1-17.

[53] Bian X F, Sun B A, Hu L N, et al. Fragility of superheated melts and glass-forming ability in Al-based alloys. Physics Letters A, 2005, 335 (1): 61-67.

[54] Axinte E. Metallic glasses from "alchemy" to pure science: Present and future of design, processing and applications of glassy metals. Materials & Design, 2012, 35: 518-556.

[55] Suryanarayana C, Inoue A. Bulk Metallic Glasses. Boca Raton: CRC Press, 2010.

[56] Liao J P, Yang B J, Zhang Y, et al. Evaluation of glass formation and critical casting diameter in Al-based metallic glasses. Materials Boca Raton Design, 2015, 88: 222-226.

[57] Takeuchi A, Inoue A. Quantitative evaluation of critical cooling rate for metallic glasses. Materials Science and Engineering: A, 2001, 304: 446-451.

[58] Gangopadhyay A K, Kelton K F. Effect of rare-earth atomic radius on the devitrification of $Al_{88}RE_8Ni_4$ amorphous alloys. Philosophical Magazine A, 2000, 80(5): 1193-1206.

[59] 张菁. 化学气相沉积技术发展趋势. 表面技术, 1996, 25(2): 1-3, 55.

[60] 陈晖, 周细应, 言智. 气相沉积法的薄膜制备研究. 上海工程技术大学学报, 2010, 24(2): 167-172.

[61] 吴笛. 物理气相沉积技术的研究进展与应用. 机械工程与自动化, 2011, (4): 214-216.

[62] 郑秋麟, 佟向鹏. 气相沉积技术在产品中的应用及发展. 航空精密制造技术, 2013, 49(2): 23-27.

[63] 薄鑫涛. 气相沉积三种方法比较. 热处理, 2016, 31(6): 57.

[64] 薄鑫涛. 气相沉积. 热处理, 2017, 32(1): 29.

[65] Car T, Ivkov J, Jerčinović M, et al. The relaxation processes in the Al-(Nb, Mo, Ta, W) binary amorphous thin films. Vacuum, 2013, 98: 75-80.

[66] Nie X, Mao S D, Yan M S, et al. Structure and property transitions of Al-based binary alloy coatings by magnetron sputtering. Surface and Coatings Technology, 2014, 254: 455-461.

[67] Li J C, Nan S H, Jiang Q. Study of the electrodeposition of Al-Mn amorphous alloys from molten salts. Surface and Coatings Technology, 1998, 106(2-3): 135-139.

[68] Ruan S Y, Schuh C A. Electrodeposited Al-Mn alloys with microcrystalline, nanocrystalline, amorphous and nano-quasicrystalline structures. Acta Materialia, 2009, 57(13): 3810-3822.

[69] Zhang J F, Yan C W, Wang F H. Electrodeposition of Al-Mn alloy on AZ31B magnesium alloy in molten salts. Applied Surface Science, 2009, 255(9): 4926-4932.

[70] Chen J, Xu B J, Ling G P. Amorphous Al-Mn coating on NdFeB magnets: Electrodeposition from $AlCl_3$-EMIC-$MnCl_2$ ionic liquid and its corrosion behavior. Materials Chemistry and Physics, 2012, 134(2-3): 1067-1071.

[71] Li C L, Murray J W, Voisey K T, et al. Amorphous layer formation in $Al_{86.0}Co_{7.6}Ce_{6.4}$ glass-forming alloy by large-area electron beam irradiation. Applied Surface Science, 2013, 280: 431-438.

[72] Liu P, Shi Q Y, Zhang Y B. Microstructural evaluation and corrosion properties of aluminium matrix surface composite adding Al-based amorphous fabricated by friction stir processing. Composites Part B: Engineering, 2013, 52: 137-143.

[73] Chang C M, Wang C H, Hsu J H, et al. Al-Ni-Y-X (X=Cu, Ta, Zr) metallic glass composite thin films for broad-band uniform reflectivity. Thin Solid Films, 2014, 571: 194-197.

[74] Chen M H, Chen W L, Cai F, et al. Structural evolution and electrochemical behaviors of multilayer Al-Cr-Si-N coatings. Surface and Coatings Technology, 2016, 296: 33-39.

[75] Lawal J, Kiryukhantsev-Korneev P, Matthews A, et al. Mechanical properties and abrasive wear behaviour of Al-based PVD amorphous/nanostructured coatings. Surface and Coatings Technology, 2017, 310: 59-69.

[76] Wang C X, Fan Q, Wang T, et al. Exceptional thermal stability and mechanical properties of dual-phase amorphous-nanocrystalline Al-Mo alloy films. Journal of Materials Research and Technology, 2024, 29: 857-863.

[77] 陈明慧, 朱红梅, 王新林. 激光熔覆制备金属表面非晶涂层研究进展. 材料工程, 2017, 45(1): 120-128.

[78] 林日东, 黄安国. 铝合金表面激光熔覆 Al-Y-Ni 合金涂层的组织与性能研究. 电焊机, 2011, 41(6): 1-5.

[79] 朱胜, 张垚, 王晓明, 等. 扫描速度对激光熔覆 Al 基非晶复合层组织与性能的影响. 表面技术, 2016, 45(7): 136-142.

[80] Zhang D H, Kong D J. Microstructures and immersion corrosion behavior of laser thermal sprayed amorphous Al-Ni coatings in 3.5% NaCl solution. Journal of Alloys and Compounds, 2018, 735: 1-12.

[81] Kong D J, Chen H X. Electrochemical corrosion performances of laser thermal sprayed amorphous Al-Ti-Ni coatings in marine environment. Anti-Corrosion Methods and Materials, 2020, 67(2): 140-149.

[82] 梁秀兵, 程江波, 冯源, 等. 铁基非晶涂层的研究进展. 材料工程, 2017, 45(9): 1-12.

[83] Peng Y D, Zhang C, Zhou H M, et al. On the bonding strength in thermally sprayed Fe-based amorphous coatings. Surface and Coatings Technology, 2013, 218: 17-22.

[84] Zhang L M, Zhang S D, Ma A L, et al. Influence of sealing treatment on the corrosion behavior of HVAF sprayed Al-based amorphous/nanocrystalline coating. Surface and Coatings Technology, 2018, 353: 263-273.

[85] Gao M H, Lu W Y, Yang B J, et al. High corrosion and wear resistance of Al-based amorphous metallic coating synthesized by HVAF spraying. Journal of Alloys and Compounds, 2018, 735: 1363-1373.

[86] 邱实, 吕威闯, 王琦, 等. 孔隙特性对铝基非晶合金涂层腐蚀行为的影响. 材料工程, 2024, 52(7): 173-181.

[87] Wang Y T, Chen Y F, Liu Z D, et al. Surface modifications of Al-based amorphous composite coatings on 7075 Al plate prepared by high-speed electrothermal explosion. Procedia Engineering, 2012, 27: 1042-1047.

[88] Lahiri D, Gill P K, Scudino S, et al. Cold sprayed aluminum based glassy coating: Synthesis,

wear and corrosion properties. Surface and Coatings Technology, 2013, 232: 33-40.

[89] Pitchuka S B, Boesl B, Zhang C, et al. Dry sliding wear behavior of cold sprayed aluminum amorphous/nanocrystalline alloy coatings. Surface and Coatings Technology, 2014, 238: 118-125.

[90] Pitchuka S B, Lahiri D, Sundararajan G, et al. Scratch-induced deformation behavior of cold-sprayed aluminum amorphous/nanocrystalline coatings at multiple load scales. Journal of Thermal Spray Technology, 2014, 23 (3) : 502-513.

[91] Babu P S, Jha R, Guzman M, et al. Indentation creep behavior of cold sprayed aluminum amorphous/nano-crystalline coatings. Materials Science and Engineering A, 2016, 658: 415-421.

[92] Henao J, Concustell A, Cano I G, et al. Novel Al-based metallic glass coatings by cold gas spray. Materials & Design, 2016, 94: 253-261.

[93] Jin L, Zhang L, Liu K G, et al. Preparation of Al-based amorphous coatings and their properties. Journal of Rare Earths, 2021, 39 (3) : 340-347.

[94] Zhang Z B, Liang X B, Chen Y X, et al. Preparation and hardness behavior of Al-based amorphous/nanocrystalline composite coatings on Mg alloy prepared by high velocity arc spraying process. Materials Science Forum, 2011, 694: 256-260.

[95] 张志彬, 梁秀兵, 魏世丞, 等. 电弧喷涂制备铝基非晶纳米晶合金材料. 北京工业大学学报, 2012, 38 (6) : 933-937.

[96] Zhang Z B, Liang X B, Xu B S. Preparation of Al-based amorphous/nanocrystalline composite coating on Mg-based alloys precipitated by arc spraying process. Rare Metal Materials and Engineering, 2012, 41 (S1) : 439-442.

[97] 张志彬, 梁秀兵, 徐滨士, 等. 高速电弧喷涂铝基非晶纳米晶复合涂层的组织及性能. 稀有金属材料与工程, 2012, 41 (5) : 872-876.

[98] 梁秀兵, 张志彬, 陈永雄, 等. 铝基非晶纳米晶复合涂层研究. 金属学报, 2012, 48 (3) : 289-297.

[99] Zhang Z B, Liang X B, Chen Y X, et al. Abrasion resistance of Al-Ni-Mm-Fe amorphous and nanocrystalline composite coating on the surface of AZ91 magnesium alloy. Physics Procedia, 2013, 50: 156-162.

[100] Zhang Z B, Liang X B, Chen Y X, et al. The preparation and corrosion resistance of Al-Ni-Y-Co amorphous and nanocrystalline composite coating. Materials and Corrosion, 2014, 65 (9) : 919-925.

第 2 章　Al-Ni-Mm-Co 非晶纳米晶涂层

Al-Ni-Mm-Co 非晶纳米晶合金体系属于 Al-RE-TM 材料体系。其中，Ni 元素作为过渡族金属元素，是铝基非晶态合金的重要组成元素之一；Mm 元素是包括铈(Ce，48%～52%)、镧(La，25%～28%)、钕(Nd，14%～17%)、镨(Pr，4%～6%)(均为质量分数)等稀土元素在内的镧系混合稀土元素，可作为大尺寸原子添加到合金中以提高原子尺寸差异，也可与近邻原子构成网状或骨架状紧密结构以提高合金的短程有序性和随机堆积密度，阻碍原子扩散、原子团迁移，抑制晶化析出和生长，提升合金的玻璃形成能力；Co 元素作为过渡族金属元素，可以小尺寸原子增大合金中原子尺寸差异，提高混乱度和长程无序性，促使形成非晶，且适量 Co 加入可帮助合金在不改变韧性的前提下提高强度。根据药芯焊丝制备法的特点，确定了 Al-Ni-Mm-Co 合金体系作为研究对象，并采用多功能药芯焊丝成形设备，经过多辊连续轧制和多道连续拔丝减径的工序制得了 Al-Ni-Mm-Co 药芯焊丝。

2.1　高速电弧喷涂 Al-Ni-Mm-Co 非晶纳米晶涂层工艺调控

2.1.1　高速电弧喷涂工艺参数的正交优化试验

1. 影响涂层质量和性能的因素

高速电弧喷涂技术涉及学科较广，其各项工艺参数决定了喷涂过程中材料的动力学、热力学、化学、物理学等方面的变化，对制备的涂层的性能和质量有直接影响。影响高速电弧喷涂涂层质量和性能的工艺参数有很多，因此只有各项参数的有机融合、协作互助才能得到质量理想和满足需求的高品质涂层[1]。由于试验条件和复杂程度等多方面的限制，可以适当选取喷涂电流、喷涂电压、喷涂距离、喷枪移动速度以及雾化空气压力等参数中的一部分作为主要工艺参数指标进行优化，以此获得最佳喷涂工艺参数并制备出具有高质量内部结构的涂层，进而可实现长效的表面防护。

喷涂电流的大小直接影响电弧喷涂过程中电弧弧区温度的高低，进而影响药芯焊丝在高温下的熔化状态和流动性。例如，当喷涂电流过小时，会导致丝材熔化后熔滴的流动性较差，从而降低涂层的质量。喷涂电压的大小直接影响电弧喷涂过程中电弧弧区热能的高低，进而影响喷涂粒子的熔化程度和颗粒大小。喷涂距离的远近会影响喷涂粒子在压缩空气流中飞行的时间以及在飞行末端撞击到基材板时的速度，喷涂距离过大或过小，都会降低喷涂后涂层的质量。喷枪移动速度会影响单位时间内、单位面积上喷涂粒子的数量，如移动速度过快，会导致喷涂粒子在材料表面分布不均，影响涂层的致密度；而移动速度过慢，又会造成喷涂粒子的堆积，甚至形成较大的颗粒。雾化空气压力大小会通过改变熔化粒子的动能大小和熔滴的尺寸来影响喷涂熔化粒子的雾化效果，雾化空气压力越大，喷涂涂层的质量越高。由于各喷涂工艺参数对涂层性能的影响较为复杂，如何提高喷涂效率和涂层质量这一课题显得至关重要。因此，通过喷涂工艺参数的正交优化试验可以优选到相对较为合理的喷涂工艺参数。

2. 高速电弧喷涂工艺参数的正交试验设计方案

在研究中，可以根据高速电弧喷涂工艺参数的正交性，挑选出一些重要影响因素进行试验设计。因此，将喷涂电流、喷涂电压、喷涂距离、喷枪移动速度、雾化空气压力作为正交试验的五个因素，各因素分别建立四个水平数值。根据 $L_{16}(4^5)$ 正交表，采用 5 因素 4 水平的极差法正交优化设计，建立正交试验设计方案。表 2.1 为高速电弧喷涂工艺参数正交试验因素水平表，表 2.2 为 5 因素 4 水平正交试验设计表。

表 2.1　高速电弧喷涂工艺参数正交试验因素水平表

水平	喷涂电流 A /A	喷涂电压 B /V	喷涂距离 C /mm	喷枪移动速度 D /(mm/s)	雾化空气压力 E /MPa
L1	100	30	150	200	0.4
L2	120	32	180	300	0.5
L3	140	34	200	400	0.6
L4	160	36	230	500	0.7

表 2.2　5 因素 4 水平正交试验设计表

序号	喷涂电流 A /A	喷涂电压 B /V	喷涂距离 C /mm	喷枪移动速度 D /(mm/s)	雾化空气压力 E /MPa
1	100	30	150	200	0.4
2	100	32	180	300	0.5
3	100	34	200	400	0.6
4	100	36	230	500	0.7
5	120	30	180	400	0.7
6	120	32	150	500	0.6
7	120	34	230	200	0.5
8	120	36	200	300	0.4

序号	喷涂电流 A /A	喷涂电压 B /V	喷涂距离 C /mm	喷枪移动速度 D /(mm/s)	雾化空气压力 E /MPa
9	140	30	200	500	0.5
10	140	32	230	400	0.4
11	140	34	150	300	0.7
12	140	36	180	200	0.6
13	160	30	230	300	0.6
14	160	32	200	200	0.7
15	160	34	180	500	0.4
16	160	36	150	400	0.5

3. 高速电弧喷涂 Al-Ni-Mm-Co 涂层质量评价指标

在评价中，选择合适的评价指标是一个十分关键的步骤。评价喷涂涂层的指标有很多，其中孔隙率、显微硬度最为常见。孔隙率是影响涂层防腐蚀性能的关键指标，孔隙率越小，涂层的防腐蚀性能越好；显微硬度通常是影响涂层耐磨性能的直接因素，涂层硬度越高，其耐磨损性能越好。因此，在对高速电弧喷涂 Al-Ni-Mm-Co 涂层质量进行评价时，选择孔隙率和显微硬度作为评价指标。

涂层材料内部孔隙率的大小可以利用图像处理后通过灰度法计算获得。针对每个涂层，分别采集 8～10 张扫描电子显微镜 (scanning electron microscope, SEM) 图片，取计算结果的平均值作为涂层的孔隙率。图 2.1 为涂层孔隙率分析结果。例如，当喷涂的工艺参数选为喷涂电流 100A、喷涂电压 32V、喷涂距离 180mm、喷枪移动速度 300mm/s、雾化空气压力 0.5MPa 时，即 2 号涂层试样的工艺参数，其孔隙率为 2.71%。

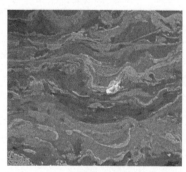 

(a) 涂层原始形貌　　　　　　(b) 经计算处理后的涂层形貌

图 2.1　涂层孔隙率分析结果

材料的显微硬度值可以使用显微硬度计进行测定。选用加载载荷为 100g，加载保持时间为 15s，测试温度为室温，在每个涂层试样距离基体不同位置处分别测试 10 个点，然后取其平均值作为该涂层的显微硬度值。

4. 正交优化试验结果分析

极差法具有方法简便、分析速度快、准确度高的特点，常被用于正交试验结果的数据分析。因此，采用极差法来对正交试验的数据进行处理，可以得到优化的最终工艺参数。

同时，采用综合加权评分的方式对涂层性能进行分析和评价，其中采用的综合性能评分公式为

$$Y_i = a_1 y_{i,1} + a_2 y_{i,2} + \cdots + a_j y_{i,j} \tag{2.1}$$

式中，a_j 为第 j 个指标的系数；Y_i 为序号为 i 的试验数据的综合性能评分；$y_{i,j}$ 为序号为 i 的第 j 个指标的试验数据。

令 T_i 为各组指标值的变化范围（最大值与最小值的差）。16 组试验中涂层孔隙率的最大值和最小值分别为 3.96% 和 1.12%，涂层显微硬度的最大值和最小值分别为 410HV$_{0.1}$ 和 233HV$_{0.1}$，计算可得

$$T_1 = 3.96 - 1.12 = 2.84$$

$$T_2 = 410 - 233 = 177$$

根据涂层显微硬度和孔隙率对涂层性能的影响程度分别给予加权，使之在最终分值中有所反应。由于在涂层厚度一致的情况下，涂层硬度是由涂层结构和非晶含量决定的；而孔隙率不仅影响涂层的致密性和硬度，还影响涂层的防腐蚀性能和结合强度。因此，为了得到优质的防腐涂层，特将综合评分定为 100 分，其中孔隙率为 60 分，显微硬度值为 40 分，同时由于孔隙率越大，涂层质量和性能越差，设定其系数为负值，则可得

$$a_1 = \frac{-60}{T_1} = -21$$

$$a_2 = \frac{40}{T_2} = 0.23$$

表 2.3 为正交试验结果及综合评分情况。由式 (2.1) 和表 2.3 中的测试结果，可分别计算出各组试验的综合性能评分 Y_i。例如，序号为 6 的测试结果中，涂层孔隙率 $y_{6,1}$ 为 3.58%，显微硬度 $y_{6,2}$ 为 290HV$_{0.1}$，那么其对应的综合性能评分为

$$Y_6 = a_1 y_{6,1} + a_2 y_{6,2} = -21 \times 3.58 + 0.23 \times 290 = -8.48$$

表 2.3　正交试验结果及综合评分情况

序号	喷涂电流 A /A	喷涂电压 B /V	喷涂距离 C /mm	喷枪移动速度 D/(mm/s)	雾化空气压力 E/MPa	孔隙率/%	显微硬度 (HV)	综合评分
1	100	30	150	200	0.4	3.96	233	−29.57
2	100	32	180	300	0.5	2.71	300	12.09
3	100	34	200	400	0.6	1.46	334	46.16
4	100	36	230	500	0.7	1.44	330	45.66
5	120	30	180	400	0.7	1.83	320	35.17
6	120	32	150	500	0.6	3.58	290	−8.48
7	120	34	230	200	0.5	3.60	262	−15.34
8	120	36	200	300	0.4	1.51	328	43.73
9	140	30	200	500	0.5	3.66	290	−10.16
10	140	32	230	400	0.6	3.23	300	1.17
11	140	34	150	300	0.7	1.12	410	70.78
12	140	36	180	600	0.6	1.25	380	61.15
13	160	30	230	300	0.6	1.69	323	38.8
14	160	32	200	200	0.7	1.58	327	42.03
15	160	34	180	500	0.4	2.87	290	6.43
16	160	36	150	400	0.5	1.62	322	40.04

　　令 K_i 为相同因素每个水平试验结果总和的平均值，R 为每个因素下 K_i 值的极差。极差的大小可以反映试验中对应因素对要求指标的作用程度，极差较大时，其对应的因素对试验结果造成的影响较大；极差较小时，其作用不显著。因此，可采用极差法正交优化试验对涂层的综合性能评分进行正交优化分析。

　　表 2.4 为正交试验最终分析结果。可以看出，使涂层具有最优性能的喷涂工艺参数为：喷涂电流 100A，喷涂电压 36V，喷涂距离 200mm，喷枪移动速度 300mm/s，雾化空气压力 0.7MPa。

表 2.4　正交试验最终分析结果

指标项	统计项	喷涂电流 A /A	喷涂电压 B /V	喷涂距离 C /mm	喷枪移动速度 D/(mm/s)	雾化空气压力 E/MPa	分析结果
孔隙率	K_1	2.393	2.785	2.570	2.598	2.893	
	K_2	2.630	2.775	2.165	1.758	2.898	影响因素主次：
	K_3	2.315	2.263	2.053	2.035	1.995	$E > B > D > A > C$
	K_4	1.940	1.455	2.490	2.888	1.493	较佳因素组合：
	R	0.690	1.330	0.518	1.130	1.405	$A_4 B_4 C_3 D_2 E_4$

续表

指标项	统计项	喷涂电流 A /A	喷涂电压 B /V	喷涂距离 C /mm	喷枪移动速度 D/(mm/s)	雾化空气压力 E/MPa	分析结果
显微硬度	K_1	299.25	291.50	313.75	300.50	287.75	影响因素主次：$E > B > A > D > C$ 较佳因素组合：$A_3 B_4 C_2 D_2 E_4$
	K_2	300.00	304.25	322.50	340.25	293.50	
	K_3	345.00	324.00	319.75	319.00	331.75	
	K_4	315.50	340.00	303.75	300.00	346.75	
	R	45.75	48.50	18.75	40.25	59.00	
综合性能	K_1	18.585	8.560	18.193	14.568	5.440	影响因素主次：$E > B > D > A > C$ 较佳因素组合：$A_4 B_4 C_3 D_2 E_4$
	K_2	13.770	11.703	28.710	41.350	6.658	
	K_3	30.735	27.008	30.440	30.635	34.408	
	K_4	31.825	47.645	17.573	8.363	48.410	
	R	18.055	39.085	12.868	32.988	42.970	

2.1.2   不同因素和水平对涂层性能的影响

图 2.2 为不同因素和水平对涂层孔隙率的影响结果。图 2.3 为不同因素和水平对涂层显微硬度的影响结果。从图中可以看出，随着喷涂电流的增加，涂层孔隙率和显微硬度先增加后减小，但变化频率不同；随着喷涂电压和雾化空气压力的

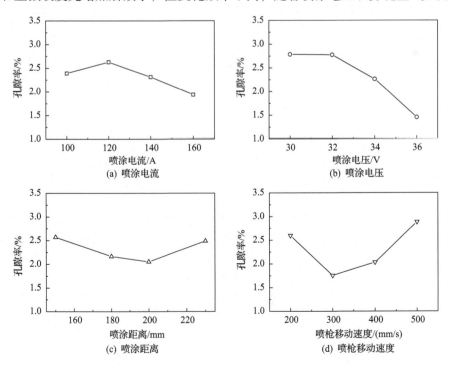

(a) 喷涂电流

(b) 喷涂电压

(c) 喷涂距离

(d) 喷枪移动速度

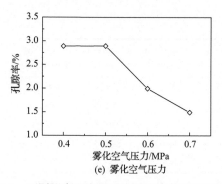

图 2.2 不同因素和水平对涂层孔隙率的影响结果

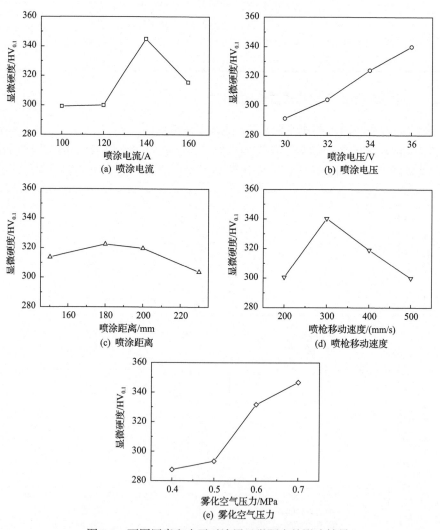

图 2.3 不同因素和水平对涂层显微硬度的影响结果

增加，涂层孔隙率持续减小，显微硬度则持续增加；随着喷涂距离的增加和喷枪移动速度的变快，涂层孔隙率先减小后增加，显微硬度变化与其相反。

图 2.4 为不同因素和水平对涂层综合性能的影响结果。从图中可以看出，喷涂电压和雾化空气压力是对涂层性能影响较大的两个因素，涂层综合性能随两者增大而持续增加；随着喷涂距离和喷枪移动速度的增加，涂层综合性能先增加后减小；随着喷涂电流的增加，涂层综合性能先减小后增加。

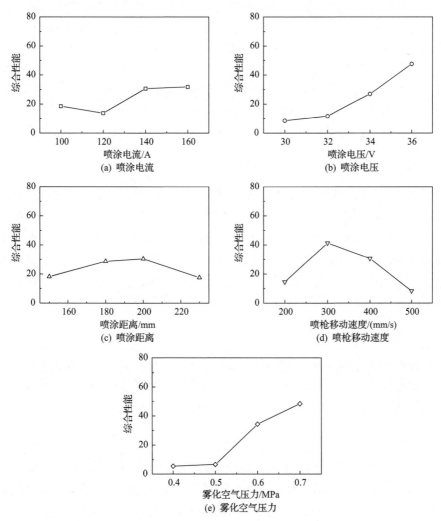

图 2.4　不同因素和水平对涂层综合性能的影响结果

1. 雾化空气压力

铝基非晶纳米晶涂层综合性能受雾化空气压力的影响最大。雾化空气压力的持续增加，会不断提升熔化粒子的雾化效果，使熔化粒子熔滴尺寸减小，动能增大，粒子撞击基体后扁平化明显，使得涂层组织细化、结构致密[2]。并且雾化空气压力越大，熔滴撞击基体后冷却速度越快，越能够形成非晶相，涂层的显微硬度越高。

2. 喷涂电压

当喷涂电压较低时，弧区产生的热能难以使喷涂粒子充分熔化，致使熔滴表面张力增大，喷涂粒子之间相互结合不够紧密，导致涂层孔隙增多，涂层硬度降低。随着电压不断升高，弧区间温度不断增加，喷涂粒子充分熔化，粒子的热熔值增大，熔滴表面张力减小，致使雾化后的粒子颗粒变小且速度增加，具有较高的动能，粒子撞击基体后扁平化程度更高，相互嵌合重叠使涂层致密性更好[3]。同时，高温粒子以高速撞击到基体上并发生快速冷却凝固，在此过程中，粒子局部发生晶粒形核，形成的纳米晶使涂层得到强化，提高了涂层的显微硬度。

3. 喷涂电流

喷涂电流不仅影响弧区温度，还直接影响送丝速度。增加喷涂电流，使得弧区温度升高，熔滴温度和流动性增强，使得粒子在撞击基体后涂层致密度提升，提高了涂层的显微硬度[4,5]。随着喷涂电流的不断增加，送丝速度持续变快，熔滴则拥有较高的初始速度；但如果送丝速度过快，熔滴就会变大，撞击到基体表面后容易产生飞溅，从而使涂层致密性降低。并且熔滴过大时，其在撞击基体后，温度下降速度变慢，不易形成非晶相，导致涂层硬度降低。

4. 喷枪移动速度

喷枪移动速度过慢时，喷枪的焰流与涂层长时间接触，使熔滴在扁平化的过程中冷却速度下降，不易形成非晶涂层。喷枪移动速度过快，会使涂层沉积率降低，涂层结构稀松，导致涂层致密性差，涂层硬度降低。

5. 喷涂距离

如果喷涂距离很小，弧间温度就会对基体表面产生很大的热影响，导致涂层内应力变大，涂层间的结合强度下降，同时粒子的冷却速度变慢，不易形成非晶相[6,7]。当喷涂距离过短时，熔化粒子加热时间短，使得粒子熔化不充分，并且较短的飞行距离使得熔滴雾化不充分，粒子沉积率下降，涂层显微硬度较差。但当喷涂距离过大时，熔化粒子的飞行速度下降，动能就会减小，熔滴的过冷倾向变大，凝固速度变快，熔滴流动性变差，粒子扁平化程度降低，导致涂层颗粒之间结合效果变差，涂层之间结合不紧密，涂层显微硬度降低。

2.2　Al-Ni-Mm(-Co)涂层结构与微观力学性能

高速电弧喷涂技术通常将压缩空气作为动力气源来对熔滴进行雾化和加速，这个过程中会使熔化粒子与空气接触并发生氧化。铝基材料与氧的亲和力较强，涂层中会不可避免地存在氧化物，而氧化物的存在会影响涂层的质量和性能，因此有必要研究不同喷涂工艺对涂层微观结构及其性能的具体作用。

2.2.1　Al-Ni-Mm(-Co)涂层微观组织结构表征

1. Al-Ni-Mm 涂层的微观组织结构

采用以空气作为雾化气体、以 CO_2 作为雾化气体、以丙烷(C_3H_8)作为助燃气体的高速电弧喷涂工艺制得 Al-Ni-Mm 涂层，分别简称为 Al-Ni-Mm(Air)涂层、Al-Ni-Mm(CO_2)涂层、Al-Ni-Mm(C_3H_8)涂层。图 2.5 为 50 倍金相显微镜下三种 Al-Ni-Mm

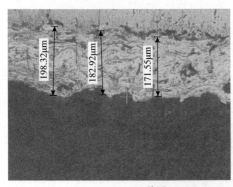

(a) Al-Ni-Mm(Air)涂层

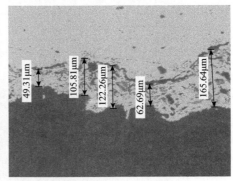

(b) Al-Ni-Mm(CO₂)涂层

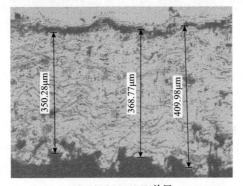

(c) Al-Ni-Mm(C₃H₈)涂层

图 2.5　50 倍金相显微镜下三种 Al-Ni-Mm 涂层横截面形貌

图中数据为涂层厚度

涂层横截面形貌。从图中可以看出，三种涂层的厚度相差较大，其中 Al-Ni-Mm(C_3H_8)涂层的厚度最大，涂层与基体之间的结合较好，其结合处没有明显的孔隙、裂纹等缺陷，而且涂层呈现出层状结构，层与层之间堆积紧密。Al-Ni-Mm(CO_2)涂层的厚度最小，有明显的孔隙，且涂层与基体之间的结合较差。

图 2.6 为三种 Al-Ni-Mm 涂层横截面的 SEM 形貌。从图中可以看出，Al-Ni-Mm(Air)涂层和 Al-Ni-Mm(CO_2)涂层截面组织分布较为杂乱，而 Al-Ni-Mm(C_3H_8)涂层表面光滑平整，结构较致密，呈现层状结构，层与层之间结合良好，无明显裂纹、孔隙等缺陷。经计算可知，Al-Ni-Mm(Air)涂层、Al-Ni-Mm(CO_2)涂层、Al-Ni-Mm(C_3H_8)涂层的孔隙率分别为 2.17%、3.76%、2.07%。

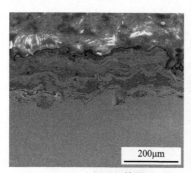 

(a) Al-Ni-Mm(Air)涂层　　　　　(b) Al-Ni-Mm(CO_2)涂层

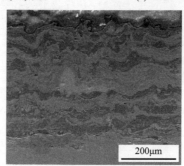

(c) Al-Ni-Mm(C_3H_8)涂层

图 2.6　三种 Al-Ni-Mm 涂层横截面的 SEM 形貌

图 2.7 为纯铝涂层和三种 Al-Ni-Mm 涂层的 XRD 图谱。从图中可以看出，纯铝涂层的 XRD 图谱中只有 α-Al 相；Al-Ni-Mm(Air)和 Al-Ni-Mm(C_3H_8)涂层的 XRD 图谱中存在明显的表征非晶相的漫散射峰，同时涂层发生了少量晶化，且晶化相为 α-Al 相、AlNi 相、Al_3La(Ce)相；而 Al-Ni-Mm(CO_2)涂层的漫散射峰不明显。经拟合计算可知，Al-Ni-Mm(Air)涂层和 Al-Ni-Mm(CO_2)涂层的非晶相体积分数分别为 9.59% 和 3.67%，而 Al-Ni-Mm(C_3H_8)涂层的非晶相体积分数约为 20.54%。

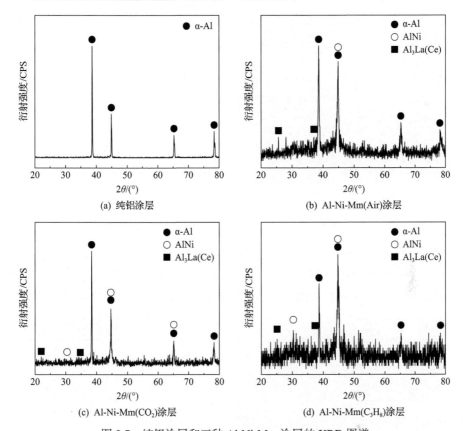

图 2.7　纯铝涂层和三种 Al-Ni-Mm 涂层的 XRD 图谱

　　图 2.8 为 Al-Ni-Mm（Air）涂层表面形貌及微区成分分析结果。从图中可以看出，涂层主要由类似于 A 区的组织构成，含有少量类似于 B 区的组织。经分析，A 区主要元素为 Al、Ni、Mm 和 O，且 Al 和 Ni 元素含量较多，说明其主要以铝镍化合物的形式存在，并存在少量氧化物；B 区主要元素为 Al，说明其为 Al 元素富集区。

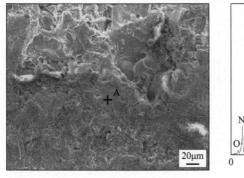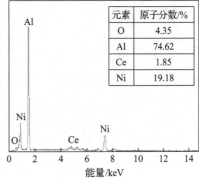

(a) 涂层中 A 区域形貌及其成分分析结果

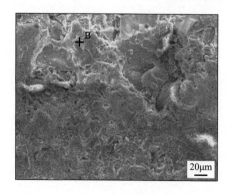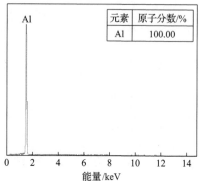

(b) 涂层中B区域形貌及其成分分析结果

图 2.8　Al-Ni-Mm(Air)涂层表面形貌及微区成分分析结果

图 2.9 为 Al-Ni-Mm(CO_2)涂层表面形貌及微区成分分析结果。从图中可以看出，涂层主要由类似于 A 区和 B 区的组织构成，同时含有少量类似于 C 区的组织。经分析，A 区和 B 区的组织成分较为类似，主要元素为 Al 和 Ni，以及少量

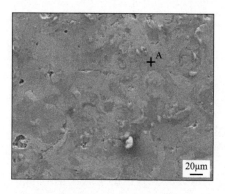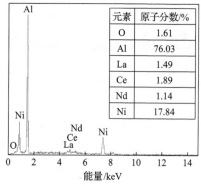

(a) 涂层中A区域形貌及其成分分析结果

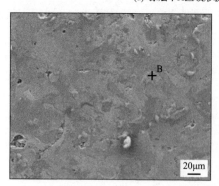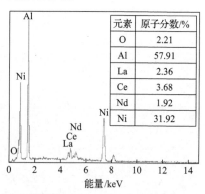

(b) 涂层中B区域形貌及其成分分析结果

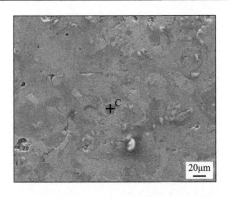
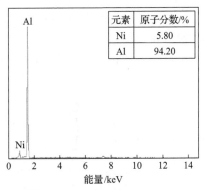

(c) 涂层中C区域形貌及其成分分析结果

图 2.9　Al-Ni-Mm(CO_2)涂层表面形貌及微区成分分析结果

的稀土元素，而 O 元素较少，说明其主要以铝镍化合物的形式存在，并含有一定量的稀土化合物；C 区以 Al 元素居多，说明其为 Al 元素的富集区。

图 2.10 为 Al-Ni-Mm(C_3H_8)涂层表面形貌及微区成分分析结果。从图中可以

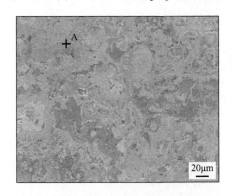
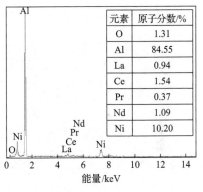

(a) 涂层中A区域形貌及其成分分析结果

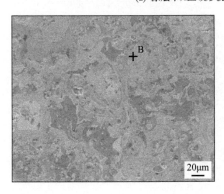
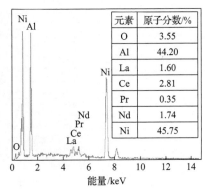

(b) 涂层中B区域形貌及其成分分析结果

图 2.10　Al-Ni-Mm(C_3H_8)涂层表面形貌及微区成分分析结果

看出，涂层主要由类似于 A 区和 B 区的组织构成。经分析，A 区以 Al 和 Ni 元素居多，稀土元素和 O 元素较少，这说明此处主要以铝镍化合物的形式存在，并伴有极少量的氧化物；B 区以 Al 和 Ni 元素居多，稀土元素较少，即为 Al 和 Ni 元素富集区。

2. Al-Ni-Mm-Co 非晶纳米晶涂层的微观组织结构

将采用以空气作为雾化气体、以 CO_2 作为雾化气体、以 C_3H_8 作为助燃气体制备的 Al-Ni-Mm-Co 涂层简称为 Al-Ni-Mm-Co(Air)涂层、Al-Ni-Mm-Co(CO_2)涂层、Al-Ni-Mm-Co(C_3H_8)涂层，其横截面的 SEM 形貌如图 2.11 所示。从图中可以看出，Al-Ni-Mm-Co(Air)涂层、Al-Ni-Mm-Co(CO_2)涂层中含有明显的孔隙，且分层现象不明显，而且 Al-Ni-Mm-Co(Air)涂层中表现出比较明显的氧化物富集特征。Al-Ni-Mm-Co(C_3H_8)涂层组织均匀，结构致密，呈现明显的层状结构，层与层之间结构完好，没有明显的裂纹、孔隙等缺陷。通过测量可知，Al-Ni-Mm-Co(Air)涂层的孔隙率为 2.06%，Al-Ni-Mm-Co(CO_2)涂层的孔隙率为 3.53%，Al-Ni-Mm-Co(C_3H_8)涂层的孔隙率为 1.78%。

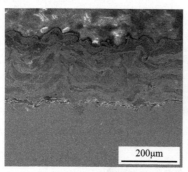
(a) Al-Ni-Mm-Co(Air)涂层

(b) Al-Ni-Mm-Co(CO_2)涂层

(c) Al-Ni-Mm-Co(C_3H_8)涂层

图 2.11　三种 Al-Ni-Mm-Co 涂层横截面的 SEM 形貌

图 2.12 为纯铝涂层和三种 Al-Ni-Mm-Co 涂层的 XRD 图谱。从图中可以看出，纯铝涂层的 XRD 图谱中只有 α-Al 相；Al-Ni-Mm-Co(Air)涂层和 Al-Ni-Mm-Co(C_3H_8)涂层的 XRD 图谱中存在较明显的晶化峰，说明涂层发生了晶化，且晶化相为 α-Al 相、AlNi 相、Al_3La 相、Al_3La(Ce)相和 $Al_{13}Co_4$ 相；Al-Ni-Mm-Co(CO_2)涂层的漫散射峰不明显。经拟合计算得到，Al-Ni-Mm-Co(Air)涂层、Al-Ni-Mm-Co(CO_2)涂层和 Al-Ni-Mm-Co(C_3H_8)涂层的非晶相体积分数分别约为13.65%和5.66%和24.2%。

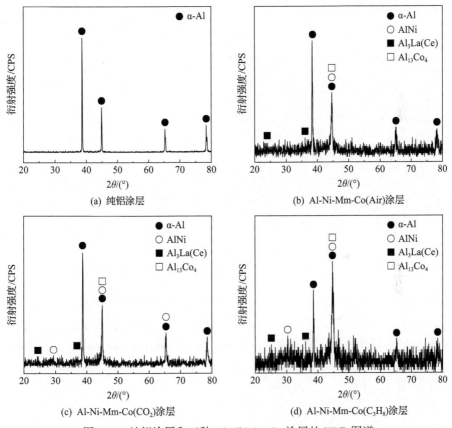

图 2.12　纯铝涂层和三种 Al-Ni-Mm-Co 涂层的 XRD 图谱

图 2.13 为 Al-Ni-Mm-Co(Air)涂层表面形貌及微区成分分析结果。从图中可以看出，该涂层主要由类似于 A 区的组织构成，同时含有少量类似于 B 区的组织。经分析，A 区主要以 Al 元素为主，说明此处为 Al 元素富集区；B 区主要元素为 Al、Ni、Mm 和 O 元素，且主要以 Al 和 O 元素居多，说明此处主要以铝的氧化物形式存在，并伴有部分稀土元素的化合物。

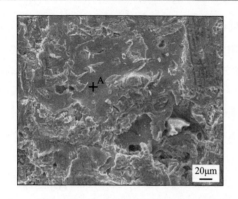 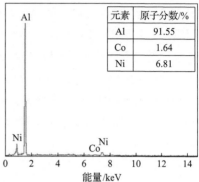

元素	原子分数/%
Al	91.55
Co	1.64
Ni	6.81

(a) 涂层中A区域形貌及其成分分析结果

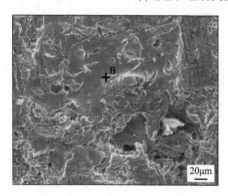 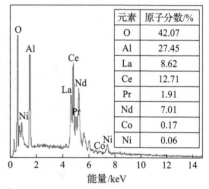

元素	原子分数/%
O	42.07
Al	27.45
La	8.62
Ce	12.71
Pr	1.91
Nd	7.01
Co	0.17
Ni	0.06

(b) 涂层中B区域形貌及其成分分析结果

图 2.13 Al-Ni-Mm-Co(Air)涂层表面形貌及微区成分分析结果

图 2.14 为 Al-Ni-Mm-Co(CO_2)涂层表面形貌及微区成分分析结果。从图中可以看出，涂层主要由类似于 A 区和 B 区的组织构成，同时含有少量 C 区的组织。经分析，A 区和 B 区类似，主要元素为 Al、Ni 和 Mm，且以 Al 和 Ni 元素居多，

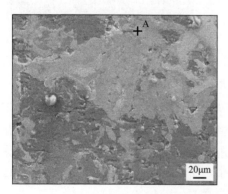 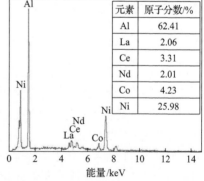

元素	原子分数/%
Al	62.41
La	2.06
Ce	3.31
Nd	2.01
Co	4.23
Ni	25.98

(a) 涂层中A区域形貌及其成分分析结果

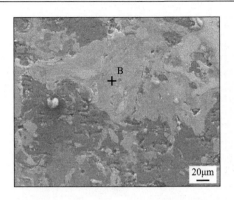
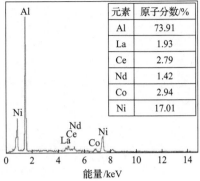

元素	原子分数/%
Al	73.91
La	1.93
Ce	2.79
Nd	1.42
Co	2.94
Ni	17.01

(b) 涂层中B区域形貌及其成分分析结果

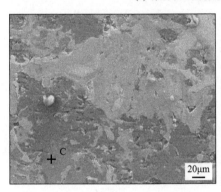
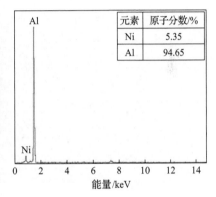

元素	原子分数/%
Ni	5.35
Al	94.65

(c) 涂层中C区域形貌及其成分分析结果

图 2.14　Al-Ni-Mm-Co(CO_2)涂层表面形貌及微区成分分析结果

说明此处主要以铝镍化合物的形式存在，并伴有部分稀土化合物；C 区主要以 Al 元素居多，说明此处为 Al 元素富集区。

图 2.15 为 Al-Ni-Mm-Co(C_3H_8)涂层表面形貌及微区成分分析结果。从图中

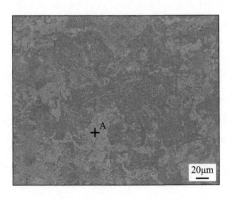
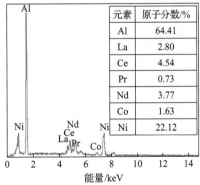

元素	原子分数/%
Al	64.41
La	2.80
Ce	4.54
Pr	0.73
Nd	3.77
Co	1.63
Ni	22.12

(a) 涂层中A区域形貌及其成分分析结果

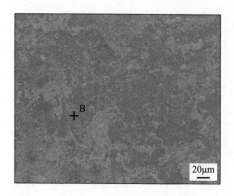
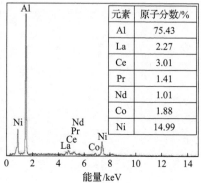

元素	原子分数/%
Al	75.43
La	2.27
Ce	3.01
Pr	1.41
Nd	1.01
Co	1.88
Ni	14.99

(b) 涂层中B区域形貌及其成分分析结果

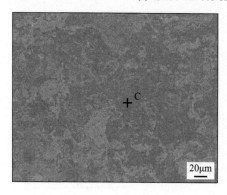
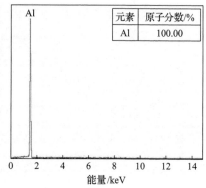

元素	原子分数/%
Al	100.00

(c) 涂层中C区域形貌及其成分分析结果

图 2.15　Al-Ni-Mm-Co(C_3H_8)涂层表面形貌及微区成分分析结果

可以看出，涂层主要由类似于 A 区和 B 区的组织构成。经分析，A 区和 B 区主要元素为 Al、Ni 和 Mm，且以 Al 和 Ni 元素居多，说明此处主要以铝镍化合物的形式存在，并伴有部分稀土化合物，并且 A 区所含稀土化合物较多；C 区以 Al 元素居多，说明此处为 Al 元素富集区。

2.2.2 非晶纳米晶形成机理分析

由上述研究可知，采用高速电弧喷涂技术制备的铝基涂层中含有一定量的非晶结构。典型的非晶合金组成通常会降低合金的熔点，并使之位于共晶点附近，促使液相的稳定性高于晶化相，因此当材料处于温度较低的环境中时，比较容易形成稳定的非晶相。这种非晶的形成倾向表征式为

$$\Delta T_g = T_l - T_g \tag{2.2}$$

式中，T_l 为液相温度；T_g 为玻璃化转变温度；ΔT_g 为 T_l 与 T_g 的差值。

通常 $T_1 > T_g$。当温度 T 从 T_1 下降时，非晶合金熔化液态的黏度迅速下降，形核速度迅速增大，直到 T 低于 T_g 时，形核速度变得很小。因此，冷却速度越大，非晶越易形成。而高速电弧喷涂技术是一种冷却速度极高的工艺，这为非晶的形成提供了有利条件。

另外，原子半径不同的合金成分设计有助于合金体系的紧密堆积。原子半径较大的混合稀土元素加入合金体系后，会与周围近邻的小尺寸原子形成类似网状或骨架状结构，有利于起到阻碍原子扩散或原子团迁移的作用，促使原子有序化程度降低，帮助抑制晶体的形成和长大，促进非晶相的形成。

但是，非晶态始终是一种亚稳态结构，并不稳定，在适当条件下会向低能形态发生转变，即发生晶粒形核和生长。在喷涂过程中，弧区温度要远远高于铝基非晶相向纳米晶相转变的温度，因此在高速电弧喷涂时飞行的雾化熔滴在冷却过程中会发生去玻璃化现象，促使其中部分非晶相向纳米晶相转变，从而形成铝基非晶相和纳米晶相共存的复合结构。

2.2.3　铝基非晶纳米晶高速电弧喷涂层力学性能

采用 FM 700 型数字显示显微硬度计对铝基非晶纳米晶涂层材料进行测试，考察哪种喷涂工艺下得到的铝基非晶纳米晶涂层的力学性能最佳，并与 45 钢基体和纯铝涂层进行比较。表 2.5 为 45 钢基体和高速电弧喷涂层的显微硬度。在测试过程中，为降低误差对涂层硬度的影响，采取去掉各组的最大值和最小值之后取平均值的方式，获得各涂层的平均显微硬度值。

表 2.5　45 钢基体和高速电弧喷涂层的显微硬度

材料	平均显微硬度（$HV_{0.1}$）
45 钢	205
纯铝涂层	68
Al-Ni-Mm（Air）涂层	267
Al-Ni-Mm（CO_2）涂层	192
Al-Ni-Mm（C_3H_8）涂层	382
Al-Ni-Mm-Co（Air）涂层	271
Al-Ni-Mm-Co（CO_2）涂层	204
Al-Ni-Mm-Co（C_3H_8）涂层	392

从表 2.5 可以看出，45 钢基体的平均显微硬度值为 $205HV_{0.1}$，纯铝涂层的显微硬度值较低，而且其各点的显微硬度值相差不大，平均显微硬度值仅为 $68HV_{0.1}$。相对于纯铝涂层，铝基非晶纳米晶涂层的显微硬度值都有显著提高。

三种喷涂技术制备的 Al-Ni-Mm 和 Al-Ni-Mm-Co 涂层的显微硬度值基本上均比 45 钢基体的高，但是其显微硬度值的分布表现不均匀，其中最大值和最小值相差较大，这说明涂层中均存在硬质相和软质相；而且同种喷涂技术制备的 Al-Ni-Mm-Co 涂层的显微硬度值均比 Al-Ni-Mm 涂层高，这说明 Co 元素的加入有助于提升涂层的显微硬度。

将采用三种喷涂技术制备的同种涂层比较可知，C_3H_8 作为助燃气体制备的涂层的显微硬度值最高，CO_2 作为雾化气体制备的涂层的显微硬度值最低。将 C_3H_8 作为助燃气体时，喷涂过程中会释放出更高的热量，能够保证药芯焊丝熔化得更充分，同时增大粒子的热焓值，减小熔滴的表面张力，促使雾化后的粒子颗粒尺寸变小及其速度增加、动能增大，进而提高雾化粒子撞击基体后的扁平化程度和涂层的致密度；同时，由于高温粒子以高速撞击到基体上，并快速凝固形成涂层，其中产生的快速冷却会使原子排列无序化，同样也会导致涂层中发生局部的晶粒形核以及生成纳米晶粒，这有助于提高涂层的显微硬度。而 CO_2 无法发生燃烧，其作为雾化气体时，喷涂过程中会降低熔滴的温度，增大熔滴的表面张力，这会降低粒子撞击基体后的扁平化程度以及涂层的致密性，并且温度的过早降低不利于纳米增强相的形成，也就是无法使涂层得到强化，即降低涂层的硬度。

2.3　铝基非晶纳米晶涂层防腐蚀性能

2.3.1　电化学腐蚀试验

在对材料防腐蚀性能进行研究分析时，通常采用电化学腐蚀试验法。通过将材料的极化曲线进行拟合计算，可以获取材料在腐蚀过程中的自腐蚀电位 E_{corr}、极化电阻 R_P、自腐蚀电流密度 i_{corr}、阴极斜率 β_C 和阳极斜率 β_A 等数值及其改变倾向，进而可以考量材料的防腐蚀性能。因此，采用先进的电化学腐蚀试验法测试铝基非晶纳米晶涂层的自腐蚀电位和自腐蚀电流密度随时间的变化规律，结合涂层表面腐蚀产物的能量色散谱仪(energy dispersive spectroscopy, EDS)的分析结果，并与纯铝涂层及 45 钢基体进行对比，来研究铝基非晶纳米晶涂层的耐电化学腐蚀性能。

试验过程中，使用电化学工作站获取开路电位随时间的变化曲线和极化曲线。采用的腐蚀介质是质量分数为 3.5%的 NaCl 溶液，该溶液由一次蒸馏水配制而成，其中采用的试剂为分析纯。在此过程中，以铂(Pt)作为辅助电极，饱和甘汞电极(saturated calomel electrode, SCE)作为参比电极，试样作为工作电极，试验温度均为室温。电解池采用三电极体系，涂层有效面积为 $1cm^2$，非工作表面用不导电的耐蚀材料密封。开路电位的稳定测量时间为 1000s，开路电位随时间的变化曲线选取200h 内的开路电位。测定涂层极化曲线时，选取相对于开路电位–0.3～0.6V 作为电位的扫描范围，设定扫描速度为 1mV/s。获取极化曲线的数据后，通过扫描电子显微镜和能量色散谱仪对涂层腐蚀后的形貌和成分进行观测及分析。

1. 电化学腐蚀试验结果

通过测量材料的开路电位随时间的变化趋势能够定性评价材料的耐腐性能，并且可以计算出材料的失效时间。图 2.16 为铝基非晶纳米晶涂层、纯铝涂层和 45 钢在质量分数为 3.5%的 NaCl 溶液中的开路电位随浸泡时间的变化曲线。从图中可以看出，所有铝基非晶纳米晶涂层的开路电位均在 45 钢的下方，且都在纯铝涂层的上方，这说明涂层材料为钢结构提供的是牺牲阳极的阴极保护。

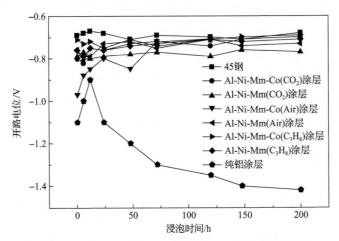

图 2.16　铝基非晶纳米晶涂层、纯铝涂层和 45 钢在质量分数为 3.5%的
NaCl 溶液中的开路电位随浸泡时间的变化曲线

45 钢在 NaCl 溶液中的开路电位随浸泡时间延长缓慢向正方向移动（简称正移，余同），且波动较小，其最大值和最小值相差仅为 0.04V。这是由于腐蚀产物生长较快，45 钢的开路电位迅速趋于稳定，而且覆盖在其表面的腐蚀产物逐渐增厚，使其一直处于一种腐蚀与腐蚀产物提供的防护之间相平衡的状态。

铝基非晶纳米晶涂层在浸泡初期，开路电位正移，说明在腐蚀初期，表面的氧化膜对涂层起到了一定的保护作用；随着浸泡时间的增长，涂层的开路电位较为平稳；当浸泡时间达到 50h 左右时，开路电位向负方向移动（简称负移，余同），这可能与铝基材料发生的点蚀有关；但是随着浸泡时间延长，涂层的开路电位又发生正移并趋于平缓，这可能是涂层内部存在复合组织结构造成的。在浸泡时间到达 150h 后，Al-Ni-Mm-Co 涂层的开路电位比 Al-Ni-Mm 涂层略正。

纯铝涂层在浸泡初期，开路电位发生正移，说明纯铝涂层表面自发形成的氧化铝膜层起到了保护作用，但是随着浸泡时间的延长，这层保护膜的厚度和致密度都不足以提供持久的防护能力，导致其开路电位开始负移；同时，铝基材料对点蚀较为敏感，进而加速了涂层的开路电位发生负移。由于点蚀的影响，纯铝涂层表面产生了一层腐蚀产物，并形成了保护膜，但是这层保护膜很快就被溶解到腐蚀介质中，然后腐蚀产物又再生，这种反复的过程导致其开路电位发生了起伏式的变化；最终涂层失效，导致其开路电位下降并趋于稳定。

图 2.17 为 45 钢、纯铝涂层和铝基非晶纳米晶涂层在质量分数为 3.5%的 NaCl 溶液中的极化曲线（Tafel 曲线），表 2.6 为相应的极化参数。可以看出，45 钢在 NaCl 溶液中的腐蚀电位随浸泡时间增长发生缓慢正移，而且其值逐步稳定在 −0.66V 左右。同时，随着浸泡时间的增加，45 钢的腐蚀速度先增大后减小；45 钢的腐蚀行为虽然逐步变缓，但是其腐蚀行为仍会持续下去。这是由于在浸泡初期，45 钢表面会自然生成一层薄薄的氧化膜，这层氧化膜对 45 钢本身起到了一定的保护作用，但是由于 Cl 有着极强的侵蚀作用，会迅速破坏这层氧化膜。在这个过程中，45 钢会受到剧烈的腐蚀作用，导致腐蚀速度迅速上升；然而随着腐蚀的持续进行，大量的腐蚀产物会附着在 45 钢的表面，并对腐蚀的进程造成阻碍，导致腐蚀速度降低。但是，这种腐蚀行为仍在持续进行。

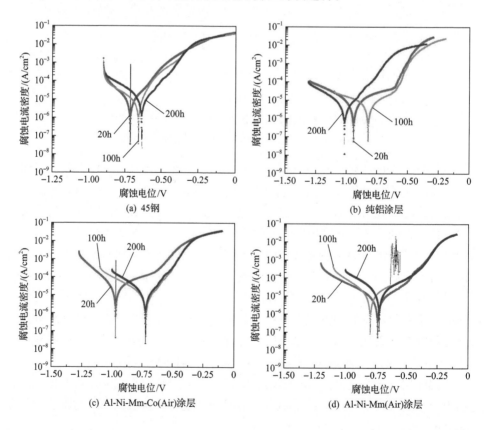

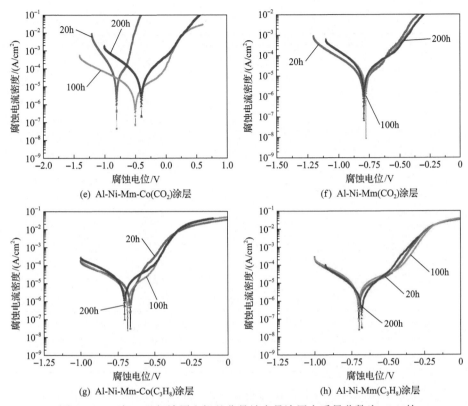

(e) Al-Ni-Mm-Co(CO₂)涂层

(f) Al-Ni-Mm(CO₂)涂层

(g) Al-Ni-Mm-Co(C₃H₈)涂层

(h) Al-Ni-Mm(C₃H₈)涂层

图 2.17　45 钢、纯铝涂层和铝基非晶纳米晶涂层在质量分数为 3.5%的
NaCl 溶液中的极化曲线

表 2.6　45 钢、纯铝涂层和铝基非晶纳米晶涂层的极化参数

材料	浸泡时间 t/h	自腐蚀电位 $E_{\mathrm{corr}}/\mathrm{V}$	自腐蚀电流密度 $i_{\mathrm{corr}}/(\mu\mathrm{A/cm}^2)$	极化电阻 $R_{\mathrm{P}}/(\mathrm{k}\Omega\cdot\mathrm{cm}^2)$	阳极斜率 $\beta_{\mathrm{A}}/(\mathrm{V/dec}^{*})$	阴极斜率 $\beta_{\mathrm{C}}/(\mathrm{V/dec})$
45 钢	20	−0.69	10.44	8.22	0.21	0.12
	100	−0.68	13.19	8.45	0.19	0.23
	200	−0.65	11.36	7.57	0.28	0.20
纯铝涂层	20	−1.10	16.33	11.83	0.17	0.17
	100	−1.10	50.90	12.31	0.19	0.29
	200	−1.42	60.99	12.91	0.14	0.25
Al-Ni-Mm（Air）涂层	20	−0.76	5.30	46.94	0.45	0.42
	100	−0.79	5.55	53.96	0.38	0.25
	200	−0.73	6.26	42.65	0.49	0.33

* 1dec=10A/cm²。

材料	浸泡时间 t/h	自腐蚀电位 E_{corr}/V	自腐蚀电流密度 $i_{corr}/(\mu A/cm^2)$	极化电阻 $R_P/(k\Omega \cdot cm^2)$	阳极斜率 $\beta_A/(V/dec^*)$	阴极斜率 $\beta_C/(V/dec)$
Al-Ni-Mm-Co (Air) 涂层	20	−0.97	5.33	41.67	0.44	0.21
	100	−0.80	6.61	44.82	0.14	0.18
	200	−0.71	4.10	43.31	0.17	0.19
Al-Ni-Mm (CO_2) 涂层	20	−0.79	23.39	24.17	0.33	0.25
	100	−0.78	13.86	12.44	0.40	0.28
	200	−0.77	14.10	12.32	0.38	0.24
Al-Ni-Mm-Co (CO_2) 涂层	20	−0.80	23.21	24.75	0.38	0.22
	100	−0.76	13.15	16.60	0.40	0.32
	200	−0.70	12.97	14.24	0.19	0.21
Al-Ni-Mm (C_3H_8) 涂层	20	−0.76	2.08	86.91	0.26	0.31
	100	−0.74	2.15	97.68	0.36	0.22
	200	−0.71	1.77	75.53	0.18	0.14
Al-Ni-Mm-Co (C_3H_8) 涂层	20	−0.71	1.47	75.36	0.08	0.16
	100	−0.75	2.84	96.30	0.25	0.23
	200	−0.69	1.39	83.20	0.30	0.24

纯铝涂层在浸泡初期出现了较为明显的钝化现象，这说明其在腐蚀介质中可以形成较稳定的钝化膜，并能有效延缓 Cl⁻的渗透。当浸泡时间为 20h 时，纯铝涂层的极化曲线仍存在钝化现象，但是由于涂层孔隙较多，且铝基材料对点蚀敏感，其极化曲线上出现了较为明显的点蚀特征，并导致纯铝涂层的自腐蚀电流密度相应升高了 1 个数量级。随着浸泡时间的增加，纯铝涂层逐渐在点蚀的破坏下失去其原有的防护功能，其自腐蚀电流密度迅速增大，使 Cl⁻在点蚀和孔隙的帮助下与 45 钢基体发生了接触，导致 45 钢和纯铝涂层之间形成电偶腐蚀，并加速了纯铝涂层的腐蚀失效。

铝基非晶纳米晶涂层的自腐蚀电流密度一直较低。在浸泡初期，涂层自腐蚀电流密度比纯铝涂层降低了 1 个数量级，自腐蚀电位比纯铝涂层较正，这主要是由于涂层表面的氧化膜起到了很好的防护作用。当浸泡时间为 100h 时，涂层的自腐蚀电位和自腐蚀电流密度变化不大，仍表现出远优于纯铝涂层的耐腐蚀性能。这主要是由于涂层中非晶相和纳米晶相的复合结构使涂层具有较好的防腐蚀性能。随着浸泡时间的增加，涂层中存在的孔隙以及铝基材料易发生的点蚀，导致涂层的腐蚀继续进行，但其自腐蚀电流密度依然比纯铝涂层小 1 个数量级。

从极化曲线分析结果可知，三种铝基非晶纳米晶涂层的极化曲线均表现出了明显的钝化现象，并且涂层的自腐蚀电流密度最低，比纯铝涂层和 45 钢基体小了 1 个数量级；在三种铝基非晶纳米晶涂层中，以 CO_2 作为雾化气体制备的铝基非晶纳米晶涂层的自腐蚀电流密度最高、极化电阻最小，这说明该技术制备的涂层的防腐蚀性能较差，对 45 钢基体的防护作用不好。这是由于 CO_2 作为雾化气体时，制备的涂层的孔隙率较高，涂层较疏松，Cl^- 容易通过涂层中的孔隙直达 45 钢基体处，使基体与涂层之间在内部形成电偶腐蚀，加剧了涂层的失效与损坏。同时，三种喷涂技术制备的涂层中，以 C_3H_8 作为助燃气体制备的铝基非晶纳米晶涂层的自腐蚀电流密度最小，极化电阻最大；而且与同种喷涂技术制备的 Al-Ni-Mm 涂层相比，Al-Ni-Mm-Co 涂层的自腐蚀电位与其相差不大，自腐蚀电流密度相对较小，极化电阻较大，并在经历了较长的浸泡时间后仍表现出较为优异的防腐蚀性能。其中，防腐蚀性能最好、对基体保护作用最有效的是 Al-Ni-Mm-Co(C_3H_8) 涂层。铝基非晶纳米晶涂层的自腐蚀电位比 45 钢基体低，因此铝基非晶纳米晶涂层对 45 钢基体起到了牺牲阳极的阴极保护作用。

2. 涂层防腐蚀性能综合评价

由上述结果可知，铝基非晶纳米晶涂层的防腐蚀性能和对基体的保护作用均优于纯铝涂层，其中 Al-Ni-Mm-Co(C_3H_8) 涂层的防腐蚀性能最优，能更好地起到对 45 钢基体的保护作用。

45 钢基体容易被氧化，在表面形成一层稀薄松软的氧化膜。在质量分数为 3.5% 的 NaCl 溶液中，这层氧化膜可在极短的时间内阻止 Cl^- 的侵蚀。由上述结果可知，当 45 钢基体刚浸入腐蚀介质中时，其自腐蚀电流密度较大，表明此时已发生了剧烈的腐蚀。这一腐蚀行为导致大量腐蚀产物聚集在 45 钢表面，形成了腐蚀产物膜层，且随着浸泡时间延长，此膜层的厚度增加，并起到了一定的延缓 Cl^- 继续侵蚀的作用。但是，这层氧化膜疏松多孔，会随着浸泡时间的延长而逐渐被 Cl^- 破坏，并不能很好地保护 45 钢基体。之后，45 钢基体将缓慢遭到破坏。

铝是钝性金属，其在大气环境下能自发在表面生成一层氧化膜，而且这层氧化膜可起到一定的防腐蚀作用。但是，在质量分数为 3.5% 的 NaCl 溶液中，由于存在大量的侵蚀性 Cl^-，其表面的钝化膜极易发生点蚀，因此铝的自腐蚀电位随浸泡时间的变化规律与基体不同。纯铝涂层与铝合金相似，且其在腐蚀介质中会发生氧化，形成电阻很大的 $AlOOH$（即 $Al_2O_3·H_2O$）氧化膜：

$$Al + H_2O \longrightarrow AlOH + H^+ + e^- \tag{2.3}$$

$$AlOH + H_2O \longrightarrow Al(OH)_2 + H^+ + e^- \tag{2.4}$$

$$Al(OH)_2 \longrightarrow AlOOH + H^+ + e^- \tag{2.5}$$

总的电极反应为

$$Al + 2H_2O \longrightarrow AlOOH + 3H^+ + 3e^- \tag{2.6}$$

在氯化物溶液中，由于 Cl^- 的存在，在较高活性的局部区域，反应式 (2.6) 之后进行的不是成膜反应，而是阳极溶解反应：

$$AlOH + Cl^- \longrightarrow AlOHCl + e^- \tag{2.7}$$

$$AlOHCl + Cl^- \longrightarrow AlOHCl_2 + e^- \tag{2.8}$$

浸泡初期，纯铝涂层表面会产生大量的气泡，这是由于纯铝涂层中存在较大的孔隙率，而且这些孔隙给 Cl^- 的渗透提供了便利通道。当溶液进入涂层中的气孔后，将涂层气孔中的空气排出便形成了气泡。随着浸泡时间的延长，涂层表面发生点蚀，且腐蚀会逐渐向蚀孔深度方向发展，此时蚀孔外表面成为阴极并形成富氧区，而蚀孔内因氧浓度下降会与蚀孔外构成氧浓差电池，这导致蚀孔内的 Al^{3+} 和 Cl^- 浓度不断增加，Al^{3+} 水解形成 $Al(OH)_3$ 和 H^+，使蚀孔内 pH 降低，进而促使铝活化溶解；同时氢氧化铝腐蚀产物在蚀孔口形成沉积层，阻碍腐蚀溶液的渗透，使蚀孔内的溶液得不到稀释，进而加剧了铝的腐蚀。随着浸泡时间的继续延长，点蚀向蚀孔深度方向继续发展。当蚀孔内腐蚀溶液最终渗透到与 45 钢基体接触时，铝涂层与 45 钢基体之间就会发生铁与铝之间的电偶腐蚀，并加剧铝涂层的腐蚀失效。这一推测与上述试验结果相一致。纯铝涂层的腐蚀电位随着时间的延长不断发生负移，自腐蚀电流密度明显增大。

铝基非晶纳米晶涂层在质量分数为 3.5% 的 NaCl 溶液中表现出了优异的防腐蚀性能。在浸泡初期，铝基非晶纳米晶涂层表现出与纯铝涂层相似的腐蚀过程，涂层的自腐蚀电位向正方向变化，这主要是由于涂层表面形成的氧化膜起到了一定的防护作用。涂层的孔隙率较低，而且涂层表面并不完全是活性较强的 α-Al 晶化相，从而导致点蚀的发生概率比铝涂层明显降低。之后在一段浸泡时间内，涂层的自腐蚀电位发生了负移，然后又逐渐偏向正移并趋于稳态。这主要是受到了涂层微观组织结构的影响。在铝基非晶纳米晶涂层中，分布有均匀的纳米尺度的 α-Al、AlNi 及 $Al_{13}Co_4$ 晶化相，这些晶粒具有很强的活性，可以促进钝化膜的产生，阻止腐蚀的加剧。另外，涂层的非晶相中，原子偏离平衡位置，使其原子之间的结合力相对于晶体较弱，且非晶相部分晶化后，原子发生结构弛豫，结合强度增大，使合金中原子与溶液的反应速度减慢；同时，AlNi 非晶相本身具有较好的防腐蚀性能，提高了涂层的整体耐蚀效果。涂层在形成过程中生成的氧化铝相同样具有较好的防腐蚀性能。此外，孔隙率对涂层的防腐蚀性能也会产生影响，Al-Ni-Mm 涂层的孔隙率约为 2.07%，Al-Ni-Mm-Co 涂层的孔隙率约为 1.78%，较低的孔隙率会降低涂层的腐蚀速度。因此，铝基非晶纳米晶涂层表现出了较好的防腐蚀性能。

极化电阻可根据 Stem-Geary 公式计算得到：

$$i_{corr} = \frac{\beta_A \beta_C}{2.3 R_P (\beta_A + \beta_C)} = \frac{B}{R_P} \tag{2.9}$$

式中，B 为比例常数；i_{corr} 为自腐蚀电流密度；R_P 为极化电阻；β_A、β_C 分别为塔费尔（Tafel）阳极、阴极斜率。

由式（2.9）可知，R_P 与自腐蚀电流密度 i_{corr} 成反比，所以 R_P 值的大小能反映出材料腐蚀反应速度的大小，即 R_P 值越大，i_{corr} 值越小，腐蚀反应速度越小，防腐蚀性能也越好，反之则腐蚀反应速度越大，防腐蚀性能也越差。

从表 2.6 可以看出，随着浸泡时间的延长，涂层的极化电阻大多先上升后下降，表现出较大的波动。其中，Al-Ni-Mm-Co（C_3H_8）涂层的极化电阻约为纯铝涂层的 6 倍，表现出较好的抵抗氯离子侵蚀的能力；纯铝涂层的极化电阻在浸泡后期有所提升，但仍保持较低水平，说明其表面产生了一些不致密的钝化层。而 45 钢基体的极化电阻一直较低，且无明显变化，这主要是由于 45 钢基体表面附着的腐蚀产物不断增厚的速度与腐蚀速度达到了平衡，使其处于被腐蚀和被保护同时发生的状态。

在腐蚀过程中，铝基非晶纳米晶涂层可以起到牺牲阳极的阴极保护作用，且其自腐蚀电流密度最低。这主要是由于铝基非晶纳米晶涂层内部存在非晶相、纳米晶相和氧化物相共存的组织结构，涂层的低孔隙率起到了决定性的作用。将Al-Ni-Mm 和 Al-Ni-Mm-Co 涂层的腐蚀行为进行对比，可以看出两种铝基非晶纳米晶涂层的自腐蚀电位、自腐蚀电流密度、极化电阻的差别均很小，说明两者的防腐蚀性能基本相当。

2.3.2　微区电化学腐蚀试验

微区电化学测试技术能够清晰地描绘出材料微区部位的腐蚀机理和不同

元素与环境间的相互作用。微区电化学测试技术主要有扫描开尔文探针显微镜（scanning Kelvin probe microscopy, SKPM）、扫描电化学显微镜、局部交流阻抗等，这些技术具有较高的精度和在高空间解析度中较强的定区域分析能力，被越来越多的学者使用。因此，选取 Al-Ni-Mm-Co(C$_3$H$_8$) 涂层进行微区腐蚀试验，并配以原子力显微镜，研究涂层界面微区表观形貌、涂层中电势分布和各元素相对电势差，以探索涂层的腐蚀机制和各元素在腐蚀中的作用机理。

1. 微区电化学腐蚀试验原理

扫描开尔文探针显微镜是一种与涂层零接触，并且对涂层不会产生破坏的分析仪器，其广泛适用于测量半导电或导电的材料，以及涂层与探针间的功函差，并利用功函数数值来分辨涂层表面的元素和分布情况[8]。图 2.18 为 SKPM 技术测量原理图。扫描开尔文探针与试样间通常会存在数种力的作用，如范德瓦尔斯力、静电力、电磁力等[9]，通常使用二次扫描技术来获得试样的表面形貌以及各部位的电势。在初次扫描时，开尔文探针进行周期性的机械共振，并将得到的涂层表面形貌信号储存；再次扫描时，根据初次扫描获得的信号，将探针提升至指定高度，通常为 10～50nm，依据初次测量的路线，通过补偿归零法来获得涂层表面的电势。

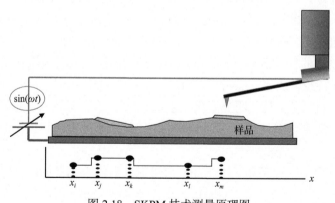

图 2.18　SKPM 技术测量原理图

2. Al-Ni-Mm-Co 涂层的组织结构分析

图 2.19 为 Al-Ni-Mm-Co(C$_3$H$_8$) 涂层的 XRD 图谱。从图中可以看出，在 $2\theta=$ 30°～50°的范围内出现较宽的漫散射峰，表示有非晶结构存在，同时涂层中含 α-Al 相、AlNi 相、Al$_3$La(Ce) 相和 Al$_{13}$Co$_4$ 相等晶化相。通过拟合计算得到，该涂层的非晶相体积分数约为 24.2%。

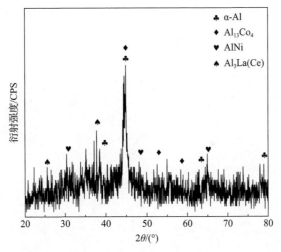

图 2.19　Al-Ni-Mm-Co（C₃H₈）涂层的 XRD 图谱

3. Al-Ni-Mm-Co 涂层的 SKPM 分析

图 2.20、图 2.21 分别为 Al-Ni-Mm-Co 的涂层背散射形貌和线扫描能谱图。图 2.20 中 *a*、*b*、*c*、*d* 为同一水平线（即图 2.20 中的黑线）上的四个点。原子序数不同会导致背散射图像衬度不同，Al-Ni-Mm-Co 涂层中主要元素 Al、Ni、Co、La 和 Ce 的原子序数分别为 13、28、27、57 和 58，因此图 2.20 中高亮部位为富集 La 和 Ce 的区域，较暗部位为含 Al 较多的区域，而图 2.21 中 *a* 点为 Ni 富集相，*b* 点为 Al 富集相，*c* 点为 Ni、La 和 Ce 富集相，*d* 点为 Co 富集相。

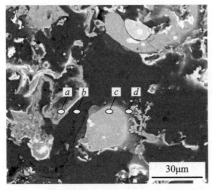

图 2.20　Al-Ni-Mm-Co 涂层背散射形貌

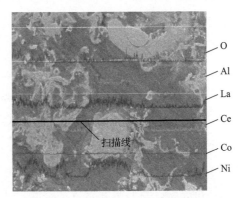

图 2.21　Al-Ni-Mm-Co 涂层线扫描能谱图

图 2.22 为 Al-Ni-Mm-Co 涂层表面形貌和电势。图 2.23 为 Al-Ni-Mm-Co 涂层表面电势分析。从图 2.23 可以看出，*a* 点电势为 –110mV，*b* 点电势为 190mV，*c* 点电势为 0mV，*d* 点电势为 –380mV，各点电势差最大可达 570mV。因此，相对

于 b 点的 Al 元素富集相而言，a、c 和 d 点为阳极，b 点为阴极。由于电势越低，越容易被腐蚀，在腐蚀过程中，腐蚀的优先顺序依次为 d、a、c、b。

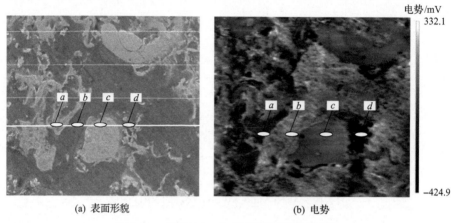

(a) 表面形貌　　　　　　　　　　　　(b) 电势

图 2.22　Al-Ni-Mm-Co 涂层表面形貌和电势

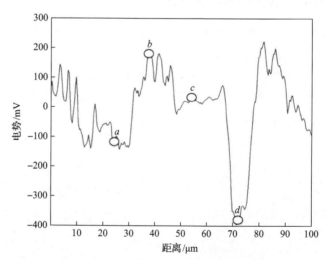

图 2.23　Al-Ni-Mm-Co 涂层表面电势分析

　　浸泡 200h 后，Al-Ni-Mm-Co(C_3H_8) 涂层的腐蚀产物 SEM 形貌和能谱图如图 2.24 和图 2.25 所示。从图中可以看出，腐蚀后 Al-Ni-Mm-Co(C_3H_8) 涂层的表面仍保持完整，且其氧元素含量较低，这说明涂层并没有受到严重破坏。

　　在涂层中，Al 及其氧化物的电势较高，富 Co 相、富 Ni 相、Ni 和 Mm 混合相的电势较低，因此腐蚀初期，Al 及其氧化物作为阴极受到保护，而 Ni 及稀土元素作为阳极优先腐蚀。涂层中尺寸极小的含 Co 相在腐蚀后会填满涂层的孔隙，

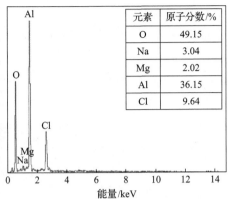

元素	原子分数/%
O	49.15
Na	3.04
Mg	2.02
Al	36.15
Cl	9.64

图 2.24　Al-Ni-Mm-Co（C_3H_8）涂层腐蚀
产物 SEM 形貌

图 2.25　Al-Ni-Mm-Co（C_3H_8）涂层腐蚀
产物能谱图

提升涂层的致密度，并且受到保护的 Al 及其氧化物会在初期腐蚀中得以保留，从而在时间更为长久的腐蚀阶段对基体进行保护，这使得铝基非晶纳米晶涂层的防腐蚀性能远高于传统涂层。

2.4　铝基非晶纳米晶涂层耐磨损性能

2.4.1　干摩擦条件下耐磨损性能

1. 干摩擦条件下的摩擦系数

在法向载荷 10N、频率 3Hz 条件下开展干摩擦磨损试验。图 2.26 和图 2.27 为干摩擦条件下 6061 铝合金、纯铝涂层和铝基非晶纳米晶涂层摩擦系数及其柱状图。从图中可以看出，纯铝涂层的平均摩擦系数比 6061 铝合金基体稍高，二者约为 0.12。在铝基非晶纳米晶涂层中，Al-Ni-Mm（CO_2）涂层的平均摩擦系数较低，约为 0.15。Al-Ni-Mm（Air）涂层的平均摩擦系数较高，但在摩擦磨损试验的初期出现了明显的跑合阶段，这可能是在喷涂过程中出现过断丝的现象，致使涂层内部的组织表现不均匀。在摩擦磨损试验初期，钢珠会将涂层表面软硬不均的地方磨平，使两者表面相匹配，因此产生了摩擦系数的起伏变化。其余条件下喷涂制备的铝基非晶纳米晶涂层在经过短暂的跑合磨损阶段后，都进入了稳定磨损阶段，且其平均摩擦系数与硬度值也较一致。由于涂层表面凹凸不平，涂层硬度越大，其在摩擦磨损过程中产生的阻力越大，其摩擦系数相应越高。

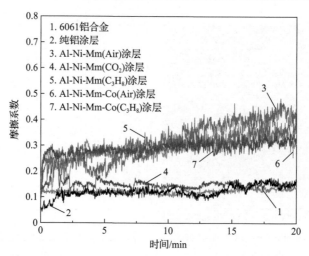

图 2.26　干摩擦条件下 6061 铝合金、纯铝涂层和铝基非晶纳米晶涂层摩擦系数曲线

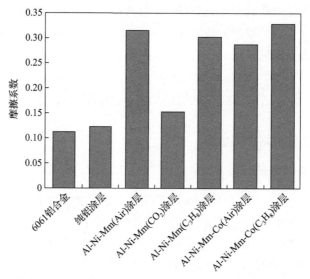

图 2.27　干摩擦条件下 6061 铝合金、纯铝涂层和铝基非晶纳米晶涂层摩擦系数柱状图

2. 干摩擦条件下的微观形貌和成分分析

图 2.28 为干摩擦条件下 6061 铝合金、纯铝涂层和铝基非晶纳米晶涂层表面磨痕形貌。从图中可以看出，6061 铝合金基体和纯铝涂层的磨痕较宽，且具有非常明显的犁沟特征，其磨痕清晰可见，这说明纯铝涂层由于硬度较低，不具备良好的耐磨损性能；Al-Ni-Mm（Air）涂层、Al-Ni-Mm（C_3H_8）涂层、Al-Ni-Mm-Co（C_3H_8）涂层表现出优异的耐磨损性能，这三种涂层的磨痕较窄，磨痕较浅，且涂层表面没有留下明

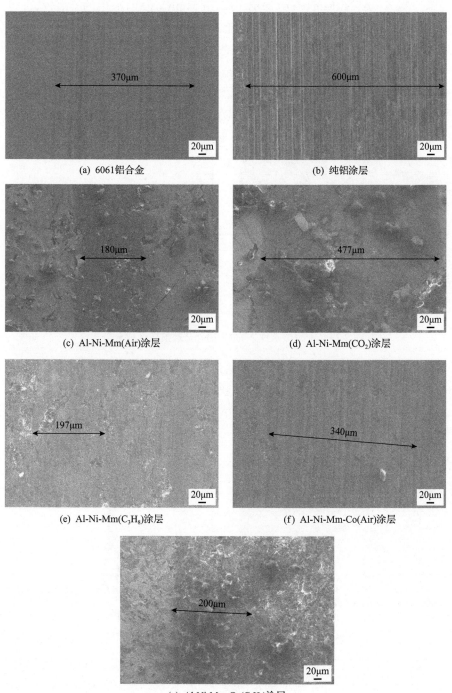

(a) 6061铝合金

(b) 纯铝涂层

(c) Al-Ni-Mm(Air)涂层

(d) Al-Ni-Mm(CO$_2$)涂层

(e) Al-Ni-Mm(C$_3$H$_8$)涂层

(f) Al-Ni-Mm-Co(Air)涂层

(g) Al-Ni-Mm-Co(C$_3$H$_8$)涂层

图 2.28　干摩擦条件下 6061 铝合金、纯铝涂层和铝基非晶纳米晶涂层表面磨痕形貌

显的犁沟痕迹。Al-Ni-Mm（CO_2）涂层、Al-Ni-Mm-Co（Air）涂层的磨痕较宽，但磨痕较浅，与涂层的硬度情况较为一致。随着涂层硬度的增大，其耐磨损性能提高，表现为磨痕宽度降低，磨痕深度和犁沟变浅。

图 2.29 为干摩擦条件下 6061 铝合金磨痕微区成分分析。从图中可以看出，铝合金表面带有明显的犁沟，这说明其磨损形式为磨粒磨损。铝合金犁沟边缘区域所含元素的组成为 $Al_{78.98}O_{21.02}$，这说明在摩擦试验过程中，铝合金表面发生了氧化反应。

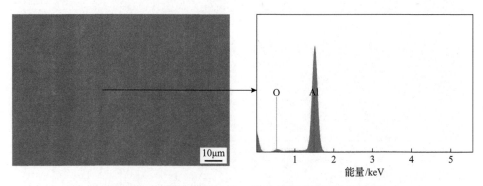

图 2.29　干摩擦条件下 6061 铝合金磨痕微区成分分析

图 2.30 为干摩擦条件下纯铝涂层磨痕微区成分分析。从图中可以看出，与 6061 铝合金基体类似，纯铝涂层表面有较深的犁沟，这说明其磨损形式为磨粒磨损；在犁沟边缘区域所含元素的组成为 $Al_{58.37}O_{41.63}$，这说明纯铝涂层表面发生了氧化反应。

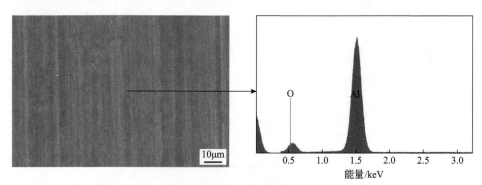

图 2.30　干摩擦条件下纯铝涂层磨痕微区成分分析

图 2.31 为干摩擦条件下 Al-Ni-Mm（Air）涂层磨痕微区成分分析。从图中可以看出，Al-Ni-Mm（Air）涂层表面的犁沟较少，层片状剥落现象较多，这与涂层含有非晶有关。非晶材料通常具有较高的硬度，但同时伴有弹性模量低、脆性大等

特点。在钢珠与涂层相互摩擦时，球面在涂层方向产生切应力，使部分结合强度低、伴有缺陷的片层发生剥落，导致剥层磨损。结果显示，在犁沟的边缘区域所含元素的组成为 $Al_{54.26}Ni_{6.38}Mm_{3.63}O_{35.73}$，这说明在摩擦试验过程中，Al-Ni-Mm（Air）涂层表面也发生了氧化反应。

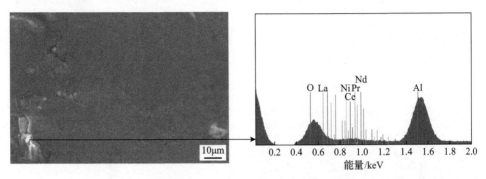

图 2.31　干摩擦条件下 Al-Ni-Mm（Air）涂层磨痕微区成分分析

图 2.32 为干摩擦条件下 Al-Ni-Mm（CO_2）涂层磨痕微区成分分析。从图中可以看出，Al-Ni-Mm（CO_2）涂层的表面以层片状剥落现象为主，这说明其磨损形式为剥层磨损。同时，在涂层表面可以看出少部分的犁沟特征，在犁沟的边缘区域所含元素的组成为 $Al_{86.34}Ni_{6.55}Mm_{3.38}O_{3.73}$，说明 Al-Ni-Mm（$CO_2$）涂层表面也发生了部分氧化反应。

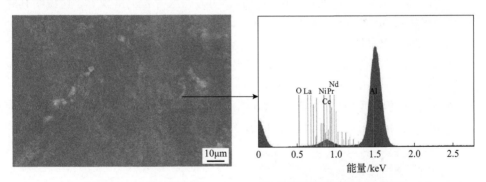

图 2.32　干摩擦条件下 Al-Ni-Mm（CO_2）涂层磨痕微区成分分析

图 2.33 为干摩擦条件下 Al-Ni-Mm（C_3H_8）涂层磨痕微区成分分析。从图中可以看出，Al-Ni-Mm（C_3H_8）涂层表面有明显的层片状剥落现象，这说明其磨损形式为剥层磨损。同时，涂层表面存在轻微的犁沟特征，且在犁沟边缘区域所含元素的组成为 $Al_{92.45}Ni_{2.55}Mm_{2.27}O_{2.73}$，说明 Al-Ni-Mm（$C_3H_8$）涂层表面只有极少部分发生了氧化反应，其失效形式主要是剥层磨损。

图 2.34 为干摩擦条件下 Al-Ni-Mm-Co（Air）涂层磨痕微区成分分析。从图中

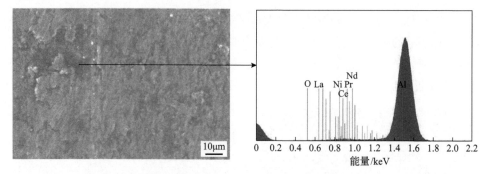

图 2.33　干摩擦条件下 Al-Ni-Mm(C_3H_8)涂层磨痕微区成分分析

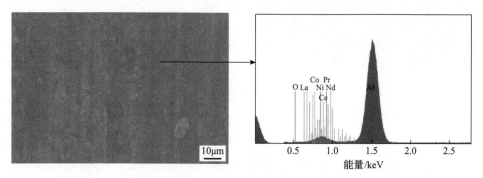

图 2.34　干摩擦条件下 Al-Ni-Mm-Co(Air)涂层磨痕微区成分分析

可以看出，Al-Ni-Mm-Co(Air)涂层的表面有明显的层片状剥落现象，这说明其磨损形式为剥层磨损。同时，在涂层表面可以看出明显的犁沟特征，且在犁沟的边缘区域所含元素的组成为 $Al_{68.06}Ni_{4.24}Mm_{0.65}Co_{0.77}O_{26.28}$，说明 Al-Ni-Mm-Co(Air)涂层表面发生了氧化反应。该涂层在磨损过程中的失效形式为剥层磨损和磨粒磨损。

图 2.35 为干摩擦条件下 Al-Ni-Mm-Co(C_3H_8)涂层磨痕微区成分分析。从图中可以看出，Al-Ni-Mm-Co(C_3H_8)涂层表面没有明显的犁沟特征，但存在明显的

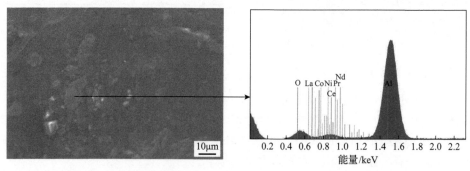

图 2.35　干摩擦条件下 Al-Ni-Mm-Co(C_3H_8)涂层磨痕微区成分分析

氧化物颗粒，且存在层片状剥落现象。经分析可知，在层片状剥落的边缘区域所含元素的组成为 $Al_{64.22}Ni_{2.55}Mm_{0.74}Co_{0.49}O_{32}$，说明 Al-Ni-Mm-Co($C_3H_8$)涂层在磨损过程中的磨损机制为剥层磨损，并伴有氧化反应。

2.4.2　盐腐蚀条件下耐磨损性能

1. 盐腐蚀条件下的摩擦系数

图 2.36 为盐腐蚀条件下 6061 铝合金、纯铝涂层和铝基非晶纳米晶涂层的摩擦系数曲线。图 2.37 为盐腐蚀和干摩擦条件下 6061 铝合金、纯铝涂层和铝基非晶纳米晶涂层摩擦系数对比。从图 2.36 可以看出，除纯铝涂层和 6061 铝合金基体在盐腐蚀条件下的摩擦系数有所上升外，铝基非晶纳米晶涂层几乎均有所下降。Al-Ni-Mm(CO_2)涂层与其余的铝基非晶纳米晶涂层相比，其在盐腐蚀条件下的摩擦系数变化较小，这是因为该涂层在喷涂过程中出现过多次断丝、气压不足等故障，导致丝材在电弧处温度较低、熔滴飞行速度较小等，且非晶形成较弱，因此表现出类似纯铝涂层的特征；与干摩擦条件下的摩擦磨损情况相比，Al-Ni-Mm(Air)涂层在盐腐蚀条件下的摩擦系数变化最大，且其余条件下喷涂制备的铝基非晶纳米晶涂层的摩擦系数也有明显的下降趋势。总体上来看，加入腐蚀介质后，在一定程度上起到了降低摩擦系数的作用，这说明腐蚀介质在动态腐蚀磨损的过程中发挥了一定的润滑作用。从图 2.37 可以看出，除 Al-Ni-Mm(CO_2)涂层的摩擦系数变化较小外，其余条件下喷涂制备的铝基非晶纳米晶涂层均有明显的降低。这也能直观地说明加入腐蚀介质后，在一定程度上起到了降低摩擦系数的作用。

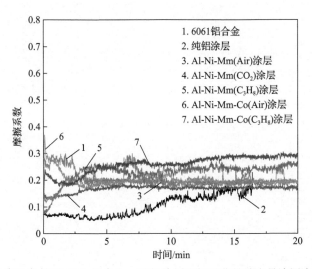

图 2.36　盐腐蚀条件下 6061 铝合金、纯铝涂层和铝基非晶纳米晶涂层摩擦系数曲线

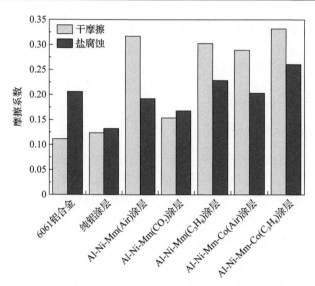

图 2.37　盐腐蚀和干摩擦条件下 6061 铝合金、纯铝涂层和铝基非晶纳米晶涂层摩擦系数对比

2. 盐腐蚀条件下的微观形貌

图 2.38 为盐腐蚀条件下 6061 铝合金、纯铝涂层和铝基非晶纳米晶涂层表面磨痕形貌。从图中可以看出，6061 铝合金基体和纯铝涂层表面的磨痕最宽，且存

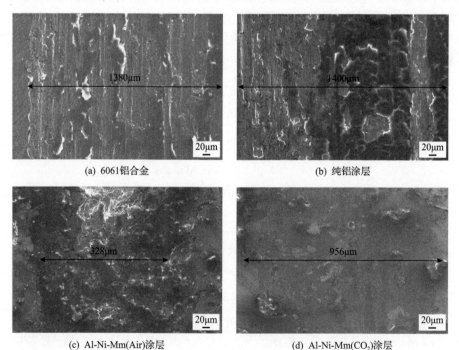

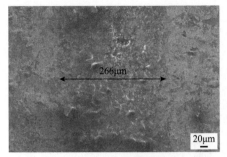

(e) Al-Ni-Mm(C₃H₈)涂层

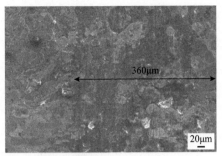

(f) Al-Ni-Mm-Co(Air)涂层

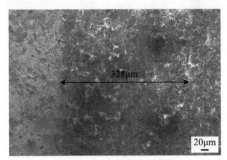

(g) Al-Ni-Mm-Co(C₃H₈)涂层

图 2.38　盐腐蚀条件下 6061 铝合金、纯铝涂层和铝基非晶纳米晶涂层表面磨痕形貌

在明显的犁沟和磨痕,这说明纯铝涂层极易被盐溶液腐蚀,其耐磨损性能较差;铝基非晶纳米晶涂层的磨痕宽度明显要小于前两者,且其被腐蚀过的磨痕颜色较深,存在一定的层片状剥落现象,犁沟相对较浅。除 Al-Ni-Mm(CO_2)涂层外,铝基非晶纳米晶涂层均表现出优异的耐腐蚀磨损性能。

图 2.39 为 6061 铝合金、纯铝涂层和铝基非晶纳米晶涂层在不同条件下的磨痕宽度柱状图。从图中可以看出,盐腐蚀条件下的磨痕宽度均有所增加,其中以 6061 铝合金基体和纯铝涂层表现最明显,均超过干摩擦条件下的 2 倍。此外,除 Al-Ni-Mm(CO_2)涂层的磨痕宽度较高外,其余条件下喷涂制备的铝基非晶纳米晶涂层在盐腐蚀条件下的磨痕宽度比干摩擦条件下的基体和纯铝涂层略低,这说明铝基非晶纳米晶涂层起到了防腐蚀的作用。

3. 腐蚀与磨损交互作用下的失效机制分析

1)铝合金基体与纯铝涂层的失效机制分析

图 2.40 为盐腐蚀条件下 6061 铝合金磨痕微区成分分析。图 2.41 为盐腐蚀条件下纯铝涂层磨痕微区成分分析。从图中可以看出,两种材料的表面均出现了点蚀和大量层片状剥落的现象。与干摩擦条件下的磨痕相比,两者表面的犁沟特征有所

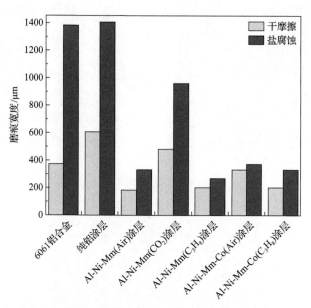

图 2.39　6061 铝合金、纯铝涂层和铝基非晶纳米晶涂层在不同条件下的磨痕宽度柱状图

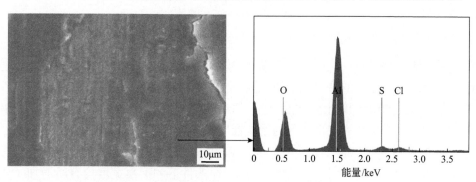

图 2.40　盐腐蚀条件下 6061 铝合金磨痕微区成分分析

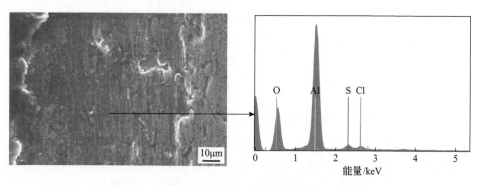

图 2.41　盐腐蚀条件下纯铝涂层磨痕微区成分分析

减弱。通过对磨痕微区进行成分分析可知，氧化物所占的比例最大，这说明 6061 铝合金基体和纯铝涂层被盐腐蚀的影响不容忽视。

由于 Al 在盐溶液中可以发生活性溶解反应，其反应式如式(2.10)所示。在反应过程中会生成气泡，使涂层在腐蚀与磨损交互进行的同时产生微裂纹。这些微裂纹会慢慢长大，促使材料表面发生点蚀和层片状剥落。

$$2Al + 6H_2O \longrightarrow 2Al(OH)_3 + 3H_2 \uparrow \tag{2.10}$$

同时，摩擦磨损过程中产生的热量也能加速反应进行，使涂层在腐蚀与磨损交互作用下发生较为严重的剥层失效行为。因此，6061 铝合金基体和纯铝涂层的主要磨损失效形式为剥层磨损和磨粒磨损，并伴有氧化反应。

2) 铝基非晶纳米晶涂层的失效机制分析

图 2.42～图 2.45 为盐腐蚀条件下 Al-Ni-Mm(Air)、Al-Ni-Mm(C_3H_8)、Al-Ni-Mm-Co(Air)、Al-Ni-Mm-Co(C_3H_8)涂层磨痕微区成分分析(图中数据为元素的原子分数)。从图中可以看出，铝基非晶纳米晶涂层的表面虽然也出现了点蚀、微裂纹和层片状剥落现象，但远没有 6061 铝合金基体和纯铝涂层严重。与干摩擦条件下的磨痕相比，铝基非晶纳米晶涂层表面的犁沟特征更少。通过成分分析可知，涂层磨痕区氧化物含量较高，同时有少量的氯元素残留，说明 Cl^- 已渗入涂层中。上述现象说明涂层失效以剥层磨损为主，并伴有较为剧烈的氧化反应。

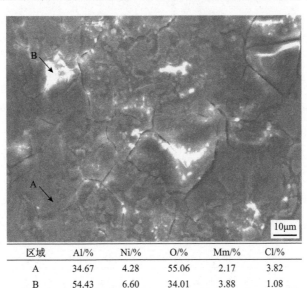

区域	Al/%	Ni/%	O/%	Mm/%	Cl/%
A	34.67	4.28	55.06	2.17	3.82
B	54.43	6.60	34.01	3.88	1.08

图 2.42 盐腐蚀条件下 Al-Ni-Mm(Air)涂层磨痕微区成分分析

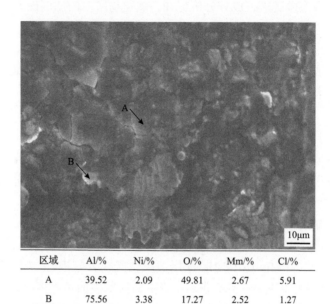

区域	Al/%	Ni/%	O/%	Mm/%	Cl/%
A	39.52	2.09	49.81	2.67	5.91
B	75.56	3.38	17.27	2.52	1.27

图 2.43　盐腐蚀条件下 Al-Ni-Mm(C_3H_8)涂层磨痕微区成分分析

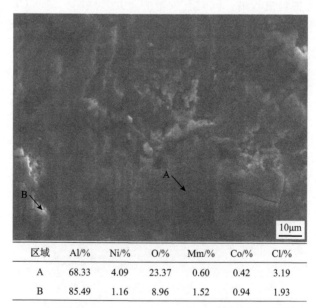

区域	Al/%	Ni/%	O/%	Mm/%	Co/%	Cl/%
A	68.33	4.09	23.37	0.60	0.42	3.19
B	85.49	1.16	8.96	1.52	0.94	1.93

图 2.44　盐腐蚀条件下 Al-Ni-Mm-Co(Air)涂层磨痕微区成分分析

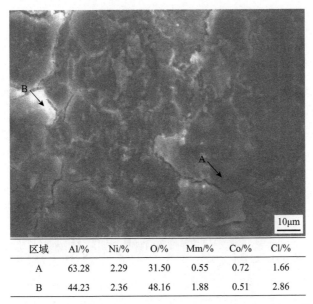

区域	Al/%	Ni/%	O/%	Mm/%	Co/%	Cl/%
A	63.28	2.29	31.50	0.55	0.72	1.66
B	44.23	2.36	48.16	1.88	0.51	2.86

图 2.45　盐腐蚀条件下 Al-Ni-Mm-Co(C_3H_8)涂层磨痕形貌与成分分析

通过观察铝基非晶纳米晶涂层的磨痕表面，可以看出存在明显的微裂纹特征。与铝合金基体和纯铝涂层类似，正是由于微裂纹的存在，在摩擦磨损试验进行的同时，在切向力的作用下，涂层表面发生了层片状剥落。与此同时，腐蚀介质中的 Cl⁻ 会沿着裂纹向涂层的深度方向渗透，使微裂纹被腐蚀产物覆盖时，其内部会形成闭合的微电池。由于有闭合电池提供的自由电子，在氧气的作用下，会发生氧的溶解反应，其反应式如式(2.11)所示。这会使材料表面的溶液呈碱性，并与铝基材料形成一层钝态氧化膜。

$$4H^+ + O_2 + 4e^- \longrightarrow 2H_2O \tag{2.11}$$

在闭合电池的作用下，铝基材料在碱性溶液中会发生铝的阳极氧化反应，其反应式如式(2.10)所示，此反应会形成一层致密的氧化膜，并生成氢气。气体在氧化膜下形成，会使氧化膜产生内应力，而且气体的富集会使氧化膜的内应力增大。到一定程度后，气体会将涂层的脆性层胀破，并形成微裂纹。随着摩擦磨损试验的进行，会逐渐出现层片状剥落，并导致失效行为的发生。

当涂层表面产生的层片状剥落物硬度较高时，这些剥落物会起到磨粒的作用，使涂层表面发生磨粒磨损。尽管在铝基非晶纳米晶涂层表面没有出现明显的犁沟现象，但是这些涂层在腐蚀介质摩擦磨损中的失效形式主要为剥层磨损和磨粒磨损，并伴有氧化反应。

2.4.3 润滑介质下耐磨损性能

1. 不同摩擦环境下的摩擦系数

图 2.46 为商用聚脲润滑下 6061 铝合金、纯铝涂层和铝基非晶纳米晶涂层摩擦系数曲线。图 2.47 为加入商用聚脲和添加剂后 6061 铝合金、纯铝涂层和铝基非晶纳米晶涂层摩擦系数曲线。图 2.48 为不同条件下 6061 铝合金、纯铝涂层和

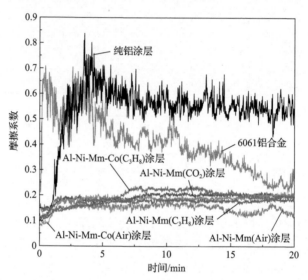

图 2.46 商用聚脲润滑下 6061 铝合金、纯铝涂层和铝基非晶纳米晶涂层摩擦系数曲线

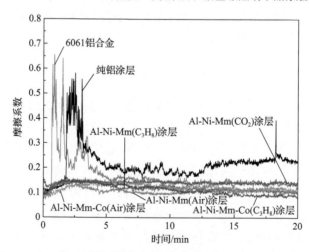

图 2.47 加入商用聚脲和添加剂后 6061 铝合金、纯铝涂层和铝基
非晶纳米晶涂层的摩擦系数曲线

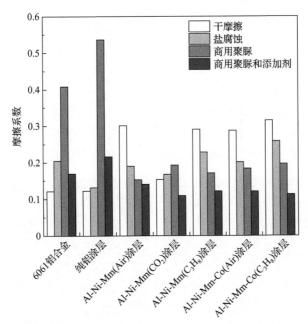

图 2.48　不同条件下 6061 铝合金、纯铝涂层和铝基非晶纳米晶涂层的摩擦系数对比

铝基非晶纳米晶涂层的摩擦系数对比。从图中可以看出，在润滑介质条件下，纯铝涂层和 6061 铝合金的摩擦系数陡然上升，铝基非晶纳米晶涂层的摩擦系数均有所下降。通过比较在两种润滑介质下的试验结果可以看出，加入商用聚脲和添加剂(二烷基二硫代氨基甲酸钼，MoDTC)后，所有涂层的摩擦系数均有所降低，且曲线较平稳。与干摩擦条件下相比，在加入润滑介质后，对于纯铝涂层和 6061 铝合金基体，两种润滑脂都没有起到降低摩擦系数的作用，这说明这两种润滑脂不适用于硬度相对较软的材料；而对于铝基非晶纳米晶涂层，其摩擦系数在商用聚脲润滑介质下降低了 25%以上，添加 MoDTC 后降低了 50%以上，并且二者摩擦系数曲线均较为平稳。这说明加入 MoDTC 后的商用聚脲对于硬度较高的铝基非晶纳米晶涂层具有良好的润滑作用。

2. 润滑介质下的微观形貌

图 2.49 为润滑介质下 6061 铝合金、纯铝涂层和铝基非晶纳米晶涂层的磨痕宽度和形貌。从图中可以看出，6061 铝合金基体和纯铝涂层在两种润滑条件下的表面磨痕均为较宽，且具有明显的犁沟和清晰的磨痕。其中，纯铝涂层在润滑介质下的磨痕表面颜色较黑，犁沟较深，且存在大量点蚀、不规则层片状剥落的现象。铝基非晶纳米晶涂层的磨痕宽度远远小于前两者，且在润滑介质下的磨痕颜

色较浅，表面较为光滑平整，犁沟相对较浅。铝基非晶纳米晶涂层在含有添加剂的商用聚脲润滑下的磨痕宽度均小于不含添加剂时，这说明铝基非晶纳米晶涂层在商用聚脲润滑作用下具有防腐蚀的功能，同时商用聚脲在钢球和涂层之间起到了降低摩擦系数、减少磨损体积的作用；而添加 MoDTC 后的商用聚脲在具有上述优点的同时，还提供了更为优异的润滑性能。

图 2.50 为不同条件下 6061 铝合金、纯铝涂层和铝基非晶纳米晶涂层的磨痕宽度对比。从图中可以看出，6061 铝合金和纯铝涂层在商用聚脲润滑介质下的磨痕宽度高于干摩擦条件下，而加入 MoDTC 后的值有所下降，但仍高于盐腐蚀条件

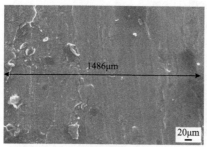
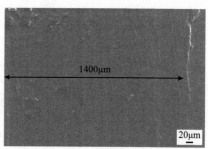

(a1) 商用聚脲　　　　　　　　　　(a2) 商用聚脲和添加剂

(a) 6061铝合金

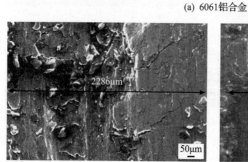

(b1) 商用聚脲　　　　　　　　　　(b2) 商用聚脲和添加剂

(b) 纯铝涂层

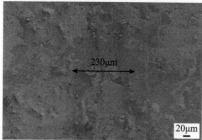
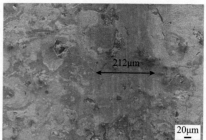

(c1) 商用聚脲　　　　　　　　　　(c2) 商用聚脲和添加剂

(c) Al-Ni-Mm(Air)涂层

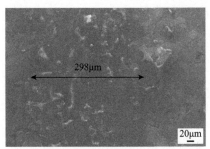

(d1) 商用聚脲　　　　　　　　　　　(d2) 商用聚脲和添加剂

(d) Al-Ni-Mm(CO$_2$)涂层

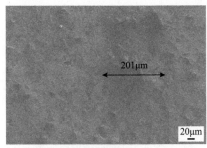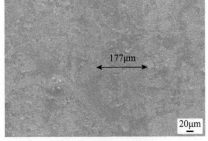

(e1) 商用聚脲　　　　　　　　　　　(e2) 商用聚脲和添加剂

(e) Al-Ni-Mm(C$_3$H$_8$)涂层

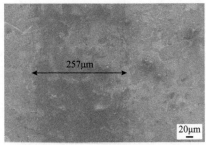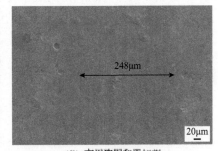

(f1) 商用聚脲　　　　　　　　　　　(f2) 商用聚脲和添加剂

(f) Al-Ni-Mm-Co(Air)涂层

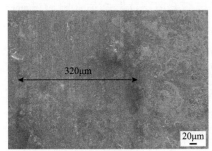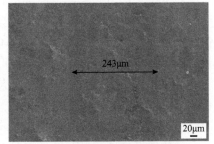

(g1) 商用聚脲　　　　　　　　　　　(g2) 商用聚脲和添加剂

(g) Al-Ni-Mm-Co(C$_3$H$_8$)涂层

图 2.49　润滑介质下 6061 铝合金、纯铝涂层和铝基非晶纳米晶涂层的磨痕宽度和形貌

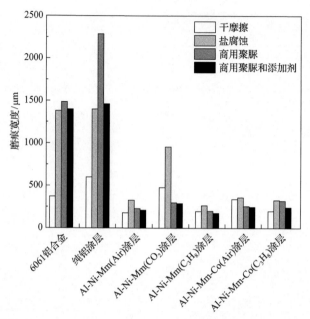

图 2.50　不同条件下 6061 铝合金、纯铝涂层和铝基非晶纳米晶涂层的磨痕宽度对比

下的值。铝基非晶纳米晶涂层在润滑介质条件下的磨痕宽度基本上与干摩擦条件下相差不大，而且都低于在盐腐蚀条件下的值。通过比较可知，加入 MoDTC 后的磨痕宽度均有所改善，这说明 MoDTC 能明显提升润滑作用。除 Al-Ni-Mm(CO$_2$)涂层外，其余铝基非晶纳米晶涂层在润滑介质条件下的磨痕宽度与干摩擦条件下相比没有大幅改善。

3. 润滑与磨损交互作用下的摩擦机理分析

从图 2.49 可以看出，6061 铝合金和纯铝涂层在润滑介质下的磨痕表面部分区域颜色发暗，存在大量点蚀和较深的犁沟现象，而且涂层表面出现微裂纹，致使涂层表层在摩擦作用下剥落并形成细小的硬质磨屑。这些磨屑在摩擦界面反复摩擦，使涂层和钢球之间形成疲劳磨损和磨粒磨损。

铝基非晶纳米晶涂层中，除 Al-Ni-Mm(CO$_2$)涂层外，其余涂层的表面磨痕颜色均较浅，且在扫描电子显微镜下观察可以发现，虽然涂层的磨痕宽度与干摩擦条件下的磨痕宽度差别不大，但磨痕颜色变浅，犁沟较少。这是因为商用聚脲具有优良的润滑能力，并且在商用聚脲的摩擦部位会形成一层较厚的化合物，防止摩擦面直接接触，减小磨损。尤其在加入 MoDTC 后，磨痕宽度进一步变窄。这是由于金属的选择性迁移导致摩擦接触面形成了一层较薄的、易剪切的金属膜。MoDTC 在表面会形成次级结构膜(<50μm)，且在润滑过程中会在摩擦表面微凸体顶分解出 MoS$_2$ 和 MoO$_3$。而 MoS$_2$ 和 MoO$_3$ 进入涂层表面会减少表面层中的氧

含量，分解的 MoS_2 聚集在表面的微凹谷内，使摩擦表面更光滑，故能持久有效地减小摩擦系数[10]。

参 考 文 献

[1] Sakoda N, Hida M, Takemoto Y, et al. Influence of atomization gas on coating properties under Ti arc spraying. Materials Science and Engineering A, 2003, 342(1-2): 264-269.

[2] 董晓焕, 张振云, 李琼玮, 等. 工艺参数对高速电弧喷涂 Al/1Cr13 复合涂层组织结构的影响. 中国表面工程, 2012, 25(1): 65-70.

[3] 张秦梁, 梁秀兵, 张志彬, 等. 铝基非晶纳米晶复合涂层的喷涂工艺. 中国表面工程, 2015, 28(6): 104-110.

[4] Rodriguez M H P, Paredes R S C, Wido S H, et al. Comparison of aluminum coatings deposited by flame spray and by electric arc spray. Surface and Coatings Technology, 2007, 202(1): 172-179.

[5] 楼淼, 芦玉峰, 刘振兴, 等. 电弧喷涂工艺参数对 Zn-Al 合金涂层性能的影响. 金属热处理, 2011, 36(9): 34-37.

[6] 卢柯. 非晶态合金向纳米晶体的相转变. 金属学报, 1994, 30(13): B001-B021.

[7] 朱满, 杨根仓, 程素玲, 等. $Al_{72}Ni_{12}Co_{16}$ 准晶颗粒/铝基复合材料中的相转变及其力学性能. 稀有金属材料与工程, 2010, 39(9): 1604-1608.

[8] 卢琳, 李晓刚, 高瑾. 有机涂层/金属界面腐蚀的微区电化学. 化学进展, 2011, 23(8): 1618-1626.

[9] 龚敏, 黄文恒, 邹振, 等. 微区技术在腐蚀研究中的应用进展. 腐蚀与防护, 2009, 30(12): 857-859, 864.

[10] 王骏遥, 夏延秋. 导电复合锂基润滑脂润滑的制备及性能研究. 润滑与密封, 2015, 40(3): 79-83.

第 3 章　Al-Ni-Zr(-Cr)非晶纳米晶涂层

本章利用高速电弧喷涂技术在 45 钢和 6061 铝合金表面制备了 Al-Ni-Zr 及 Al-Ni- Zr-Cr 非晶纳米晶涂层，并表征两种涂层的微观形貌与结构，研究涂层组织结构与力学性能之间的联系。

3.1　铝基非晶纳米晶涂层组织结构与性能

3.1.1　铝基非晶纳米晶涂层的微观形貌及成分

1. Al-Ni-Zr 涂层

图 3.1 为 Al-Ni-Zr 涂层的微观截面形貌。从图中可以看出，涂层与基体之间紧密结合，两者结合处无明显的裂缝等缺陷；涂层厚度约为 600μm，涂层内部呈现"波浪形"的层状结构，层与层之间结合紧密，无明显裂纹；涂层中存在孔隙，孔隙率约为 2%。

图 3.1　Al-Ni-Zr 涂层的微观截面形貌

基体经过表面喷砂处理后获得粗糙、洁净的表面，喷涂时熔化粒子高速撞击基体，遇到粗糙表面迅速铺展，粒子充分扁平化，牢固"咬住"基体，进而得到与基体结合良好的涂层；同时，粒子扁平化效果越好，每层粒子间的接触面积越大，层间结合越紧密，有效增加了熔化粒子散热的速率，避免涂层出现更多的孔隙。

　　图 3.2 为 Al-Ni-Zr 涂层截面形貌及成分分析结果。该涂层所含元素的组成为 $Al_{65.7}Ni_{14.57}Zr_{6.56}O_{13.17}$，说明涂层在制备过程中发生了一定的氧化。铝在空气中极易发生氧化，喷涂过程中除部分铝元素以氧化物形式存在外，其余成分是否也发生了大量的氧化，需要进一步分析涂层中不同组织的微区成分。

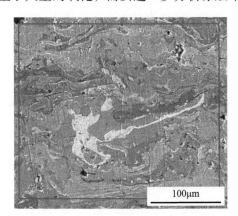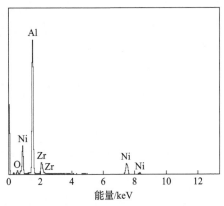

图 3.2　Al-Ni-Zr 涂层截面形貌及成分分析结果

　　图 3.3 为 Al-Ni-Zr 涂层截面微区分布。从图中可以看出，涂层由亮白色(A)、浅灰色(B)、深灰色(C)和黑色(D)四种衬度不同的区域组成，其中以 B、C 两区组织为主，结合图 3.1(b)可以看出 A 区组织散落存在于涂层中，D 区组织呈现条带状。

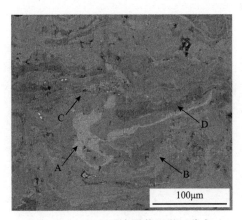

图 3.3　Al-Ni-Zr 涂层截面微区分布

　　表 3.1 为 Al-Ni-Zr 涂层截面微区所含元素的原子分数。从表中可以看出，各区域所含元素的原子分数各不相同。随着衬度加深，涂层中 Al、Ni、Zr、O 四种元素原子分数变化趋势分别为逐渐增大、逐渐减小、逐渐减小、先减小后略

微增大。其中，A 区组织 O 元素的原子分数最大，达到 36.13%，同时 Zr 元素的原子分数也是四个区域中最大的，A 区组织主要是 Zr 的氧化物富集区；B、C 区组织的组成分别为 $Al_{68.6}Ni_{19.56}Zr_{6.01}O_{5.84}$ 与 $Al_{74.67}Ni_{15.76}Zr_{5.82}O_{3.76}$，两区 O 元素的原子分数相比 A 区明显降低，说明两区组织的氧化现象较低，对比药芯焊丝所含元素的组成（$Al_{64}Ni_{23.4}Zr_{12.6}$），B、C 区达到了预计喷涂层设计的化学成分比；D 区主要以 Al 元素为主，同时 O 元素的原子分数比 C 区略微提高，该区组织的氧化现象也较低。

表 3.1　Al-Ni-Zr 涂层截面微区所含元素的原子分数

区域	Al/%	Ni/%	Zr/%	O/%
A	16.28	21.75	25.84	36.13
B	68.60	19.56	6.01	5.84
C	74.67	15.76	5.82	3.76
D	86.47	7.17	2.25	4.11

2. Al-Ni-Zr-Cr 涂层

图 3.4 为 Al-Ni-Zr-Cr 涂层的微观截面形貌。从图中可以看出，涂层与基体之间结合良好，不存在裂缝；涂层厚度约为 600μm，呈现层状结构，层与层之间结合紧密，同样也存在一定的孔隙，但少于 Al-Ni-Zr 涂层，经处理分析，该涂层的孔隙率约为 1.8%。

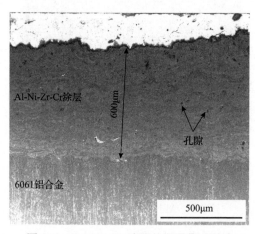

图 3.4　Al-Ni-Zr-Cr 涂层的微观截面形貌

图 3.5 为 Al-Ni-Zr-Cr 涂层截面形貌及成分分析结果。该涂层所含元素的组成为 $Al_{69.85}Ni_{9.78}Zr_{4.57}Cr_{2.64}O_{13.16}$，可见该涂层在制备过程中也发生了一定的氧化。

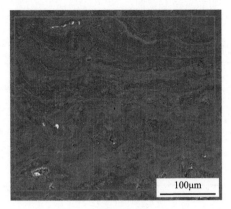 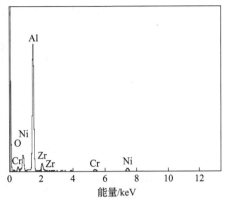

图 3.5　Al-Ni-Zr-Cr 涂层截面形貌及成分分析结果

图 3.6 为 Al-Ni-Zr-Cr 涂层截面微区分布。从图中可以看出，该涂层同样由亮白色(A)、浅灰色(B)、深灰色(C)和黑色(D)四个区域的组织组成，其中以 B、C区组织为主，A 区组织少量镶嵌其中，D 区呈现层状富集。

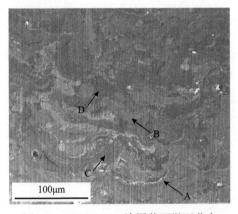

图 3.6　Al-Ni-Zr-Cr 涂层截面微区分布

表 3.2 为 Al-Ni-Zr-Cr 涂层截面微区所含元素的原子分数。从表中可以看出，A 区组织完全由 Zr 元素与高含量的 O 元素组成，这说明亮白色区域的组织是 Zr的氧化物，这可能是因为高温下 Zr 比 Al 与 O 的亲和力大[1]，喷涂粒子在飞行或沉积过程中优先发生氧化生成 Zr 的氧化物；B 区组织主要由 Al、Ni、O 元素组成，成分分布均匀，这说明该区组织的氧化程度远小于 A 区；C 区在涂层中分布较广，主要由 Al、Ni、Zr 元素组成，未检测到 O 元素，这说明该区氧化现象极低；D区 Al 元素的原子分数超过 90%，未检测到 O 元素，这说明该区只形成少量氧化物，以富铝相为主。相比 A、D 两区出现元素富集，B、C 两区成分分布均匀，这说明该药芯焊丝在高温熔化后，熔滴内的成分扩散融合充分，且熔滴在撞击基体

后，B、C 区涂层的成分未发生明显的转移与集聚。

表 3.2　Al-Ni-Zr-Cr 涂层截面微区所含元素原子分数

区域	Al/%	Ni/%	Zr/%	Cr/%	O/%
A	—	—	72.71	—	27.29
B	61.33	16.51	4.99	2.83	14.33
C	86.98	7.57	3.48	1.98	—
D	91.73	5.19	1.50	1.59	—

3.1.2　Al-Ni-Zr(-Cr)非晶纳米晶涂层的相结构

图 3.7 为 Al-Ni-Zr 涂层与 Al-Ni-Zr-Cr 涂层的 XRD 图谱。从图 3.7(a)可以看出，在 $2\theta=34°\sim48°$ 范围内存在一个显著的宽化峰，即存在非晶特征，除宽化峰外，图谱中还存在一些衍射峰，经标定涂层中的晶化相为 α-Al、$Al_{9.83}Zr_{0.17}$、Ni_3Zr 和 ZrO_2 氧化相。经拟合计算得到[2]，Al-Ni-Zr 涂层的非晶相体积分数约为 66.7%。从图 3.7(b)可以看出，在 $2\theta=33°\sim47°$ 范围内同样存在一个显著的宽化峰，除该宽化峰外，还存在 α-Al、$Al_{9.83}Zr_{0.17}$、$Al_{80}Cr_{20}$ 纳米晶相和 ZrO_2 氧化相。经拟合计算得到，Al-Ni-Zr-Cr 涂层的非晶相体积分数约为 71.7%。

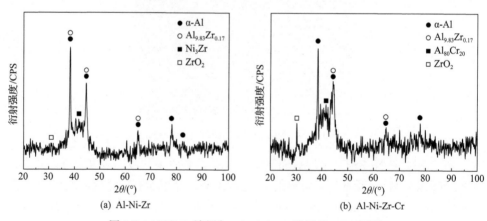

(a) Al-Ni-Zr　　　　　　　　(b) Al-Ni-Zr-Cr

图 3.7　Al-Ni-Zr 涂层与 Al-Ni-Zr-Cr 涂层的 XRD 图谱

从图 3.7 可以看出，两涂层的 XRD 图谱均存在 ZrO_2 氧化相。这一结果证实了图 3.3 和图 3.6 中的亮白色区域主要为 ZrO_2 相。同时，从图 3.7 还可以看出，α-Al 相的含量和强度都最大，这说明在喷涂过程中，非晶结构不稳定，容易受到外界环境影响很快发生晶化，并生成 α-Al 纳米晶相。

3.1.3　Al-Ni-Zr(-Cr)非晶纳米晶涂层的微观结构

图 3.8 为 Al-Ni-Zr 涂层的 TEM 明场像及选区电子衍射花样。从图 3.8(a)可以看出，A 区为 Al-Ni-Zr 涂层的非晶区，其组织均匀、衬度均一，而且其电子衍射花样(图 3.8(a)的右下角)由中心一明显的亮斑及均匀的漫散射环组成，这是完全非晶结构在 TEM 图中的典型表现特征；B 区电子衍射花样(图 3.8(a)的右上角)显示该区是 Al-Ni-Zr 涂层的多晶区。

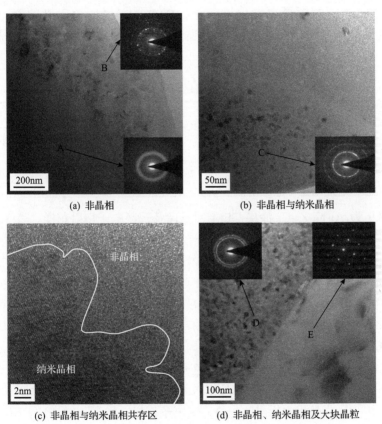

(a) 非晶相　　　　　　　　　(b) 非晶相与纳米晶相

(c) 非晶相与纳米晶相共存区　　(d) 非晶相、纳米晶相及大块晶粒

图 3.8　Al-Ni-Zr 涂层的 TEM 明场像及选区电子衍射花样

从图 3.8(b)可以看出，在均匀的非晶相(浅色)中析出了类似"圆形"的纳米晶(深色，C 区位置)，其选区电子衍射花样(图 3.8(b)的右下角)的特点是在漫散射环上散落着部分亮点，纳米晶尺寸处于 10~30nm。

从图 3.8(c)可以看出，非晶相与纳米晶相的界限明显，其中混乱、均匀、无规则的区域为非晶区，规则排列的区域为纳米晶区。

从图 3.8(d)可以看出，D 区为非晶相与纳米晶相共存区，E 区为一个大块晶粒，其电子衍射花样是一组点阵，经标定为[0 1 1]晶带轴的 α-Al 相。

　　由上可知，Al-Ni-Zr 涂层由非晶相、纳米晶相及其晶化相组成，对图 3.8 中 Al-Ni-Zr 涂层的非晶相区(A)、非晶相与纳米晶相共存区(B、C、D)和大块晶粒(E)进行成分检测。

　　表 3.3 为 Al-Ni-Zr 涂层各区域所含元素的原子分数。从表中可以看出，A 区所含元素的组成为 $Al_{74.32}Ni_{18.56}Zr_{7.12}$，与图 3.3 中 B、C 区的成分接近(见表 3.1)，即图 3.8 中 A 区与图 3.3 中 B、C 两区一致，为非晶富集区。随着纳米晶的析出，涂层共存区成分的含量也发生了变化，B(C、D)区所含元素的原子分数为 $Al_{88.79}Ni_{8.48}Zr_{2.71}$。E 区为 Al 晶粒，并通过 EDS 检测也证实了该区的成分完全为 Al 元素。

表 3.3　　Al-Ni-Zr 涂层各区域所含元素的原子分数

区域	Al/%	Ni/%	Zr/%
A	74.32	18.56	7.12
B(C、D)	88.79	8.48	2.73
E	100	—	—

　　图 3.9 为 Al-Ni-Zr-Cr 涂层 TEM 明场像及选区电子衍射花样。表 3.4 为 Al-Ni-Zr-Cr 涂层各区域所含元素的原子分数。可以看出，Al-Ni-Zr-Cr 涂层中含有非晶相、纳米晶相与晶化相三种结构。图 3.9(a)中 A 区为大块晶粒，以 Al 与 Ni 元素为主。

　　图 3.9(b)中 B 区为完全非晶区，该区组织均匀，衬度均一，其电子衍射花样 (图 3.9(b)的右上角)由明显的漫散射中心光晕与均匀连续的弥散晕环组成，这说明该区域形成了完全非晶结构，成分均匀，无明显的单一元素富集现象，且非晶相主要由 Al、Ni、Zr 元素构成。大量黑色或浅灰色的"圆形"粒子分布于涂层中，尺寸分布在 20~60nm，表现为非晶相与纳米晶相共存的状态。图 3.9(b)中 C 区的纳米晶相有从非晶相中析出的趋势，其电子衍射花样(图 3.9(b)右下角)的特点为漫散射的中心斑点与大量亮点分布于弱化的晕环上，这证实了 C 区为纳米晶相与残余非晶相共存的状态，经标定，这些亮点为 $Al_{9.83}Zr_{0.17}$ 纳米晶相。另外，从 B、C 两区的 EDS 分析可知，Zr 元素的原子分数显著降低而 Al 元素的原子分数却增加，这可能是因为 $Al_{9.83}Zr_{0.17}$ 纳米晶形成时存在 Zr、Al 原子的扩散与富集，并引起检测区 Zr、Al 元素原子分数的差异。

　　图 3.9(c)中 D 区含有大量的条状交错结构，这可能是由于原子排列发生错排而产生的条状位错。经标定，该区电子衍射花样(见图 3.9(d))为[0 1 1]晶带轴

的 α-Al 单晶，并以 Al 元素为主。E 区衬度均一，其电子衍射花样（图 3.9(c) 右上角）表现为完全非晶态。D、E 两区的结构存在明显区别，越靠近 E 区，条状结构越不明显，这说明该分界区析出的单晶 Al 数量少于 D 区，位错程度小。

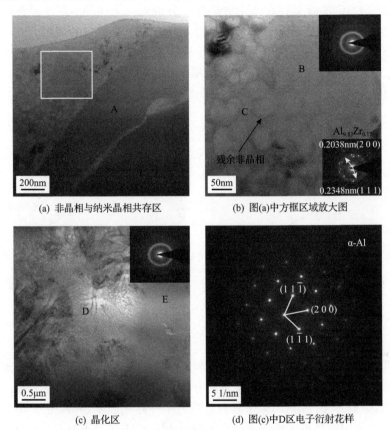

(a) 非晶相与纳米晶共存区

(b) 图(a)中方框区域放大图

(c) 晶化区

(d) 图(c)中D区电子衍射花样

图 3.9   Al-Ni-Zr-Cr 涂层 TEM 明场像及选区电子衍射花样

此外，表 3.2 中 C 区的成分和表 3.4 中 B(E) 区的成分几乎相同，证实了图 3.6 中的深、浅灰色区(B、C 区)为非晶富集区。

表 3.4   Al-Ni-Zr-Cr 涂层各区域所含元素的原子分数

区域	Al/%	Ni/%	Zr/%	Cr/%
A	90.15	5.75	2.07	2.03
B(E)	85.31	8.57	3.41	2.71
C	94.15	3.76	0.72	1.37
D	92.62	5.48	0.84	1.06

3.1.4　Al-Ni-Zr(-Cr)非晶纳米晶涂层的热稳定性

图 3.10 为 Al-Ni-Zr 涂层和 Al-Ni-Zr-Cr 涂层的 DSC 曲线。从图中可以看出，两种涂层的 DSC 曲线都存在两个放热峰，分别对应涂层升温时非晶的晶化过程或纳米晶的长大过程。图 3.10(a) 中 Al-Ni-Zr 涂层的第一放热峰起始于 375℃、峰值为 385.5℃、止于 396℃，第二放热峰起始于 427.5℃、峰值 452.7℃、止于 499.8℃；图 3.10(b) 中 Al-Ni-Zr-Cr 涂层的第一放热峰起始于 415.5℃、峰值为 429℃、止于 444℃，随即出现第二放热峰，峰值为 480℃、止于 547.3℃。

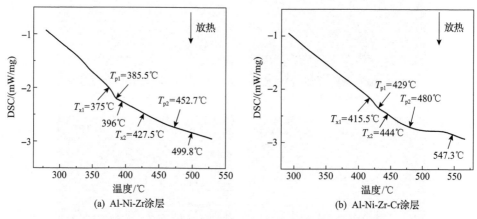

图 3.10　Al-Ni-Zr 涂层与 Al-Ni-Zr-Cr 涂层的 DSC 曲线

热稳定性可以作为评判涂层受到外界温度变化时发生晶化的难易程度，即具有高热稳定性的涂层不易发生晶化。其中，涂层的第一晶化温度(T_{x1})是评价指标之一。因此，添加 Cr 元素的涂层具有较高的第一晶化温度(两者相差 40.5℃)，且 Al-Ni-Zr-Cr 涂层的热稳定性高于 Al-Ni-Zr 涂层，这说明其不易发生晶化。

3.1.5　Al-Ni-Zr(-Cr)非晶纳米晶涂层的力学性能

1. 显微硬度

图 3.11 为纯铝涂层、Al-Ni-Zr 涂层和 Al-Ni-Zr-Cr 涂层沿截面方向的显微硬度。从图中可以看出，Al-Ni-Zr 涂层与 Al-Ni-Zr-Cr 涂层截面的平均显微硬度分别达到 364HV$_{0.1}$ 和 379.2HV$_{0.1}$，其中 Al-Ni-Zr 涂层的显微硬度分别是 45 钢、6061 铝合金、纯铝涂层的 1.6 倍、3 倍、9.3 倍。两种涂层显微硬度高，预示着其拥有良好的耐磨能力。

Al-Ni-Zr 涂层与 Al-Ni-Zr-Cr 涂层具有高硬度的原因为：①涂层的非晶相含量高，且涂层内部组织均匀、致密性好；②α-Al、Al$_{9.83}$Zr$_{0.17}$ 等纳米晶相的弥散强化作用提高了涂层的整体硬度；③纳米晶相析出过程中可能存在大量的溶质元素向

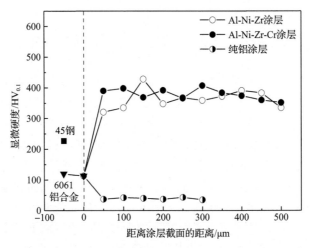

图 3.11　纯铝涂层、Al-Ni-Zr 涂层和 Al-Ni-Zr-Cr 涂层沿截面方向的显微硬度

残余非晶相转移，提高了非晶中原子堆垛的紧密性，这引起了非晶溶液的溶质强化作用[3]。

2. 结合强度

图 3.12 为铝基复合涂层拉伸断面照片。表 3.5 为 Al-Ni-Zr 涂层和 Al-Ni-Zr-Cr 涂层的结合强度测试值。从图 3.12 可以看出，拉伸断裂发生在涂层与 45 钢的结合处。从表 3.5 可以看出，Al-Ni-Zr 涂层和 Al-Ni-Zr-Cr 涂层的平均结合强度分别为 30.79MPa 和 32.72MPa。在高速气流冲击作用下，层状电弧喷涂层与基体之间的结合以机械结合为主。与纯铝涂层（18.2MPa）相比，铝基复合涂层的平均结合强度有大幅提高[4]。

图 3.12　铝基复合涂层拉伸断面照片

表 3.5　Al-Ni-Zr 涂层和 Al-Ni-Zr-Cr 涂层的结合强度测试值

材料	结合强度/MPa	平均结合强度/MPa
Al-Ni-Zr 涂层	30.27、28.33、35.45、33.67、26.23	30.79
Al-Ni-Zr-Cr 涂层	29.78、34.56、33.14、28.67、37.45	32.72

3.2　铝基非晶纳米晶涂层防腐蚀性能

涂层的防腐蚀性能是评价涂层防护可行性的重要指标。高速电弧喷涂技术无法制备出完全非晶的铝基涂层，其制备的涂层常以非晶纳米晶复合结构形式存在，因此研究铝基复合涂层的实际防腐蚀性能尤为重要。当前，评价涂层防腐蚀性能的常用方法有中性盐雾加速腐蚀试验、电化学交流阻抗谱及极化曲线等宏观试验方法。这些方法反映的是涂层整体的防腐蚀信息，对于涂层中不同组织(如非晶相、纳米晶相、氧化相等)的实际防腐蚀作用却不得而知，而研究涂层中微区组织的腐蚀优先性可以真实了解涂层腐蚀失效的原因，从而为调整喷涂参数以提高涂层中防腐蚀组织的比例或者减少易腐蚀区的含量提供改进依据。本节采用宏观腐蚀试验(中性盐雾加速腐蚀试验、电化学交流阻抗谱和极化曲线)获得涂层整体腐蚀状况，深入分析涂层的微区腐蚀情况及涂层腐蚀失效机理。

3.2.1　Al-Ni-Zr(-Cr)涂层宏观腐蚀性能

1. 中性盐雾加速腐蚀试验

图 3.13 为 Al-Ni-Zr 涂层、Al-Ni-Zr-Cr 涂层、纯铝涂层、6061 铝合金和 45 钢(下文简称为五种试样)经过 15d 中性盐雾加速腐蚀试验前后的照片。从图中可以看出，Al-Ni-Zr 涂层、Al-Ni-Zr-Cr 涂层、纯铝涂层和 45 钢表面存在明显的锈迹，尤其 45 钢表面形成了一道道沟壑，这与腐蚀产物疏松易脱落和试样倾斜角度放置有关；Al-Ni-Zr 涂层、Al-Ni-Zr-Cr 涂层未发生脱落，但存在孔隙，导致 45 钢基体作为阳极发生锈蚀，其中添加 Cr 元素提高了涂层的防腐蚀性能；纯铝涂层表面也出现较多的锈蚀，这主要是因为涂层表面发生点蚀破坏后，Cl⁻沿着孔隙渗透至基体表面，引起基体出现腐蚀。三种涂层都出现锈迹向下流的趋势，这与试样斜角度放置有关。6061 铝合金表面仅发生了轻微腐蚀。由上述可知，Al-Ni-Zr 涂层、Al-Ni-Zr-Cr 涂层在盐雾条件下比纯铝涂层表现出更好的防腐蚀性能。

Al-Ni-Zr涂层　　Al-Ni-Zr-Cr涂层　　纯铝涂层　　6061铝合金　　45钢

(a) 腐蚀前

Al-Ni-Zr涂层　　Al-Ni-Zr-Cr涂层　　纯铝涂层　　6061铝合金　　45钢

(b) 腐蚀后

图 3.13　五种试样经过 15d 中性盐雾加速腐蚀试验前后的照片

2. 极化曲线及腐蚀形貌

图 3.14 为五种试样在质量分数为 3.5%的 NaCl 溶液中的极化曲线。从图中可以看出，五种试样的阴极分支基本表现相同，这表明阴极极化区为同样的反应过程，即吸氧腐蚀；阳极分支中，Al-Ni-Zr 涂层、Al-Ni-Zr-Cr 涂层和纯铝涂层都表现为在一定的延缓腐蚀行为后发生溶解，而 45 钢和 6061 铝合金直接发生了溶解。

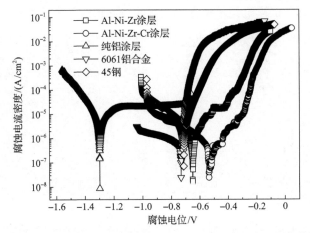

图 3.14　五种试样在质量分数为 3.5%的 NaCl 溶液中的极化曲线

表 3.6 为五种试样的极化参数。从表中可以看出，Al-Ni-Zr 涂层和 Al-Ni-Zr-Cr 涂层的自腐蚀电位 E_{corr} 都正于其余试样，这说明其发生腐蚀的倾向性较低，其中 Al-Ni-Zr-Cr 涂层的自腐蚀电位 E_{corr} 为 $-0.538V$，表现出最佳的防腐蚀能力。Al-Ni-Zr 涂层的自腐蚀电流密度 i_{corr} 约是纯铝涂层和 45 钢的 1/14.3 和 1/3.4，可见该涂层可替代纯铝涂层作为防护钢结构材料；Al-Ni-Zr 涂层的自腐蚀电流密度 i_{corr} 高于 6061 铝合金，这说明该涂层不足以为铝合金结构件提供防护。但是，添加少量 Cr 元素后，可有效减小 Al-Ni-Zr 涂层的自腐蚀电流密度，即 Al-Ni-Zr-Cr 涂层

的自腐蚀电流密度最低，约是 Al-Ni-Zr 涂层的 1/3.5，并表现出优异的防腐蚀性能。除 E_{corr} 和 i_{corr} 用于评价腐蚀程度高低外，极化电阻 R_P 也是反映材料腐蚀情况的重要参数。一般而言，R_P 越大，材料越不容易发生腐蚀。从表 3.6 可知，Al-Ni-Zr 涂层和 Al-Ni-Zr-Cr 涂层的极化电阻高于其余试样，表现出良好的防腐蚀性能。同时，涂层的质量也是影响自腐蚀电流密度高低的重要因素，孔隙率低可有效减缓涂层的腐蚀速率。

表 3.6　五种试样的极化参数

材料	自腐蚀电位 E_{corr} /V	自腐蚀电流密度 i_{corr} /(μA/cm^2)	极化电阻 R_P /(k$\Omega\cdot$cm^2)	阳极斜率 β_A /(mV/dec)	阴极斜率 β_C /(mV/dec)
Al-Ni-Zr 涂层	−0.645	1.08	24.51	108	140
Al-Ni-Zr-Cr 涂层	−0.538	0.305	32.1	162	136
纯铝涂层	−1.297	15.457	3.99	1167.5	162.1
6061 铝合金	−0.728	0.438	20.12	22.3	226
45 钢	−0.712	3.72	7.62	76.1	458

图 3.15 为五种试样电化学极化腐蚀后的表面形貌。从图中可以看出，45 钢发

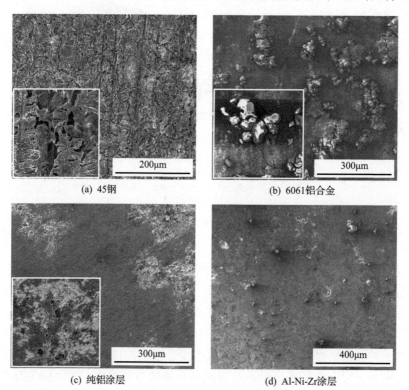

(a) 45钢　　　　　　　　　　　　　　　　(b) 6061铝合金

(c) 纯铝涂层　　　　　　　　　　　　　　(d) Al-Ni-Zr涂层

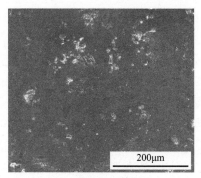

(e) Al-Ni-Zr-Cr涂层

图 3.15　五种试样电化学极化腐蚀后的表面形貌

生了吸氧腐蚀，使大量 Fe 溶解于溶液中，并导致 45 钢表面沟壑纵横、疏松多孔。6061 铝合金为 Al-Mg-Si 系合金，其内部低电位的组织优先腐蚀，并形成类似"疖状"的鼓包。纯铝涂层在孔隙处集聚了白色 NaCl 晶体，这说明 Cl 沿着孔隙通道渗入涂层内部，加剧了涂层内部的腐蚀，且孔隙处持续发生点蚀；Al-Ni-Zr 涂层和 Al-Ni-Zr-Cr 涂层腐蚀后的表面形貌较平整，无点蚀坑和孔隙。

图 3.16 为极化腐蚀后的 Al-Ni-Zr 涂层和 Al-Ni-Zr-Cr 涂层经过超声清洗的表面形貌。从图中可以看出，Al-Ni-Zr 涂层和 Al-Ni-Zr-Cr 涂层均出现少量的孔隙和点蚀。在实际电化学极化腐蚀过程中，Al-Ni-Zr 涂层和 Al-Ni-Zr-Cr 涂层表面覆盖了一层薄薄的腐蚀产物，可有效封堵孔隙和点蚀区，减小腐蚀介质与涂层的接触概率，使涂层腐蚀后的形貌较平整。

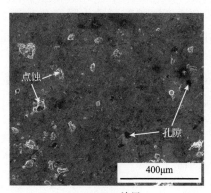

(a) Al-Ni-Zr涂层

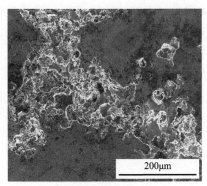

(b) Al-Ni-Zr-Cr涂层

图 3.16　极化腐蚀后的 Al-Ni-Zr 涂层和 Al-Ni-Zr-Cr 涂层经过超声清洗的表面形貌

3. 电化学交流阻抗谱

电化学交流阻抗谱(electrochemical impedance spectroscopy，EIS)可以获得很

宽频率范围内试样与腐蚀介质界面的电化学信息，如涂层遭受腐蚀介质破坏与修复的过程。图 3.17 为五种试样的电化学交流阻抗谱图。其中，Nyquist 图中的容抗弧能够反映试样的重要腐蚀信息，该弧半径越大意味着试样发生腐蚀的程度越小，Al-Ni-Zr 涂层、Al-Ni-Zr-Cr 涂层、纯铝涂层和 45 钢基体的阻抗谱图区别较大。

从图 3.17(a) 和(b) 可以看出，Al-Ni-Zr 涂层和 Al-Ni-Zr-Cr 涂层的 Nyquist 图具有两个时间常数，表现为一个高频容抗弧和一个低频 Warburg 阻抗直线。其中容抗弧是溶液和涂层表面之间因表面张力、静电力等作用而形成的双电层结构引起的，而低频 Warburg 阻抗直线是受到涂层表面和溶液相互扩散引起的，如溶液中的 O_2、Cl^-和涂层表面形成的腐蚀产物等扩散作用。由此可见，Al-Ni-Zr 涂层和 Al-Ni-Zr-Cr 涂层在受到电荷传递控制的情况下出现了 Warburg 阻抗现象，这证明扩散过程也是控制该涂层电极反应的重要步骤；另外，从 Al-Ni-Zr 涂层和 Al-Ni-Zr-Cr 涂层容抗弧半径可以看出，Al-Ni-Zr-Cr 涂层容抗弧半径大、Al-Ni-Zr 涂层容抗弧半径小，这是由于后者受腐蚀影响较大，其容抗弧较早收缩。

从图 3.17(c) 可以看出，纯铝涂层的 Nyquist 图具有两个时间常数，均表现为容抗弧。两个容抗弧的出现反映了涂层不同区域与溶液的接触情况。由于纯铝涂层的孔隙率较高，高频容抗弧可反映涂层与溶液的界面特征，低频容抗弧可反映孔隙中的涂层与溶液的界面特征[5]。

从图 3.17(d) 可以看出，6061 铝合金的 Nyquist 图具有两个时间常数，表现为第一象限的高频容抗弧和第四象限的低频感抗弧。容抗弧的形成原因如前所述，而感抗弧是由铝合金表面吸附的 Cl^-对钝化膜产生的侵蚀作用形成的[6]。此外，随着钝化膜遭受点蚀的持续破坏，该感抗弧会逐渐萎缩直至钝化膜穿孔时消失[7]。从图 3.17(d) 可以看出，铝合金的感抗弧并不是规则的弧形，可见铝合金表面某些区域正萌生着大量的点蚀。

从图 3.17(e) 可以看出，45 钢的 Nyquist 图只有一个时间常数，表现为溶液与45 钢表面形成的双电层引起的单一容抗弧，即 45 钢仅受到电荷传递过程的控制。

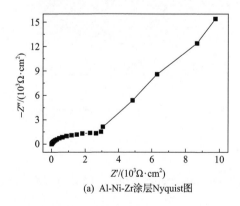

(a) Al-Ni-Zr涂层Nyquist图

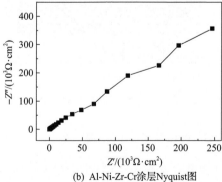

(b) Al-Ni-Zr-Cr涂层Nyquist图

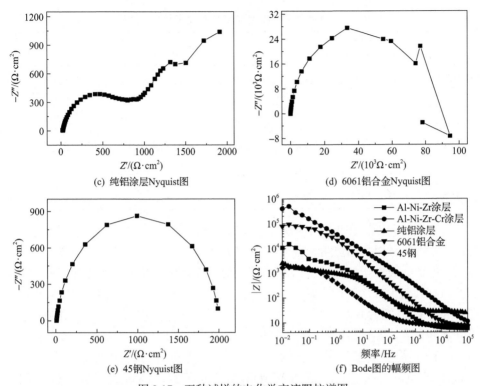

(c) 纯铝涂层Nyquist图　　　　　(d) 6061铝合金Nyquist图

(e) 45钢Nyquist图　　　　　(f) Bode图的幅频图

图 3.17　五种试样的电化学交流阻抗谱图

Bode 图的幅频图反映了阻抗模值($|Z|$)与频率的关系。从图 3.17(f)可以看出，低频区$|Z|$的变化趋势能反映出试样的防腐蚀性能。随着频率的降低，除 Al-Ni-Zr-Cr 涂层的$|Z|$持续增大外，其他试样的$|Z|$都呈现即将稳定的趋势；频率为 0.01Hz 时，Al-Ni-Zr 涂层的$|Z|$比 45 钢和纯铝涂层提高了一个数量级，而 Al-Ni-Zr-Cr 涂层的$|Z|$比其余试样至少大一个数量级，具有更佳的防腐蚀性能。

图 3.18 为五种试样电化学交流阻抗谱图的等效电路模型。表 3.7 为五种试样电化学交流阻抗谱图的拟合结果。

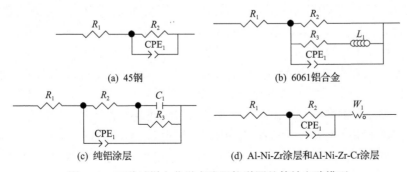

(a) 45钢　　　　　(b) 6061铝合金

(c) 纯铝涂层　　　　　(d) Al-Ni-Zr涂层和Al-Ni-Zr-Cr涂层

图 3.18　五种试样电化学交流阻抗谱图的等效电路模型

表 3.7 五种试样电化学交流阻抗谱图的拟合结果

材料	R_1 /$(\Omega\cdot cm^2)$	CPE_{1-T} /(F/cm^2)	CPE_{1-P}	R_2 /$(\Omega\cdot cm^2)$	L_1 /(H/cm^2)	C_1 /(F/cm^2)	R_3 /$(\Omega\cdot cm^2)$	W_{1-R}	W_{1-T}	W_{1-P}
Al-Ni-Zr 涂层	3.282	5.180×10^{-5}	0.7578	4000	—	—	—	5.532	7.02×10^{-4}	0.39
Al-Ni-Zr-Cr 涂层	4.66	2.051×10^{-4}	0.9243	346500	—	—	—	1.846	148.9	0.6
纯铝涂层	25.69	7.657×10^{-5}	0.7844	1098	—	6.123×10^{-3}	1951	—	—	—
6061 铝合金	4.752	1.827×10^{-5}	0.7532	85000	5.764×10^{6}	—	147280	—	—	—
45 钢	8.139	3.123×10^{-4}	0.9066	2000	—	—	—	—	—	—

由于试样表面存在组织不均匀、粗糙不平和孔隙等情况，无法采用纯电容进行拟合，因此采用常相位角元件 CPE 来替代电容。其中，CPE_{1-P} 为偏离纯电容的弥散系数，一般处于 0.5～1。R_1 为溶液电阻，即试样与参比电极间的溶液电阻；R_2 为试样和溶液反应时的电荷转移电阻；CPE_{1-T} 为 Nyquist 图中高频段的双电层电容；L_1 和 C_1 分别为 6061 铝合金和纯铝涂层由于 Cl⁻吸附或涂层中存在孔隙而引起的电感和电容，R_3 为相应的等效阻抗；W_{1-R}、W_{1-T} 和 W_{1-P} 为 Al-Ni-Zr 涂层、Al-Ni-Zr-Cr 涂层的韦伯阻抗参数，W_{1-R} 为 Warburg 阻抗的电阻部分，W_{1-T} 为 Warburg 阻抗的时间常数，W_{1-P} 为 Warburg 阻抗的指数，用来描述扩散过程的特性。

表 3.7 中 R_2 大小可以表示试样和溶液发生反应的程度，即该值越大，电荷转移越困难，涂层或基体失去电子越困难，遭受腐蚀的程度就越低。从表 3.7 可以看出，Al-Ni-Zr-Cr 涂层和 6061 铝合金的电荷转移电阻较大，其次分别为 Al-Ni-Zr 涂层、45 钢和纯铝涂层，这一结果与图 3.14 拟合的腐蚀电流密度结果相符。这主要是因为试样沉浸于 NaCl 溶液时，涂层或者基体表面的初始状态和腐蚀过程不同，尤其三种涂层的孔隙会作为腐蚀介质的传递通道，加速涂层内部的侵蚀；然而，该腐蚀形成的产物具有较强的吸附性，容易附着在涂层表面或者孔隙处，减少了涂层与腐蚀介质直接接触的面积，同样延缓了腐蚀。

此外，45 钢和 6061 铝合金几乎无孔隙，在浸泡时表现为简单的高频容抗弧。同时铝合金初始状态下表面就有一层氧化膜，使铝合金的电荷转移困难。而 Cl⁻侵蚀将导致该氧化膜厚度减小，从而引起了"回沟"的感抗出现。

Al-Ni-Zr 涂层、Al-Ni-Zr-Cr 涂层和纯铝涂层具有不同的孔隙率，在浸泡后期及低频区，三者表现出不同的情况，这都与腐蚀产物的堆积有关；纯铝涂层孔隙率高，腐蚀产物堆积与覆盖作用减小了涂层表面或孔隙处的不均匀性，在低频区的容抗弧采用纯电容 C 来替代常相位元件即可；Al-Ni-Zr 涂层和 Al-Ni-Zr-Cr 涂层的孔隙率低，腐蚀产物堵住孔隙后，涂层主要受到腐蚀产物扩散作用的影响。

3.2.2　微区电化学腐蚀试验分析

过去常用极化曲线、电化学交流阻抗谱等宏观电化学腐蚀试验采集涂层的整体腐蚀信息，所获数据体现了整面涂层的综合情况，并不能反映微观范围内的腐蚀信息。事实上，铝基非晶纳米晶涂层本身的微观组织结构同样是影响涂层实际防腐蚀性能高低的重要因素。从一般角度考虑，任何试样只要存在不同组织与成分，就会存在电势差。在腐蚀介质中，电势较低的组织总会优先发生腐蚀。Al-Ni-Zr 涂层和 Al-Ni-Zr-Cr 涂层存在非晶相、纳米晶相、氧化相等相结构，如果获得各种相结构之间的电势差，就可以得出各相对涂层的实际防腐蚀作用。为此，采用 SKPM 测试 Al-Ni-Zr 涂层和 Al-Ni-Zr-Cr 涂层微区的表面电势。

1. Al-Ni-Zr 非晶纳米晶涂层

图 3.19 为 Al-Ni-Zr 涂层背散射形貌及 EDS 面扫描图。根据元素的原子序数不同，可以获得各个不同衬度的形貌，以此来分析元素的表面分布情况；区域内含原子序数大的元素较多时，亮度较高，反之则暗。涂层主要元素为 Al、Ni、Zr，其原子序数分别为 13、28、40，由此可知，图 3.19（a）中高亮区以 Ni、Zr 元素居

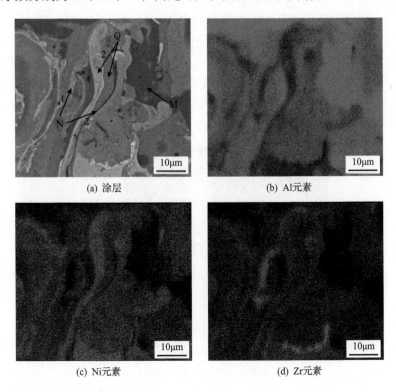

(a) 涂层　　　　　　　　　　　　(b) Al元素

(c) Ni元素　　　　　　　　　　　(d) Zr元素

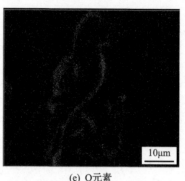

(e) O元素

图 3.19　Al-Ni-Zr 涂层背散射形貌及 EDS 面扫描图

多，暗色区以 Al 元素居多。高速电弧喷涂中涂层容易发生氧化，除 Al、Ni、Zr 元素外，还含有少量 O 元素。

图 3.19(b)～(e)为图 3.19(a)对应区域内各元素的 EDS 面扫描图，结合图 3.19(a)可知，暗色 M 区属于富铝相；N 区以氧化相为主，其中 N1 为 Zr 的氧化物、N2 为 Al 的氧化物；Q 区含 Ni、Zr 元素较多，其中 Zr 元素在 Q1 与 Q2 中相当，Ni 元素在 Q1 中较多。由此可知，该涂层的非晶富集区为二次电子形貌图中的深、浅灰色区，即对应背散射电子形貌图中的 Q 区。

图 3.20 为 Al-Ni-Zr 涂层表面电势。从图中可以看出，深色区域为低表面电势区，颜色越光亮，表面电势越高，而高电势意味着在腐蚀介质中发生腐蚀的顺序越靠后。可见，图 3.19(a)中类似于 Q 区衬度的非晶富集区的表面电势最高，类似于 N1 氧化相衬度的区域次之，接着是类似于 N2 氧化相衬度的区域(深灰色)，衬度暗色的富铝相 M 区的表面电势最低。

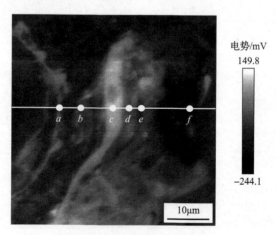

图 3.20　Al-Ni-Zr 涂层表面电势

为了直观观察各相的实际表面电势大小，截取图 3.20 白线处的表面电势，图 3.21 为 Al-Ni-Zr 涂层线扫描能谱图及表面电势分析，各点的主要成分及表面电势如表 3.8 所示。对比图 3.19 与图 3.21 可以看出，a 点含 Ni 与 Zr 的氧化相多，表面电势为−13.27mV；b 点为 Zr 的氧化相，表面电势为−40.59mV；c、d 两点为非晶相富集区，表面电势分别为 94.45mV、−19.38mV，其中 c 点处所含元素的组成为 $Al_{51.25}Ni_{32.3}Zr_{15.2}O_{1.3}$ 的非晶成分具有最佳的防腐蚀性能；e 点为 Al 的氧化相，表面电势为−98.42mV；f 点为富铝相，表面电势为−184.78mV。一旦置于腐蚀环境中，低表面电势的组织优先发生腐蚀，因此腐蚀的先后顺序为富铝相(f)、Al 的氧化相(e)、Zr 的氧化相(b)、非晶相灰色区(d)、Ni 与 Zr 的氧化相(a)、非晶相浅灰色区(c)。

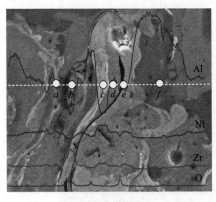

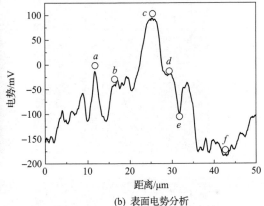

(a) EDS线扫描能谱图　　　　　　(b) 表面电势分析

图 3.21　Al-Ni-Zr 涂层线扫描能谱图及表面电势分析

表 3.8　图 3.20 中各点的主要成分及表面电势

考察项	a	b	c	d	e	f
相结构	Ni、Zr 氧化相	Zr 氧化相	非晶相	非晶相	Al 氧化相	富铝相
表面电势/mV	−13.27	−40.95	94.45	−19.38	−98.42	−184.78

2. Al-Ni-Zr-Cr 非晶纳米晶涂层

图 3.22 为 Al-Ni-Zr-Cr 涂层背散射形貌及 EDS 面扫描图。涂层主要元素为 Al、Ni、Zr、Cr，其原子序数分别为 13、28、40、24。图 3.22(a)中高亮区含有 Cr、Ni、Zr 元素较多，暗色区含有 Al 元素较多。图 3.22(b)~(f)为图 3.22(a)对应区域内各元素的 EDS 面扫描图，结合图 3.22(a)可知，涂层氧含量较低，同时存在少量的氧化物富集区域 H，如 H1、H2、H3 分别为 Cr、Ni、Zr 的氧化物；Cr、Ni、Zr 元素在涂层中均匀分布，尤其在背散射的高亮区相对较多，而 Al 的确在

暗色区完全富集且以纯铝相存在。

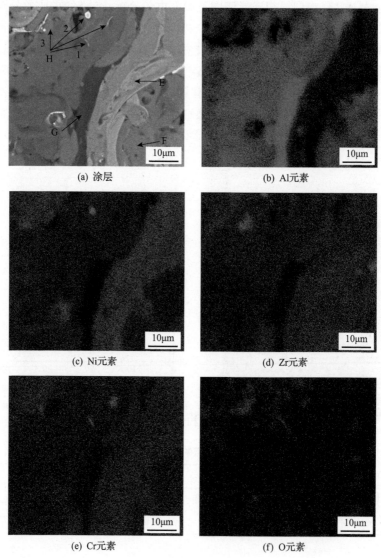

图 3.22　Al-Ni-Zr-Cr 涂层背散射形貌及 EDS 面扫描图

　　图 3.23 为 Al-Ni-Zr-Cr 涂层表面电势。与 Al-Ni-Zr 涂层相比，Al-Ni-Zr-Cr 涂层的表面电势整体较高，说明添加 Cr 元素后，涂层防腐蚀性能得到改善。图 3.22(a)中的浅灰色 E 区与中灰色 F 区在图 3.23 中较亮，尤其浅灰色 E 区最亮，它们均为非晶相富集区，浅灰色 E 区表面电势最高，中灰色 F 区略低。图 3.22(a)中的纯铝相 G 区在图 3.23 中最暗，其对应表面电势最低，即极易优先发生腐蚀。图 3.22(a)

中的氧化相 H 区在图 3.23 中属于光亮区，说明氧化相的表面电势高于纯铝相。同时各氧化物的电势也有差异，即 Ni 的氧化物(H2)>Cr 的氧化物(H1)>Zr 的氧化物(H3)。综上所述，Al-Ni-Zr-Cr 涂层各组织的表面电势由高到低为非晶相浅灰色 E 区>氧化相 H 区>非晶相中灰色 F 区>富铝相 G 区。因此，该涂层各组织腐蚀的顺序为富铝相>非晶相中灰色区(与 Zr 的氧化物相当)>Ni、Cr 的氧化相>非晶相浅灰色区。

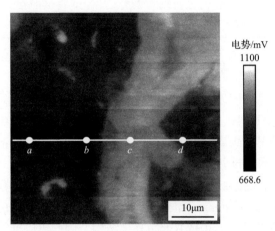

图 3.23　Al-Ni-Zr-Cr 涂层表面电势

　　为了直观观察各相的实际表面电势大小，截取图 3.23 白线处的表面电势，图 3.24 为 Al-Ni-Zr-Cr 涂层线扫描能谱图及表面电势分析，各点的主要成分及表面电势如表 3.9 所示。从图 3.24(b)可以看出，涂层白线处的表面电势最大相差 273.1mV，其中 c 点电势为 1011.6mV，d 点电势为 865.2mV，a 点电势为 810.8mV，b 点电势为 738.5mV，一旦发生腐蚀，腐蚀先后顺序为 b、a、d、c。结合图 3.24(a)可知，衬

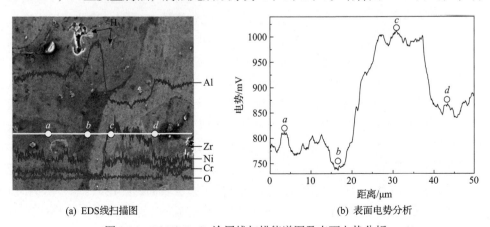

(a) EDS线扫描图　　　　　　　　　(b) 表面电势分析

图 3.24　Al-Ni-Zr-Cr 涂层线扫描能谱图及表面电势分析

度越浅，表面电势越高；b、c 两点的各成分含量变化明显；c 点为 Zr、Ni、Cr 富集区，但 Al 仍占较大比例，其所含元素的组成为 $Al_{68}Ni_{16}Zr_9Cr_6O_1$，说明白线处各成分在该比例下的非晶相具有最高的表面电势，即防腐蚀性能最佳。

表 3.9　图 3.24 中各点的主要成分及表面电势

考察项	a	b	c	d
相结构	富铝相	纯铝相	非晶相富集	非晶相富集
表面电势/mV	810.8	738.5	1011.6	865.2

3.2.3　铝基非晶纳米晶涂层腐蚀失效机理分析

铝基非晶纳米晶涂层表现出优异的防腐蚀性能，主要是因为：

（1）非晶具有无晶界、成分均匀的特点，使其在 NaCl 溶液中很难形成微腐蚀原电池，也不易最早出现腐蚀，而且微区电化学腐蚀试验结果证实非晶相富集区具有最高的表面电势，即其不易发生腐蚀。

（2）从微区电化学腐蚀试验未得出纳米晶相的表面电势，但是从高分辨透射电子显微镜（high resolution transmission electron microscope, HRTEM）明场像可知，纳米晶相从非晶相中析出了非晶纳米晶复合结构，因此可以推测非晶相富集区实际为非晶相与纳米晶相的复合区；在铝基块体非晶相中，析出的纳米晶尺寸小、活性大，容易发生氧化形成钝化膜，因此这种非晶纳米晶复合结构可以增加合金中钝化元素的混乱程度，加速促进涂层中具有易钝化的 Al 与 Cr 元素形成钝化膜[8-10]。

（3）Al 与 O_2、H_2O 发生反应生成附着能力强的 $Al(OH)_3$ 腐蚀产物，并沉淀在涂层表面，减缓了腐蚀速率。

当然，由于涂层是电弧喷涂层，会因粒子与粒子间的搭接留下孔隙；涂层中具有多种微观组织，可形成微电池；涂层中铝成分易受 Cl⁻ 侵蚀，这些原因也会造成铝基非晶纳米晶涂层在经过较长腐蚀时间后出现点蚀集聚、腐蚀坑、剥落等失效现象。图 3.25 为铝基非晶纳米晶涂层电化学腐蚀后的微观形貌及成分分析。

从图 3.25（a）可以看出，涂层腐蚀形貌平整，在表面散落着 NaCl 晶体（白虚线圆圈内）。从各晶体附着的区域衬度可以看出，所有附着的 NaCl 晶体都在涂层黑色区，表明该区域正在发生腐蚀。由上述结果可知，黑色区域为整个涂层表面电势最低区域，灰色区域的表面电势高，这说明涂层在溶液中发生电化学腐蚀时，黑色区域作为阳极、灰色区域作为阴极而形成微电池，使阳极区发生腐蚀、阴极区受到保护。因此，NaCl 晶体有规律地附着在涂层表面的黑色区。以 Al-Ni-Zr 涂层为例，图 3.25（a）中腐蚀黑色区 A 的 EDS 能谱显示，涂层含有少量的 Cl⁻，可见该区域只发生了轻微的腐蚀。涂层经历磨样、抛光后，铝表面容易形成一层

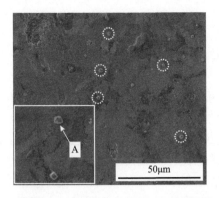
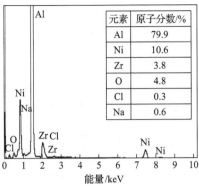

元素	原子分数/%
Al	79.9
Ni	10.6
Zr	3.8
O	4.8
Cl	0.3
Na	0.6

(a) 涂层表面轻微腐蚀

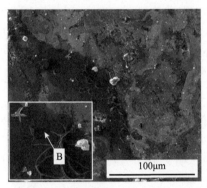
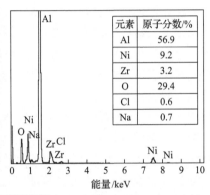

元素	原子分数/%
Al	56.9
Ni	9.2
Zr	3.2
O	29.4
Cl	0.6
Na	0.7

(b) 涂层表面腐蚀加剧

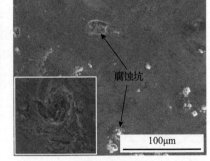

(c) 裂纹与白色晶体　　　　　　　(d) 清洗后的腐蚀坑

图 3.25　铝基非晶纳米晶涂层电化学腐蚀后的微观形貌及成分分析

Al_2O_3 保护膜,在 NaCl 溶液中 Cl⁻附着在涂层表面,造成钝化膜的活性溶解,其过程如式(3.1)和式(3.2)所示。此后黑色组织与灰色组织间便形成了微电池腐蚀,继续扩大腐蚀范围。钝化膜活性溶解过程为[11]

$$Al_2O_3 + 3H_2O \longrightarrow Al_2O_3 \cdot 3H_2O \rightarrow 2Al(OH)_3 \qquad (3.1)$$

$$Al(OH)_3 + 3Cl^- \longrightarrow AlCl_3 + 3OH^- \tag{3.2}$$

从图3.25(b)可以看出,随着腐蚀加剧,Al-Ni-Zr涂层的部分组织萌生了裂纹,且裂纹完全分布在黑色区,而灰色区几乎不受影响;裂纹是沿着两区组织交界处向黑色组织扩展或者以黑色区某缺陷处为中心向周围扩展,即腐蚀会促进裂纹扩展。结合B区成分可知,该点所在区域的O元素和Cl⁻明显增多、Al元素明显减少,且腐蚀前黑色区的Al元素较多,这说明该区遭受Cl⁻的侵蚀,引起铝的严重溶解。造成微裂纹扩展的原因主要和涂层的缺陷、Cl⁻持续侵蚀、涂层内部含有晶界等有关。涂层中的缺陷或孔隙是Cl⁻的天然通道,溶解形成的Al^{3+}容易与OH⁻经过一系列的反应在表层形成保护膜,此时钝化的表层作为阴极、内部孔隙作为阳极,促使涂层的内部孔隙腐蚀加剧,进而形成点蚀,导致$Al(OH)_3$腐蚀产物的体积迅速增大,造成涂层发生膨胀。由于涂层属于层状结构,Cl⁻在发生垂直扩散的同时,也会发生水平扩散,形成的腐蚀产物会在涂层下方出现溶胀,进而引起涂层发生胀裂,并沿着结合能力差的晶界扩展;当胀裂的作用累积大于涂层的局部结合强度时,涂层发生脱落[12]。

从图3.25(c)可以看出,白色块状的NaCl晶体镶嵌在裂纹中,说明该区一直发生腐蚀。每次裂纹扩展后,在裂纹区形成的$Al(OH)_3$腐蚀产物一方面起膨胀作用,挤压裂纹两端的涂层;另一方面腐蚀产物又将作为阴极,而新暴露的涂层作为阳极继续发生腐蚀,从而形成腐蚀钝化—裂纹扩展—再腐蚀钝化—裂纹再扩展的破坏趋势。除裂纹外,两种铝基非晶纳米晶涂层普遍存在腐蚀坑,如图3.25(d)所示,这是Cl⁻沿涂层垂直扩散与水平扩散引起的。在腐蚀坑中还堆积着白色腐蚀产物;图3.25(d)方框中的图为清洗后的腐蚀坑形貌,腐蚀坑呈现一层层的台阶状,这主要是腐蚀沿着横向与纵向共同作用引起的。

图3.26为超声清洗后铝基非晶纳米晶涂层腐蚀形貌。从图3.26(a)可以看出,

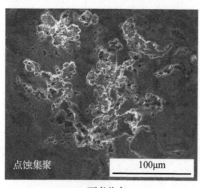

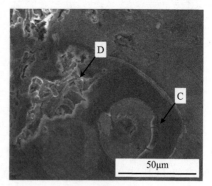

(a) 两者共有　　　　　　　　　　　　　　(b) Al-Ni-Zr涂层

图3.26　超声清洗后铝基非晶纳米晶涂层腐蚀形貌

涂层腐蚀产物下方出现了点蚀集聚。铝合金腐蚀后的形貌也出现相似的点蚀集聚现象。这主要是Cl⁻吸附在涂层钝化膜上，而钝化膜的不均匀性及电位差作用会造成点蚀萌生，进而形成腐蚀微电池而引起点蚀沿横向与纵向扩展，点蚀孔逐渐长大后相互连接，引起集聚现象[13]。此外，图3.26(b)中D区为图3.26(a)点蚀集聚连接后的形貌特征，C区为Al-Ni-Zr涂层待剥落的氧化膜层，其所含元素的组成为$Al_{80.91}Ni_{5.29}Zr_{1.59}O_{12.21}$。

3.3　铝基非晶纳米晶涂层摩擦磨损性能

钢、铝结构材料在恶劣的海洋环境使用时，一方面受到海水、盐雾等侵蚀，另一方面也会遭受砂石划伤、冲蚀、磨蚀等动态腐蚀工况下的破坏，极大地加剧了结构材料的失效程度。这种情况在具有相对运动的活动部件中更为突出。因此，对于该类涂层在动态腐蚀工况下的耐磨损性能，首先应分析铝基非晶纳米晶涂层在干摩擦条件下的摩擦磨损行为，其次重点考察涂层在质量分数为3.5%的NaCl腐蚀溶液中的动态磨损行为，为涂层的运用提供理论基础。

3.3.1　干摩擦条件下摩擦磨损试验分析

1. 磨痕宽度及摩擦系数

图3.27为干摩擦条件下五种试样的磨痕宽度及载荷15N时的摩擦系数。采用球盘式往复干摩擦试验，选用SiC磨球作为摩擦副，频率为1Hz，摩擦时间为15min，单程往复位移为5mm。从图3.27(a)可以看出，随着载荷的增加，五种试样的磨痕宽度均逐渐增大，其中6061铝合金和纯铝涂层的变化较大；与6061铝合金与纯铝涂层相比，相同载荷下Al-Ni-Zr涂层和Al-Ni-Zr-Cr涂层的磨痕宽度减小

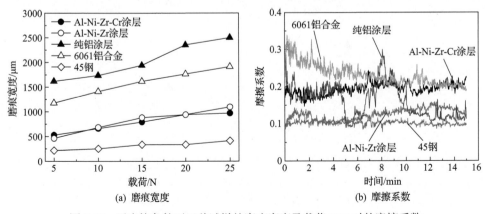

(a) 磨痕宽度　　　　　　　　(b) 摩擦系数

图3.27　干摩擦条件下五种试样的磨痕宽度及载荷15N时的摩擦系数

了 1/2～2/3，表现出较好的耐磨损性能，但略高于 45 钢；以载荷 15N 时为例，Al-Ni-Zr-Cr 涂层的磨痕宽度约为 794.1μm，分别是 Al-Ni-Zr 涂层、纯铝涂层、6061 铝合金的 1/1.1、1/2.5、1/2，是 45 钢的 2.3 倍。从图 3.27(b) 可以看出，随着摩擦进行，Al-Ni-Zr 涂层、Al-Ni-Zr-Cr 涂层、6061 铝合金与 45 钢的摩擦系数逐渐趋于稳定，而纯铝涂层的摩擦系数波动较大；Al-Ni-Zr 涂层和 Al-Ni-Zr-Cr 涂层相比纯铝涂层表现出较高的硬度与较低的粗糙度。Al-Ni-Zr-Cr 涂层的摩擦系数较高，约为 0.223，而 Al-Ni-Zr 涂层的摩擦系数较低，约为 0.137，这主要和 Al-Ni-Zr-Cr 涂层含有硬质颗粒有关，使得磨痕区表面的粗糙度较高。

图 3.28 为不同载荷下五种试样的磨损体积。从图中可以看出，随着载荷的增加，6061 铝合金与 45 钢的磨损体积变化较小，而三种喷涂层的磨损体积明显增大。涂层质量是影响其耐磨性的重要因素。电弧喷涂层通过层层堆积形成，无法避免层间夹杂的空气溢出或杂质留下的缺陷，这些缺陷影响了涂层的力学性能，在摩擦过程中容易作为触发因素优先发生破坏。尽管 45 钢硬度不高，但锻造钢致密无缺陷，其磨损体积较小。以载荷 15N 时为例，Al-Ni-Zr 涂层和 Al-Ni-Zr-Cr 涂层的磨损体积约为 0.141mm^3，分别约是纯铝涂层与 6061 铝合金的 1/9 与 1/4，这主要是因为两种涂层的非晶相体积分数超过 65%，其组织较为均匀，且 α-Al、Al$_{9.83}$Zr$_{0.17}$ 等纳米晶相起到一定的强化作用，加上涂层孔隙较少，所以两种涂层的硬度整体较高，磨损体积较小。此外，Al-Ni-Zr 涂层的磨损体积略小于 Al-Ni-Zr-Cr 涂层，但与图 3.27 中这两个涂层的磨痕宽度大小不一致，这可能是当 Al-Ni-Zr-Cr 涂层发生剥落时，涂层的部分硬质颗粒也发生了脱落，造成该涂层磨痕宽度略小而磨损体积略大。

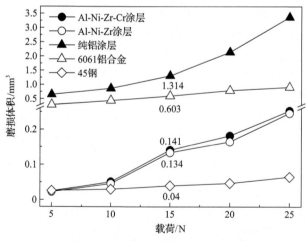

图 3.28　不同载荷下五种试样的磨损体积

图 3.29 为载荷 15N 时 Al-Ni-Zr 涂层和 Al-Ni-Zr-Cr 涂层磨损后的截面磨痕形

貌。从图中可以看出，Al-Ni-Zr 涂层磨痕区无明显的硬质颗粒剥落坑，Al-Ni-Zr-Cr 涂层仍存在硬质颗粒镶嵌在磨痕区，且图 3.29(b)方框图中也保留了硬质颗粒剥落坑的痕迹。这一结论证实了上述解释。

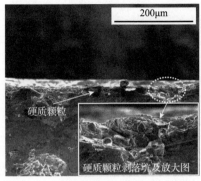

(a) Al-Ni-Zr涂层　　　　　　　　　(b) Al-Ni-Zr-Cr涂层

图 3.29　载荷 15N 时 Al-Ni-Zr 涂层和 Al-Ni-Zr-Cr 涂层磨损后的截面磨痕形貌

2. 磨痕形貌及磨损机制

图 3.30 为载荷 15N 时 45 钢、6061 铝合金和纯铝涂层的磨痕形貌及成分分析。从图中可以看出，三者表面均出现了"犁沟"，且 45 钢表面出现氧化层剥落现象。从"犁沟"区所含元素的原子分数可知，45 钢与纯铝涂层表面发生了氧化，其磨损机制主要为磨粒磨损与氧化磨损，而 6061 铝合金的氧含量较低，其磨损机制为磨粒磨损。

图 3.31 为 Al-Ni-Zr 涂层在不同载荷下的干摩擦磨痕形貌。从图 3.31(a)～(e)可以看出，载荷增加引起 Al-Ni-Zr 涂层磨损后的亮白区增加与磨痕宽度增大。低

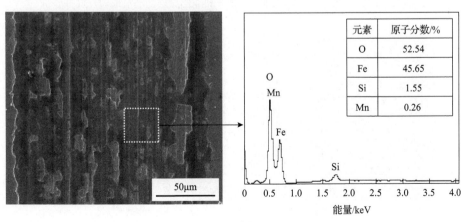

元素	原子分数/%
O	52.54
Fe	45.65
Si	1.55
Mn	0.26

(a) 45钢

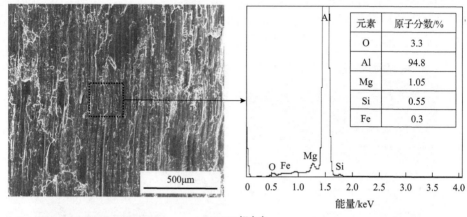

元素	原子分数/%
O	3.3
Al	94.8
Mg	1.05
Si	0.55
Fe	0.3

(b) 6061铝合金

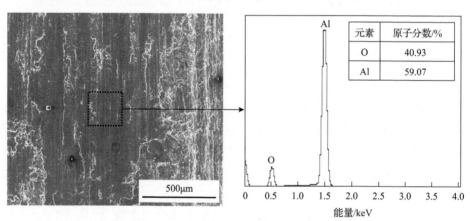

元素	原子分数/%
O	40.93
Al	59.07

(c) 纯铝涂层

图 3.30　载荷 15N 时 45 钢、6061 铝合金和纯铝涂层的磨痕形貌及成分分析

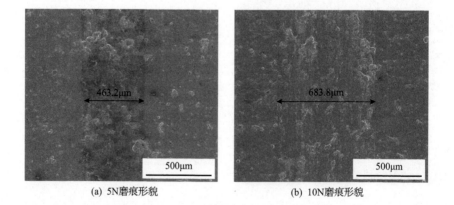

(a) 5N磨痕形貌　　　　　　　　　　(b) 10N磨痕形貌

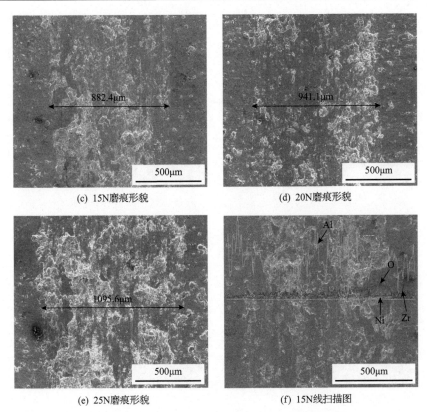

(c) 15N磨痕形貌

(d) 20N磨痕形貌

(e) 25N磨痕形貌

(f) 15N线扫描图

图 3.31　Al-Ni-Zr 涂层在不同载荷下的干摩擦磨痕形貌

载荷下，表面的一些凸起点与磨球接触时会因受载而脱落，导致少量磨屑嵌在接触面处，进而发生磨粒磨损；当载荷为 15N 时，表面剥落痕迹增加，"犁沟"数量减少；当载荷为 25N 时，涂层以剥落失效为主。结合图 3.31(f)可知，磨痕区的 O 含量高于未磨损区，即涂层发生了氧化磨损。

　　图 3.32 为载荷 15N 时 Al-Ni-Zr 涂层在干摩擦条件下的磨痕形貌及磨屑特征。从图 3.32(a)可以看出，摩擦初期，涂层表面 A 区发生氧化并形成较薄的氧化膜。随着摩擦进行，该层氧化膜有所生长，且其所含元素的组成达到 $Al_{25.98}Ni_{12.83}Zr_5O_{56.19}$。在摩擦力与正压力的共同作用下，氧化层及层下缺陷处(孔隙、夹杂物等)会萌生裂纹。由于该层氧化层脆性大，在持续的切向作用下会因疲劳损失发生剥落。从图 3.32(b)可以看出，涂层表面出现大面积剥落层，并因散落在磨痕区的硬质氧化层磨屑而出现轻微"犁沟"。从图 3.32(c)可以看出，已剥落区(B 区)进行着"裂纹萌生—待脱落"的重复过程，其所含元素的组成为 $Al_{59.04}Ni_{20.98}Zr_{11.11}O_{8.87}$。C 区为磨损后新裸露出来的未发生磨损的表面，其所含元素的组成为 $Al_{57.24}Ni_{23.79}Zr_{15.36}O_{3.61}$。由此可知，氧化层剥落是层层进行的。

(a) 生成氧化膜与裂纹　　　　　　　　(b) 氧化层脱落

(c) 裂纹再萌生　　　　　　　　　　(d) 磨屑

图 3.32　载荷 15N 时 Al-Ni-Zr 涂层在干摩擦条件下的磨痕形貌及磨屑特征

从图 3.32(d) 可以看出，磨屑表层仍有层片状的剥落痕迹，且存在"犁沟"和散落的碎屑，其所含元素的组成为 $Al_{36.34}Ni_{12.21}Zr_{7.64}O_{43.81}$。这证实了 Al-Ni-Zr 涂层在干摩擦条件下的磨损机制主要为氧化磨损和脆性剥层磨损，并伴有轻微的磨粒磨损。Al-Ni-Zr 涂层发生脆性剥落的原因在于非晶相本身具有硬度高的特点，且其脆性较大，而 Al-Ni-Zr 涂层具有较高的非晶含量，因此在磨球持续切向作用下会出现层片状脱落，并发生剥层磨损。

Al-Ni-Zr-Cr 涂层的磨损失效过程及磨痕形貌与 Al-Ni-Zr 涂层相似。图 3.33 为载荷 15N 时 Al-Ni-Zr-Cr 涂层在干摩擦条件下的磨痕形貌及磨屑特征。从图 3.33(a) 可以看出涂层持续摩擦、氧化层疲劳、萌生裂纹、剥落后的形貌，其所含元素的组成为 $Al_{43.85}Ni_{6.93}Zr_{3.23}Cr_{2.12}O_{43.87}$。从图 3.33(b) 可以看出，磨痕区有轻微的"犁沟"；从图 3.33(c) 可以看出，涂层左侧光滑区属于持续摩擦后的未剥落区，整体光滑，右侧粗糙区未出现整体的剥落层，主要以粒状或者较小片状的剥落形式存在。图 3.33(d) 为载荷 15N 时 Al-Ni-Zr-Cr 涂层干摩擦条件下磨屑形貌，其所含元素的组成为 $Al_{49.15}Ni_{10.45}Zr_{3.89}Cr_{2.86}O_{33.65}$，这明确了 Al-Ni-Zr-Cr 涂层的磨损机制以氧化磨损和脆性剥层磨损为主,并伴随磨粒磨损。

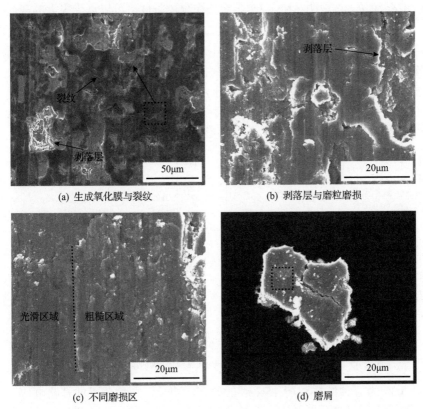

(a) 生成氧化膜与裂纹

(b) 剥落层与磨粒磨损

(c) 不同磨损区

(d) 磨屑

图 3.33 载荷 15N 时 Al-Ni-Zr-Cr 涂层在干摩擦条件下的磨痕形貌及磨屑特征

3.3.2 腐蚀介质条件下摩擦磨损试验分析

采用与干摩擦条件相同的试验参数,并选用质量分数为 3.5%的 NaCl 溶液作为腐蚀介质,研究试样在全浸摩擦(未通电压)与极化摩擦(通电压)条件下的耐磨损性能。其中,全浸条件下,先浸泡 5min,随即加载 5N、10N、15N、20N、25N,摩擦时间为 15min,最后卸载浸泡 5min;极化条件下,先浸泡 5min,随即加载 15N,进行摩擦的同时实施极化,且极化时间为 15min,最后卸载并浸泡 5min。

1. 全浸条件下的磨蚀试验

图 3.34 为全浸条件下五种试样的磨痕宽度及载荷 15N 时的摩擦系数。从图 3.34(a)可以看出,与干摩擦条件下的结果相似,全浸条件下五种试样的磨痕宽度随载荷的增加而增大,且比干摩擦时小。全浸条件下,Al-Ni-Zr 涂层、Al-Ni-Zr-Cr 涂层、纯铝涂层、6061 铝合金及 45 钢的磨痕宽度分别为干摩擦条件下的 35.58%、

36.65%、41.21%、17.25%和71.11%。高载荷下，Al-Ni-Zr-Cr涂层的磨痕宽度小于Al-Ni-Zr涂层，这说明Al-Ni-Zr-Cr涂层在全浸条件下可以承受更大的载荷作用。与45钢相比，铝基非晶纳米晶涂层在全浸条件下的磨痕宽度较大。试验中，NaCl溶液具有润滑减摩的作用，而且腐蚀作用对45钢的影响较大，且对铝基非晶纳米晶涂层的影响较小，这使全浸条件下涂层的磨痕宽度改变量较明显。从图3.34(b)可以看出，与干摩擦条件下相比，Al-Ni-Zr-Cr涂层和6061铝合金的摩擦系数减小，而其余试样的摩擦系数增大，尤其45钢与纯铝涂层增大50%以上，这与在全浸条件下试样表面的磨蚀形貌有关。

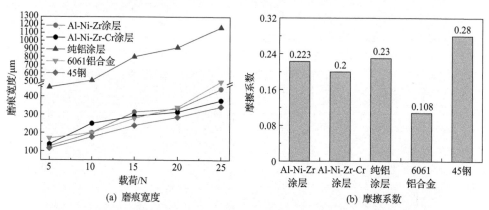

(a) 磨痕宽度　　　　　　　(b) 摩擦系数

图3.34　全浸条件下五种试样的磨痕宽度及载荷15N时的摩擦系数

图3.35为五种试样载荷15N时的磨痕形貌及不同载荷下的开路电位。45钢与纯铝涂层出现"鼓包"与剥落的痕迹，这增大了两者的表面粗糙度；6061铝合金及铝基非晶纳米晶涂层并未出现"鼓包"，仅出现了裂纹或少量的剥落，其表面较为平滑，这使得三者的摩擦系数相对较低。

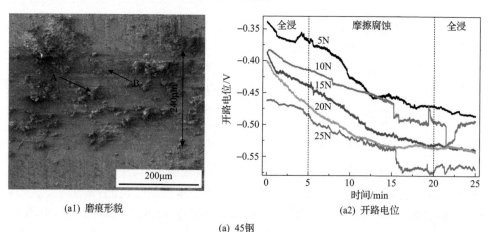

(a1) 磨痕形貌　　　　　　　(a2) 开路电位

(a) 45钢

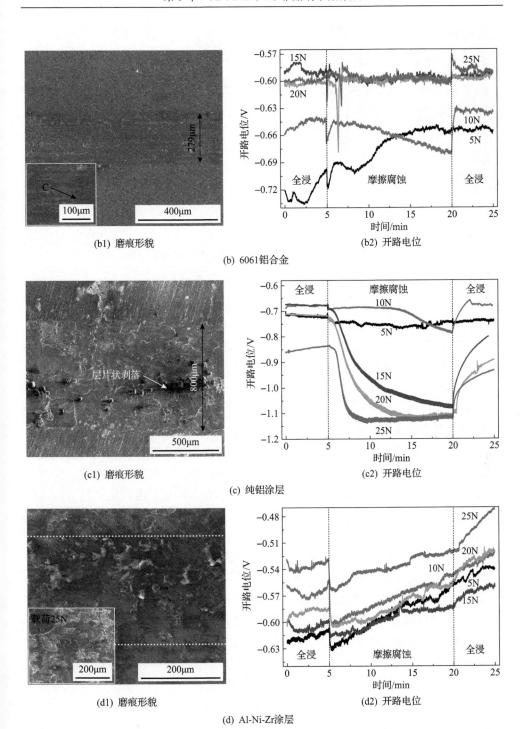

(b1) 磨痕形貌

(b2) 开路电位

(b) 6061铝合金

(c1) 磨痕形貌

(c2) 开路电位

(c) 纯铝涂层

(d1) 磨痕形貌

(d2) 开路电位

(d) Al-Ni-Zr涂层

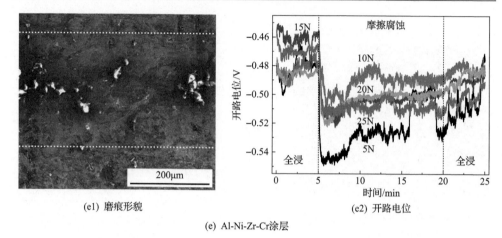

（e1）磨痕形貌　　　　　　　　　　　　　（e2）开路电位

（e）Al-Ni-Zr-Cr涂层

图 3.35　五种试样载荷 15N 时的磨痕形貌及不同载荷下的开路电位

从图 3.35（a）可以看出，45 钢的磨蚀区存在"鼓包"，其中 A 点和 B 点所含元素的组成分别为 $Fe_{38.3}Si_{1.8}Mn_{0.5}Cl_{3.5}O_{55.9}$ 和 $Fe_{40.99}Si_{4.86}Cl_{1.96}O_{52.19}$，其中 Cl^- 含量较高，说明其腐蚀较严重。与干摩擦条件下相比，全浸条件下 45 钢受到因腐蚀造成的破坏作用较大，而且切向力起到切削、剥层作用，这引起"鼓包"脱落、开路电位负移；持续摩擦会引起腐蚀产物的脱落，并暴露出新鲜 45 钢，使开路电位出现降低趋势；卸载后，其开路电位基本持平，且已磨损区未出现钝化。

从图 3.35（b）可以看出，6061 铝合金的磨蚀形貌以微裂纹及剥落痕迹为主，C 点所含元素的组成为 $Al_{78.6}Mg_{1.1}O_{20.3}$。在磨蚀过程中，铝发生溶解少，受腐蚀的影响小，主要受到摩擦的影响并形成氧化层；在切向力作用下，该氧化层因疲劳而逐渐剥落。在加载初期，铝合金表面氧化膜受力破坏，其开路电位降低；接着，铝合金发生钝化，其开路电位升高；卸载后，铝合金发生了再钝化，其开路电位升高。这说明与干摩擦条件下的磨粒磨损机制不同，6061 铝合金在磨蚀过程中主要以钝化膜层受力疲劳而发生剥落为失效机制。

从图 3.35（c）可以看出，全浸条件下，纯铝涂层发生层片状剥落，剥落层所含元素的组成为 $Al_{31.27}Na_{2.59}Cl_{3.33}O_{62.81}$，这说明纯铝涂层在全浸条件下发生了吸氧腐蚀与 Al 的溶解，同时摩擦加速了 Al 的溶解，并导致 Al 的含量较低。从图 3.35（c）还可以看出，摩擦加剧了涂层的腐蚀，加载初期，其开路电位出现显著降低；载荷增加时，由于纯铝涂层的表层钝化膜破坏速率增大，其开路电位迅速接近纯铝涂层的真实开路电位（-1.15V）；卸载后，涂层已磨损而暴露的新鲜表面迅速发生再钝化，使得其开路电位发生突变而升高。

从图 3.35（d）可以看出，与 45 钢、6061 铝合金和纯铝涂层相比，Al-Ni-Zr 涂层的磨蚀形貌无明显的裂纹、"鼓包"等现象，仅在亮白区出现了微裂纹，未磨痕区域表现平整、光滑，方框图为 25N 载荷时涂层发生大量剥落的形貌。浸泡期，涂层开路电位较稳定；加载初期，涂层表层的钝化膜受切向力出现破坏，暴露出新鲜涂层，使其开路电位降低；接着在磨蚀过程中，涂层开路电位持续上升，表现为越磨损越钝化的过程，这说明涂层的钝化膜自愈能力大于涂层被摩擦破坏的作用；卸载后，涂层的开路电位继续上升，表现出再钝化的趋势。上述现象在高载荷下的表现更加明显。

从图 3.35(e)可以看出，Al-Ni-Zr 涂层添加 Cr 元素后，涂层的磨蚀形貌变得更为光滑，布满微裂纹的亮白区数目也减小了，涂层表面出现剥落层的数量也减少了。任一载荷下，加载后，Al-Ni-Zr-Cr 涂层的开路电位都出现了明显的降低；磨蚀 15min 时间段内，其开路电位几乎持平；卸载时，其开路电位有轻微的再钝化现象。Al-Ni-Zr-Cr 涂层在 NaCl 溶液中可以形成良好的钝化膜层，且在磨蚀过程中出现开路电位变化不大的现象，这主要是由于磨蚀作用并未大量破坏该涂层的钝化膜层，此时采集的开路电位即为钝化膜层的开路电位，而卸载后部分破坏的涂层发生了再钝化，使其开路电位略微升高。与 Al-Ni-Zr 涂层的开路电位相比，Al-Ni-Zr-Cr 涂层的开路电位较正，表现出更加优异的防腐蚀性能。

图 3.36 为全浸条件下 Al-Ni-Zr 涂层的线扫描图。从图中可以看出，磨损区的 Al 元素相比未磨区只有少量减少，可见磨蚀过程中 Al 未发生大量溶解，同时磨损区部分位置 O 元素较多，这说明摩擦促进了涂层的吸氧腐蚀；此外，A 点的成分以 Fe 和 O 为主，这可能是涂层中存在孔隙或夹杂着杂质，Fe 在 NaCl 溶液中优先发生腐蚀。

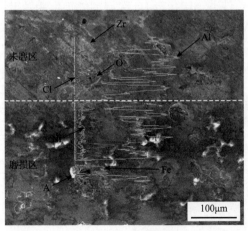

图 3.36　全浸条件下 Al-Ni-Zr 涂层的线扫描图

图 3.37 为全浸条件下 Al-Ni-Zr 涂层的磨蚀形貌及微区成分。从图中可以看出，Al-Ni-Zr 涂层在腐蚀与磨损共同作用下，磨痕区留下了由四种结构组成的磨蚀形貌，其中裂纹萌生的位置处于亮白 A 区与深色 B 区的交界处。结合 A、B、C、D 区域所含元素的原子分数可知，A、B 两区的 O 含量高、Al 含量低，故 A、B 所

在区域发生了较严重的吸氧腐蚀与 Al 的溶解，且在摩擦与腐蚀作用下萌生了裂纹。此外，全浸条件下磨痕区中 C、D 两区的组织衬度与图 3.3 中原始喷涂层的浅灰色区相似，属于非晶相富集区。根据前述微区试验结论，可知非晶相的表面电势高，且不易发生腐蚀。因此，图 3.35(d) 中的开路电位显示 Al-Ni-Zr 涂层具有越磨损越钝化的快速自修复能力，这主要是由于涂层内部非晶组织均匀，硬度也高，C、D 两区的磨蚀形貌较为光滑、无微裂纹，而且该区 O 含量低、Al 含量降低较少。由上述可知，C、D 两区的抗磨蚀能力强，而 A、B 两区易磨蚀，为优先破坏区域。

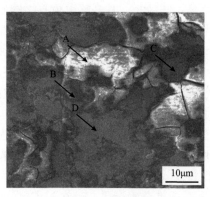

区域	O/%	Al/%	Ni/%	Zr/%	Cl/Na/Fe/%
A	67.38	23.19	5.62	2.42	0.91/0.48/—
B	59.8	29.74	7.21	2.39	0.52/0.34/—
C	10.65	51.45	31.43	6.47	—
D	6.51	55.48	29.87	7.82	—/—/0.32

图 3.37　全浸条件下 Al-Ni-Zr 涂层的磨蚀形貌及微区成分

图 3.38 为全浸条件下 Al-Ni-Zr-Cr 涂层的磨蚀形貌及微区成分。从图中可以看出，全浸条件下 Al-Ni-Zr-Cr 涂层结合强度高，从微观形貌观察，未发生大块的剥落，主要以十几微米的小片状为主，远低于干摩擦条件下的剥落程度；同时涂层中也出现较多的纵向裂纹，加快了磨蚀的速度。从图中可知，涂层出现裂纹及

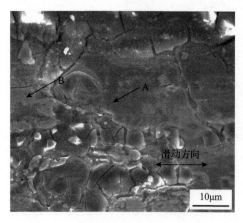

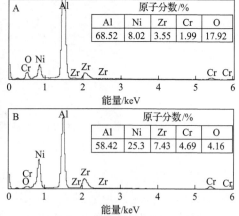

A					原子分数/%
	Al	Ni	Zr	Cr	O
	68.52	8.02	3.55	1.99	17.92

B					原子分数/%
	Al	Ni	Zr	Cr	O
	58.42	25.3	7.43	4.69	4.16

图 3.38　全浸条件下 Al-Ni-Zr-Cr 涂层的磨蚀形貌及微区成分

剥落的位置都在深颜色区,即类似腐蚀较严重的 A 区;相比 A 区,B 区的颜色浅,遭受的磨蚀程度轻,尤其该区的 Ni、Zr、Cr 和 O 含量与 A 区差别较大,可见 B 区中的 Ni、Zr、Cr 元素起到较大的防护作用,结合微区腐蚀试验结果可知,B 所在的灰色区属于非晶相富集区,抗磨蚀能力强。同时,对比 Al-Ni-Zr 涂层剥片层的成分,Al-Ni-Zr-Cr 涂层的磨蚀层未检测到明显的 Cl$^-$或者 Na$^+$,可知在同一磨蚀条件下,Al-Ni-Zr-Cr 涂层遭受磨蚀的破坏程度低,也和微区腐蚀试验中 Al-Ni-Zr-Cr 涂层的表面电势高且不易优先腐蚀的结果相一致。

　　综上所述,铝基非晶纳米晶涂层表现出良好的抗磨蚀性能,而且 Al-Ni-Zr-Cr 涂层的性能最佳。随载荷的增加,铝基非晶纳米晶涂层在质量分数为 3.5%的 NaCl 溶液中由轻微磨粒磨损机制转变为剥层磨损机制,此时磨损起主导作用。

　　2. 极化条件下的磨蚀试验

　　全浸条件下的磨痕宽度及磨蚀形貌显示,两种铝基非晶纳米晶涂层相比 6061 铝合金与纯铝涂层表现出优异的抗磨蚀性能。为了进一步模拟钢、铝材料在"三高"环境下发生腐蚀与磨损工况的恶劣条件,在全浸条件下摩擦磨损试验的基础上,对质量分数为 3.5%的 NaCl 溶液添加电压,以增大试样的腐蚀程度,并分析涂层或基体的磨蚀情况。以载荷 15N 时为例,进行极化条件下的磨蚀试验。

　　图 3.39 为载荷 15N 时五种试样在极化条件下的磨痕宽度及摩擦系数。从图 3.39(a)可以看出,与全浸条件下相比,极化条件促使腐蚀作用增强,试样的磨痕宽度也增大;极化条件下两种铝基非晶纳米晶涂层的磨痕宽度最小,且从全浸条件转入极化条件时,Al-Ni-Zr-Cr 涂层、Al-Ni-Zr 涂层、纯铝涂层、6061 铝合金与 45 钢的磨痕宽度分别提高 3.09%、4.78%、17.19%、26.88%与 56.25%,可见腐蚀对 6061 铝合金和 45 钢磨蚀的影响最大,对铝基非晶纳米晶涂层磨蚀的影响最小。这说明在极化条件下的磨蚀试验中,铝基非晶纳米晶涂层表现出良好的抗磨

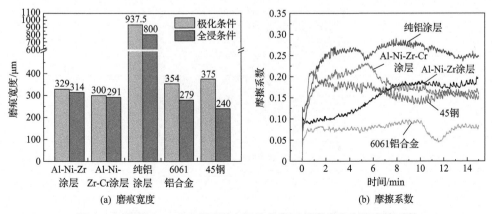

图 3.39　载荷 15N 时五种试样在极化条件下的磨痕宽度及摩擦系数

蚀性能。结合 3.39(b)可知，铝基非晶纳米晶涂层的摩擦系数大于两种基体；与纯铝涂层相比，铝基非晶纳米晶涂层的摩擦系数减小了 30%，且磨痕宽度减小了 64%以上。这说明在模拟海水环境下，铝基非晶纳米晶涂层具有防滑耐磨的特点。

图 3.40 为载荷 15N 时五种试样在极化条件下的磨蚀形貌。除磨痕宽度的变化外，五种试样在极化条件下的磨蚀形貌比全浸条件下更为严重。从图 3.40(a)可以看

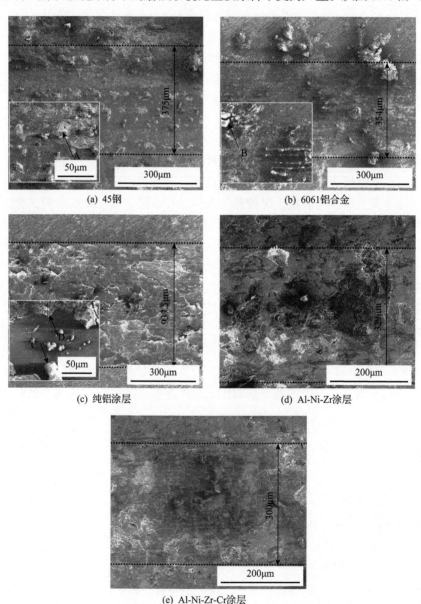

(a) 45钢　　　　　　　　　　　　　(b) 6061铝合金

(c) 纯铝涂层　　　　　　　　　　　(d) Al-Ni-Zr涂层

(e) Al-Ni-Zr-Cr涂层

图 3.40　载荷 15N 时五种试样在极化条件下的磨蚀形貌

出，45 钢局部腐蚀增加，如"鼓包"（图 3.40(a) 中 A 区）数量增多，且磨痕区与未磨区的交界处也形成了"鼓包"。此区所含元素的组成为 $Fe_{24.79}Cl_{2.58}O_{72.63}$，这说明 45 钢发生了吸氧腐蚀与 Fe 的大量溶解，而且疏松多孔的"鼓包"为 45 钢内部腐蚀输送了充足的氧气，增大了"鼓包"体积，同时在摩擦作用下，"鼓包"不停脱落，继而磨痕区又快速形成"鼓包"，如此反复的腐蚀纵向破坏与摩擦横向协同作用加剧了 45 钢的磨蚀程度。

从图 3.40(b) 可以看出，与全浸条件下磨损起主导作用不同，极化条件下的铝合金因成分不均一，在发生层片状剥落之前，铝合金中低腐蚀电位的相成分会优先发生腐蚀，形成疖状腐蚀产物（图 3.40(b) 中 B 区）。此区所含元素的组成为 $Al_{35.07}Mg_{0.4}Na_{1.09}Cl_{1.32}O_{62.12}$，其中 Al 与 O 的原子比为 1:1.77，接近于 1:1.5，可见腐蚀产物主要为 Al_2O_3 和一些氯化物，且摩擦产热促进磨痕边缘发生腐蚀。因此，摩擦加剧了磨痕区和磨痕边缘的腐蚀。

从图 3.40(c) 可以看出，与全浸条件下一样，纯铝涂层表面发生了氧化层剥落。纯铝涂层的磨痕宽度比 45 钢与 6061 铝合金宽。该涂层表面易形成附着力较强的 $Al(OH)_3$ 沉淀，并以 $Al_2O_3 \cdot nH_2O$ 钝化膜形式覆盖在纯铝涂层表面，因此纯铝涂层未出现类似于 45 钢和 6061 铝合金的疖状腐蚀包。但是，涂层孔隙率高、硬度低，导致其磨痕宽度较大。此外，Al 对 Cl^- 较敏感，易遭受侵蚀，由图 3.40(c) 方框中的图可以看出，D 处为待剥落层，而 C 处为剥落后纯铝涂层发生的优先腐蚀点，其所含元素的组成为 $Al_{20.58}Na_{0.21}Cl_{5.19}O_{74.02}$，其中 O、Cl 含量大于全浸条件下。由上述可知，纯铝涂层在极化条件下遭受更加严重的 Cl^- 侵蚀与吸氧腐蚀，尤其在某些缺陷处优先发生腐蚀，在摩擦切向力的作用下，磨损程度更大。

从图 3.40(d) 和 (e) 可以看出，两种铝基非晶纳米晶涂层既没有出现腐蚀"鼓包"，也无较大面积的剥落；相比之下，Al-Ni-Zr-Cr 涂层的腐蚀与剥落程度比 Al-Ni-Zr 涂层低。

图 3.41 为载荷 15N 时 Al-Ni-Zr 涂层和 Al-Ni-Zr-Cr 涂层在极化条件下的磨蚀形貌。从图中可以看出，两种涂层的最后失效形式为磨损引起的剥落，如 C 和 D 区，其区别在于剥落的过程和面积不同。图 3.41(a) 中的 Al-Ni-Zr 涂层在初期受磨损影响较小，主要受到腐蚀的作用，形成了类似 A 区的"龟裂状"腐蚀产物；随摩擦时间增加，结合欠佳的腐蚀龟裂层出现了部分剥落，形成了类似于 B 区的小凹坑，最终形成剥落形貌 C；图 3.41(b) 中的 Al-Ni-Zr-Cr 涂层未出现"龟裂状"腐蚀产物，而是在切向力作用下出现了类似于 D(C) 区的形貌。因此，Al-Ni-Zr-Cr 涂层在极化条件下的抗 Cl^- 侵蚀能力强于 Al-Ni-Zr 涂层。此外，Al-Ni-Zr-Cr 涂层较为平整且致密，Al-Ni-Zr 涂层粗糙且疏松，尤其 Al-Ni-Zr 涂层磨痕区还散落粉粒状层片颗粒，其受到磨损的影响更严重。

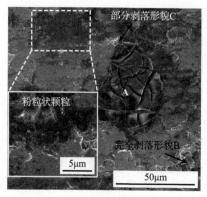

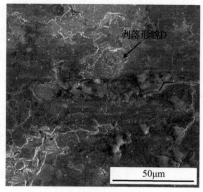

(a) Al-Ni-Zr涂层　　　　　　　　　　(b) Al-Ni-Zr-Cr涂层

图 3.41　载荷 15N 时 Al-Ni-Zr 涂层和 Al-Ni-Zr-Cr 涂层在极化条件下的磨蚀形貌

　　从极化条件下的磨痕宽度可知，NaCl 溶液仍然起到极为重要的润滑作用，使试样的磨痕宽度小于干摩擦条件下。但相比全浸条件下的磨蚀状况，极化条件下试样受腐蚀的影响增大。图 3.42 为载荷 15N 时五种试样极化条件下的极化曲线。为了消除摩擦腐蚀试验和常规电化学腐蚀试验所采用设备不同而引起的差异，以摩擦腐蚀试验中的自腐蚀电流密度 i_A 与常规电化学腐蚀试验中的自腐蚀电流密度 i_B 的比值来评价摩擦对腐蚀的影响，并将该比值命名为相对自腐蚀电流密度比 i_A/i_B。表 3.10 为载荷 15N 时五种试样极化条件下的极化参数。

　　从图 3.42 和表 3.10 可以看出，磨蚀条件下 45 钢在阳极极化时发生了直接溶解，其自腐蚀电流密度最大，达到 30μA/cm²，相对自腐蚀电流密度比也最大，达到 4.762，这说明摩擦与腐蚀共同作用下，摩擦加剧了 45 钢腐蚀的程度，而且该影响在五个试样中表现最明显。单一腐蚀作用下，45 钢的锈层充当阴极会加剧内

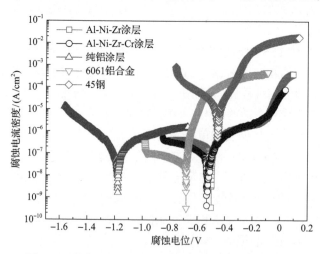

图 3.42　载荷 15N 时五种试样极化条件下的极化曲线

表 3.10　载荷 15N 时五种试样极化条件下的极化参数

材料	摩擦腐蚀试验		常规电化学腐蚀试验	相对自腐蚀电流密度比 i_A/i_B
	自腐蚀电位 E_{corr} /V	自腐蚀电流密度 i_A /(μA/cm^2)	自腐蚀电流密度 i_B /(μA/cm^2)	
Al-Ni-Zr-Cr 涂层	−0.52	0.067	0.305	0.220
Al-Ni-Zr 涂层	−0.50	0.32	0.85	0.376
纯铝涂层	−1.18	0.33	15.46	0.021
6061 铝合金	−0.68	0.057	0.54	0.106
45 钢	−0.45	30	6.3	4.762

层的腐蚀。但是，持续的摩擦使其暴露出新鲜表面，增大了活性 Fe 的溶解量；同时，45 钢腐蚀时未发生钝化，而是仅受到了去极化剂(O_2)向阴极表面扩散的控制，而且摩擦搅动会给 45 钢表面提供充足的氧气，这促进了电化学反应的进行。此外，45 钢的自腐蚀电位最高，为−0.45V，而常规碳钢在海水中的腐蚀电位在−0.66V 附近，这可能是因为 45 钢在摩擦时形成了一层 Fe 的氧化层，在磨蚀过程中采集的自腐蚀电位为较正的氧化层的腐蚀电位，而 Al 相比 Fe 在 NaCl 溶液中的可溶性高，使得其余试样的自腐蚀电位和正常自腐蚀电位相差不大[14]。

　　两种铝基非晶纳米晶涂层、纯铝涂层与 6061 铝合金的自腐蚀电流密度都远小于 45 钢。从极化曲线可以看出，三种涂层在阳极区都存在一个明显的钝化区，且涂层的腐蚀受到阴极氧扩散与阳极钝化的双重控制，这说明在摩擦腐蚀过程中，三者形成钝化膜的能力较强。Al-Ni-Zr 涂层、Al-Ni-Zr-Cr 涂层中的非晶纳米晶复合结构发挥了非晶组织均匀防腐蚀性能好的优势，同时纳米晶作为小尺寸的晶粒，具有活性强、易钝化的特点；而纯铝涂层成分单一，持续暴露的新鲜铝易发生钝化，会降低自腐蚀电流密度；6061 铝合金属于熔炼铝合金，相比前三种喷涂层，其几乎不存在孔隙等缺陷。在铝易受 Cl⁻ 侵蚀的同等条件下，涂层中的孔隙会给 Cl⁻ 传输提供便利的通道，引起涂层内部出现侵蚀，会增加发生腐蚀的接触面积，因此 6061 铝合金的自腐蚀电流密度较小。

　　动态条件下磨蚀过程中的磨损会破坏表层的腐蚀产物或者保护膜，加剧腐蚀程度。从表 3.10 的 i_A/i_B 值可以看出，试样在静态和动态条件下都会发生腐蚀，区别在于从静态过渡至动态条件时增加了摩擦对腐蚀程度的影响，且涂层类试样与其他试样的影响不一样，影响越大，i_A/i_B 值越大。Al-Ni-Zr-Cr 涂层、Al-Ni-Zr 涂层、纯铝涂层、6061 铝合金与 45 钢的 i_A/i_B 值分别为 0.22、0.376、0.021、0.106 与 4.762，因此在摩擦与腐蚀共同作用下，摩擦促进腐蚀作用的排序为：45 钢>Al-Ni-Zr 涂层>Al-Ni-Zr-Cr 涂层>6061 铝合金>纯铝涂层。同时，腐蚀也会引起涂层或基体的表层出现恶化，引起磨损体积增加。对比图 3.39(a)中未加电压全浸条件下与加电压后极化条件下的磨痕宽度可知，Al-Ni-Zr-Cr 涂层、Al-Ni-Zr 涂层、纯铝涂层、6061 铝合金与 45 钢的磨痕宽度提高比例分别为 3%、4%、17.1%、26.9% 与 56.3%。因此，在摩擦与腐蚀共同作用下，腐蚀加剧磨损作用的排序为：45 钢>6061 铝合金>纯铝涂层>Al-Ni-Zr 涂层>Al-Ni-Zr-Cr 涂层。

综上所述，由于铝基非晶纳米晶涂层本身防腐蚀性能较强，在磨蚀工况下主要受摩擦影响而发生失效剥落，因此 Al-Ni-Zr 涂层和 Al-Ni-Zr-Cr 涂层受腐蚀与磨损的交互作用影响较小。结合全浸条件下的开路电位（见图 3.35（d）和（e）），Al-Ni-Zr 涂层具有越磨损越钝化的特点，Al-Ni-Zr-Cr 涂层磨损时开路电位几乎持平。Al-Ni-Zr 涂层可以快速修复破坏的钝化膜层，理应具有较好的抗磨蚀性能，但是从全浸条件下与极化条件下的磨痕形貌和极化条件下的极化曲线可以看出，Al-Ni-Zr-Cr 涂层的磨损比 Al-Ni-Zr 涂层轻微，且自腐蚀电流密度小 1/2。Al-Ni-Zr 涂层与 Al-Ni-Zr-Cr 涂层的非晶含量差异不大，而添加 Cr 元素的 Al-Ni-Zr-Cr 涂层的抗磨蚀性能得到了较大改善，其原因为不锈钢中添加 Cr 元素可以在钢表面形成氧化膜，提高了钢的防腐蚀性能[15,16]；同样，Cr 元素添加至 Fe 基块体非晶中[17,18]，置于含 Cl⁻ 的海洋大气环境或溶液时，无论是非晶态、纳米晶态还是晶体，Cr 元素都容易在合金表面形成铬的氧化物，且在 Co 基[19]与 Cu 基[20]块体非晶中亦是如此。除形成铬的氧化物层外，在 NaCl 溶液中 Cr^{3+} 与溶液中的 H_2O、OH^- 也可结合生成致密的铬氢氧化物水膜钝化层，如 $CrO_x(OH)_{3-2x} \cdot nH_2O$[21,22]，可大幅提升材料的防腐蚀性能。同样，在铝基非晶纳米晶涂层中，Cr 元素也发挥了如此作用。在摩擦腐蚀条件下，Al-Ni-Zr-Cr 涂层与 Al-Ni-Zr 涂层会受到电化学腐蚀的作用，由于 NaCl 溶液中氧的溶解度较低，而 Ni、Zr 元素在极化条件下较难形成稳定的保护膜。涂层中溶解的 Al^{3+} 与 Cr^{3+} 却极易和 O_2 反应生成稳定且致密的保护膜[23]，且这种保护膜提升了 Al-Ni-Zr-Cr 涂层与 Al-Ni-Zr 涂层的防腐蚀性能。为了分析两种保护膜的形成过程，这里给出铝基非晶纳米晶涂层阴、阳极的主要电化学反应方程式。

阳极反应：主要是金属涂层的溶解，如 Al、Cr 等元素的溶解反应，即

$$Al \longrightarrow Al^{3+} + 3e^- \tag{3.3}$$

或

$$Cr \longrightarrow Cr^{3+} + 3e^- \tag{3.4}$$

阴极反应：主要发生吸氧腐蚀，溶液中的 O_2 与 H_2O 参与反应，即

$$O_2 + 2H_2O + 4e^- \longrightarrow 4OH^- \tag{3.5}$$

　　在涂层表面生成的 OH^- 容易与溶解下来的 Al^{3+} 结合形成 $Al(OH)_3$ 沉淀，进而形成 $Al_2O_3 \cdot H_2O$ 覆盖在磨痕区，封住孔隙。同样 Cr^{3+} 也容易形成相应的铬的氧化物，覆盖在磨痕区。此外，持续的摩擦搅动提供了充足的氧气，促进了阴极反应，使得在磨痕表面富集大量的 OH^-。Cr^{3+} 和 OH^-、H_2O 反应生成的保护膜具有良好的防腐蚀性能[21,22]。同时，块体铝基非晶合金置于含 Cl^- 的溶液中，在形成钝化膜时 Cr^{3+} 迁移至表层的速率大于 Al^{3+} 迁移速率。可见，在 Al-Ni-Zr-Cr 涂层的钝化膜外层以富集 Cr 元素为主，并形成致密稳定的类似于 $CrO_x(OH)_{3-2x} \cdot nH_2O$ 的铬氢氧化物水膜钝化层；内层则以富集 Al 元素为主，并形成 $Al_2O_3 \cdot H_2O$ 水膜层，因此铝基非晶纳米晶涂层具有优异的防腐蚀性能[24]。在摩擦腐蚀过程中，NaCl 溶液起到了关键的"润滑"作用，使 Al-Ni-Zr 涂层与 Al-Ni-Zr-Cr 涂层的磨损较小；同时，添加 Cr 元素的 Al-Ni-Zr-Cr 涂层在磨蚀时，其双层钝化膜结构抗磨蚀能力强，受到的破坏程度小，因此在磨蚀过程中其开路电位几乎持平，且极化条件下的自腐蚀电流密度较低；而 Al-Ni-Zr 涂层在磨蚀过程中，其钝化膜破坏的面积大，且由于只有单一的保护膜，会不断暴露出新鲜的表面并且发生钝化，因此表现出"越磨损越钝化"的现象。但是，极化条件下 Al-Ni-Zr 涂层的自腐蚀电流密度高，这也说明了 Al-Ni-Zr-Cr 涂层具有最佳的抗磨蚀性能。

参 考 文 献

[1] Laska N, Braun R. Oxidation and fatigue behaviour of gamma titanium aluminides coated with yttrium or zirconium containing intermetallic Ti-Al-Cr layers and thermal barrier coating. Materials at High Temperatures, 2015, 32(1-2): 221-229.

[2] Verdon C, Karimi A, Martin J L. A study of high velocity oxy-fuel thermally sprayed tungsten carbide based coatings. Part 1: Microstructures. Materials Science and Engineering A, 1998, 246(1): 11-24.

[3] Hong X, Tan Y F, Zhou C H, et al. Microstructure and tribological properties of Zr-based amorphous-nanocrystalline coatings deposited on the surface of titanium alloys by electrospark deposition. Applied Surface Science, 2015, 356: 1244-1251.

[4] 杨晖, 王汉功, 刘学元, 等. 超音速电弧喷涂铝涂层的耐蚀特性. 腐蚀科学与防护技术, 2000, 12(4): 215-217.

[5] 刘存, 赵卫民, 艾华, 等. 电弧喷涂铝涂层的腐蚀电化学行为. 中国腐蚀与防护学报, 2011, 31(1): 62-67.

[6] 乔岩欣, 周洋, 陈书锦, 等. 双轴肩搅拌摩擦焊对 6061-T6 铝合金表面组织及其在 3.5%NaCl 中腐蚀行为的影响. 金属学报, 2016, 52(11): 1395-1402.

[7] 曹楚南. 腐蚀电化学原理. 3 版. 北京: 化学工业出版社, 2008.

[8] Wang X F, Wu X Q, Lin J G, et al. The influence of heat treatment on the corrosion behaviour of as-spun amorphous $Al_{88}Ni_6La_6$ alloy in 0.01M NaCl solution. Materials Letters, 2007, 61(8-9): 1715-1717.

[9] Roy A, Mandhyan A K, Sahoo K L, et al. Electrochemical response of amorphous and devitrified Al-Ni-La-X (X=Ag, Cu) alloys. Materials and Corrosion, 2009, 60(6): 431-437.

[10] Wu X Q, Ma M, Tan C G, et al. Comparative study on thermodynamical and electrochemical behavior of $Al_{88}Ni_6La_6$ and $Al_{86}Ni_6La_6Cu_2$ amorphous alloys. Journal of Rare Earths, 2007, 25(3): 381-384.

[11] Gupta R K, Das H, Pal T K. Influence of processing parameters on induced energy, mechanical and corrosion properties of FSW butt joint of 7475 AA. Journal of Materials Engineering and Performance, 2012, 21(8): 1645-1654.

[12] 黄领才, 谷岸, 刘慧丛, 等. 海洋环境下服役飞机铝合金零件腐蚀失效分析. 北京航空航天大学学报, 2008, 34(10): 1217-1221.

[13] 董超芳, 生海, 安英辉, 等. Cl⁻作用下 2A12 铝合金在大气环境中腐蚀初期的微区电化学行为. 北京科技大学学报, 2009, 31(7): 878-883.

[14] 黄桂桥. 金属在海水中的腐蚀电位研究. 腐蚀与防护, 2000, 21(1): 8-11.

[15] 董允, 林晓娉, 姜晓霞. 铬、钼对不锈钢腐蚀与腐蚀磨损性能的影响. 机械工程材料, 1997, 21(6): 29-31.

[16] 赵江涛, 任常飞, 张柳丽, 等. 元素 Cr、Ni 对不锈钢耐蚀性能影响. 现代机械, 2013, (5): 88-91.

[17] Pardo A, Otero E, Merino M C, et al. The influence of Cr addition on the corrosion resistance of $Fe_{73.5}Si_{13.5}B_9Nb_3Cu_1$ metallic glass in marine environments. Corrosion Science, 2002, 44(6): 1193-1211.

[18] Li G, Huang L, Dong Y G, et al. Corrosion behavior of bulk metallic glasses in different aqueous solutions. Science China Physics, Mechanics and Astronomy, 2010, 53(3): 435-439.

[19] Pardo A, Otero E, Merino M C, et al. Influence of chromium additions on corrosion resistance of $Co_{73.5}Si_{13.5}B_9Nb_3Cu_1$ metallic glass in marine environment. British Corrosion Journal, 2002, 37(1): 69-75.

[20] 刘兵, 柳林, 孙民, 等. 微量 Cr 对 Cu 基块体非晶合金的形成能力及耐蚀性能的影响. 金属学报, 2005, 41(7): 738-742.

[21] Hashimoto K. In pursuit of new corrosion-resistant alloys. Corrosion, 2002, 58(9): 715-722.

[22] Pang S J, Zhang T, Asami K, et al. Bulk glassy Fe-Cr-Mo-C-B alloys with high corrosion resistance. Corrosion Science, 2002, 44(8): 1847-1856.

[23] Luborsky F E. Amorphous Metallic Alloys. London: Butterworths, 1983.

[24] Akiyama E, Habazaki H, Kawashima A, et al. Corrosion-resistant amorphous aluminum alloys and structure of passive films. Materials Science and Engineering A, 1997, 226: 920-924.

第4章 Al-Fe-Si非晶纳米晶涂层

4.1 材料设计及制备

在 Al-Fe-Si 合金体系中，Fe 原子容易和 Al 原子发生原子间的电子轨道杂化，形成稳定的结构，且大原子半径的 Al 能够约束近邻原子 Fe 和 Si 形成骨架状的结构，阻碍原子团的有序迁移，增强非晶相形成的倾向性。图 4.1 为 Al-Si 二元合金相图。图 4.2 为 Al-Fe 二元合金相图。纯 Al 的熔点为 660.45℃，纯 Fe 的熔点为 1538℃，纯 Si 的熔点为 1414℃，而 Al-Fe 共晶的最低熔点为 655℃，Al-Si 共晶的最低熔点为 577℃，均低于纯 Al、纯 Fe 和纯 Si 的熔点，这样会极大地降低合金液相形成温度，使熔池在较低温度下就可以形成，加快原子合金化和均匀化的过程。Si 作为小尺寸原子固溶于 Fe 和 Al 中，Fe 原子和 Al 原子容易发生晶格畸变，且当这种畸变增大到一定程度时，就会失稳形成非晶相。同时，Si 原子增加了异质形核的概率，进而促进形成非晶相。图 4.3 为 Al-Fe-Si 三元合金相图，图中 A 所指部分为 Al-Fe-Si 合金的准晶体，B 所指部分为 α 型多晶体，C 所指部分为 Al-Fe-Si 非晶合金。选定的合金成分设计主要处于 A 与 C 相交的部分。

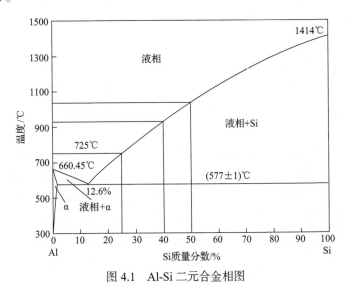

图 4.1 Al-Si 二元合金相图

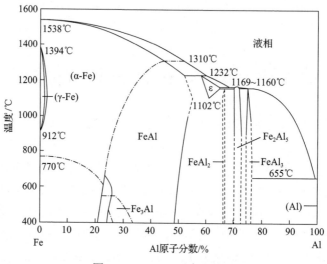

图 4.2　Al-Fe 二元合金相图

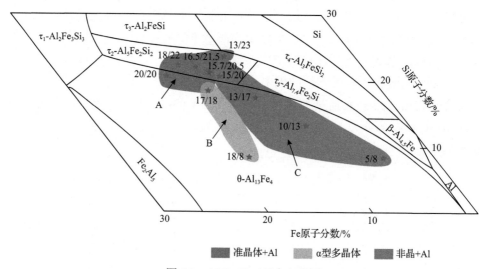

准晶体+Al　　α型多晶体　　非晶+Al

图 4.3　Al-Fe-Si 三元合金相图

　　根据药芯焊丝的材料体系选择合适的带材，其强度、硬度、延伸率以及表面状态等性能都会影响最终成品丝材的质量。硬度过低会使制造的丝材易弯曲，影响喷涂送丝；强度较低或延伸率不足则会影响丝材的加工性能，导致加工过程中断带、断丝等现象发生。综合考虑后，确定药芯焊丝的外皮采用半硬态 1100 型号纯铝带。表 4.1 和表 4.2 分别为试验用铝带的化学成分和力学性能。为增加丝材的导电性，粉芯由传统合金粉末组成，如铁粉和硅铁粉等。图 4.4 为粉芯合金粉末的微观形貌和 XRD 图谱。合金粉末颗粒尺寸为 80～100 目，丝材的填充率为

40%～43%，丝材主要由 FeSi、FeSi$_2$、Fe 和 Al 相组成。药芯焊丝制作工艺过程如图 4.5 所示，具体为：①将铝带经特殊轧辊轧制成 U 形；②将混合合金粉末由皮带式送粉器以特定速度送入 U 形铝带中；③将已填充混合合金粉末的 U 形铝带经轧辊压制成圆形并封口；④将封口的铝带材经多道拔丝拉拔减径，最终形成直径为 2mm 的药芯焊丝。图 4.6 为制备的铝基药芯焊丝。图 4.7 为药芯焊丝截面微观形貌。

表 4.1　试验用铝带的化学成分

材料	Al/%	Si/%	Cu/%	Zn/%	Mn/%	V/%	Fe/%
1100 铝带	> 99.00	≤ 0.45	0.05～0.20	≤ 0.01	≤ 0.035	≤ 0.005	≤ 0.35

表 4.2　试验用铝带的力学性能

材料	抗拉强度/MPa	屈服强度/MPa	延伸率/%	布氏硬度/HB
1100 铝带	110～136	> 95	3～5	23～44

(a) 微观形貌

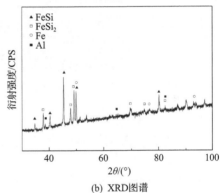

(b) XRD图谱

图 4.4　粉芯合金粉末的微观形貌和 XRD 图谱

图 4.5　药芯焊丝制作工艺过程

图 4.6　制备的铝基药芯焊丝

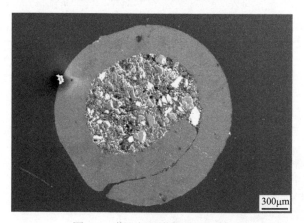

图 4.7　药芯焊丝截面微观形貌

4.2　Al-Fe-Si 非晶纳米晶涂层的组织结构与性能

4.2.1　组织形貌

图 4.8 为 Al-Fe-Si 涂层截面微观形貌。从图 4.8(a)可以看出，涂层组织均匀，结构致密，呈典型的层状结构，其平均厚度约为 500μm，同时涂层与基体之间的结合处没有出现明显的裂纹。从图 4.8(b)可以看出：①喷涂粒子在撞击基体沉积后会产生良好的扁平化行为，单个扁平化粒子与粒子之间的结合十分致密，同时 Al-Fe-Si 材料中的 Si 元素作为强还原剂会在喷涂的过程中优先发生氧化，减小了涂层中 Al 元素与 Fe 元素发生氧化的概率，因此非晶涂层具有较高的浓度和致密度[1]。②涂层中主要由颜色不同的 A、B、C 三区组成，这三个区域所含元素的原子分数如表 4.3 所示。涂层出现的少量 A 区主要是原材料组元中 Si、Fe 元素的偏析区域，B 区和 C 区主要为涂层合金组成区域。另外，涂层中存在少量的黑色区域，经分析其为孔隙，且孔隙率约为 1.2%。

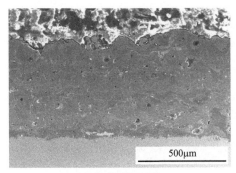

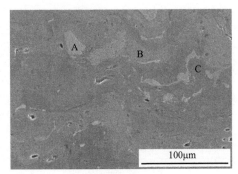

(a) 涂层的截面形貌　　　　　　　　　　　　(b) 涂层微观区域放大图

图 4.8　Al-Fe-Si 涂层截面微观形貌

表 4.3　Al-Fe-Si 涂层中各区域所含元素的原子分数

区域	Al/%	Fe/%	Si/%
A	26.72	41.44	31.84
B	76.01	10.48	13.51
C	91.21	5.77	3.02

图 4.9 为 Al-Fe-Si 涂层的截面成分面扫描分布图。从图中可以看出，Al 元素

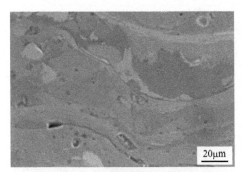

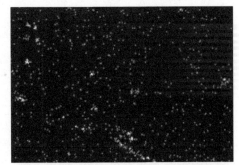

(a) 涂层　　　　　　　　　　　　　　　　(b) C元素

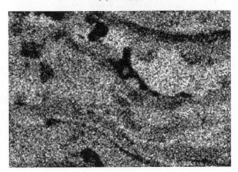

(c) O元素　　　　　　　　　　　　　　　(d) Al元素

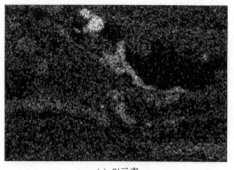
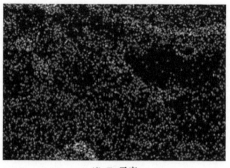

(e) Si元素　　　　　　　　　　　　　　　　(f) Fe元素

图 4.9　Al-Fe-Si 涂层的截面成分面扫描分布图

均匀分布于整个涂层中，Si 和 Fe 元素固溶于 Al 元素之中，另外涂层中 O 元素含量较低。

　　图 4.10 为喷涂态 Al-Fe-Si 涂层表面粒子的形貌。从图 4.10(a)可以看出，连续的粒子沉积后涂层的微观表面呈现出类似于"山峰"和"山谷"的形貌，少量的孔隙散布于粒子搭接的边缘处。从图 4.10(b)可以看出，粒子与粒子之间结合良好，单个粒子在撞击沉积层后，呈现出圆饼形状，且飞溅较少，这说明粒子之间有良好的润湿性。涂层的平均结合强度为 36.4MPa。

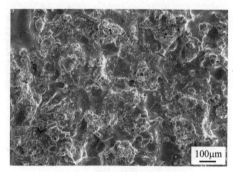
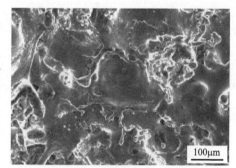

(a) 喷涂态涂层表面粒子形貌　　　　　　　(b) 图(a)中涂层表面粒子形貌的放大图

图 4.10　喷涂态 Al-Fe-Si 涂层表面粒子的形貌

4.2.2　相结构

　　图 4.11 为 Al-Fe-Si 涂层的 XRD 图谱。从图中可以看出，在角度 $2\theta = 40°\sim50°$ 存在一个较宽的漫散射峰，这是典型的非晶峰特征，说明涂层中存在非晶相，非晶相体积分数根据式(4.1)进行计算。

$$V_{\text{Amor}} = \frac{A_{\text{Amor}}}{A_{\text{Amor}} + A_{\text{Cryst}}} \tag{4.1}$$

式中，A_{Amor} 和 A_{Cryst} 分别为非晶相漫散射峰和晶化峰的区域面积；V_{Amor} 为非晶相体积分数。

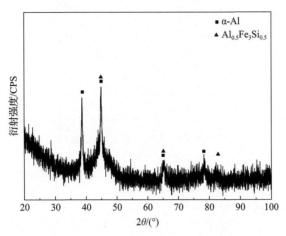

图 4.11　Al-Fe-Si 涂层的 XRD 图谱

经计算，Al-Fe-Si 涂层中非晶相体积分数为 74.9%。从图 4.11 还可以看出，存在部分尖锐的晶化峰，经分析，这些晶化峰主要为 α-Al 相和 $Al_{0.5}Fe_3Si_{0.5}$ 相，即涂层在沉积过程中产生了晶化。但整个 X 射线衍射峰中均未出现氧化物峰，说明涂层中不含 O 元素或者 O 元素含量较低而未被探测出，这也证实了非晶纳米晶涂层在喷涂成形过程中具有良好的抗氧化性能。一般来说，涂层中氧化物含量越高，涂层形成的非晶相就越少，该涂层中氧化程度低也进一步证实了涂层中具有较高的非晶相含量。

4.2.3　微观结构

图 4.12 为 Al-Fe-Si 涂层在透射电镜下的微观组织形貌。从图 4.12(a) 可以看

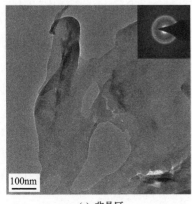

(a) 非晶区

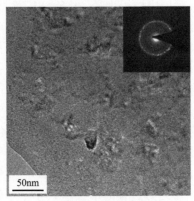

(b) 非晶相与纳米晶相共存区

(c) 纳米晶区域高分辨率形貌

图 4.12　Al-Fe-Si 涂层在透射电镜下的微观组织形貌

出 Al-Fe-Si 涂层的透射电镜明场像形貌及其选区电子衍射花样，选区电子衍射花样由中心较宽的光晕以及漫散射环组成，这种漫散射环是非晶态合金的典型特征，因此可以判定涂层中存在非晶相。从图 4.12(b) 可以看出涂层中纳米晶区域的微观形貌，电子衍射花样图中漫散射环表明涂层中存在非晶相，同时在漫散射环中还存在一些亮点，这表明涂层中存在少量的晶化相。这与图 4.11 的分析结果一致。涂层中纳米晶的尺寸范围为 15～33nm，图 4.12(c) 中 A 区的纳米晶所含元素的组成为 $Al_{93.82}Si_{3.32}Fe_{2.86}$。总的来说，该涂层大部分为无序的非晶结构，夹杂着少部分的晶化相。

　　铝基非晶的形成可以从喷涂工艺、材料结构、热力学和动力学方面来解释。一方面，电弧喷涂过程中单个粒子的冷却速度高达 $10^5 K/s$[2]，当冷却速度足够大时，温度 T 会迅速地穿过 ΔT_g 而冷却到 T_g 以下，这样熔化态的合金来不及形核就固化了，因此形成不了长程有序的结构，即形成了非晶合金。

　　另一方面，原子半径和混合焓在非晶的形成过程中也起到了重要的作用。Al-Fe-Si 涂层中原子半径 Al>Fe>Si，涂层中 Al 元素的原子分数超过 70%，大原子半径的 Al 能够约束近邻原子 Fe 和 Si 形成骨架状的结构,阻碍原子团的有序迁移，有利于非晶相的形成。Si 作为小尺寸原子固溶于 Fe 和 Al 中，容易造成 Fe 原子和 Al 原子的晶格畸变，当这种畸变增大到一定程度时，就会失稳形成非晶相。Al-Si、Fe-Si、Al-Fe 的混合焓分别为–19kJ/mol、–18kJ/mol、–11kJ/mol，这种绝对值较大的负混合焓促进了合金各组元间的相互反应，原子结合得更加紧密，原子间距变短，促进了原子之间排列的混乱性，增加了混合熵变，且在负混合焓和负混合熵变增加的情况下，减小了吉布斯自由能变化值，促使非晶的形成。从动力学角度考虑，非晶合金的形成是抑制原子扩散和重排、避免原子形核和长大的结果。过冷液态合金结晶过程的形核率 I 与长大速度 U 的表达式为[3]

$$I = \cfrac{10^{30}}{\eta \exp\left[\cfrac{-b\alpha^3\beta}{T_{rg}(1 - T_{rg})}\right]} \tag{4.2}$$

$$U = \cfrac{10^2 f}{\eta\left[1 - \exp\left(\cfrac{-\beta\Delta T_{rg}}{T_{rg}}\right)\right]} \tag{4.3}$$

式中，b 为形状因子；f 为界面上核心位置数；T_{rg} 为约化玻璃化转变温度；η 为黏度系数；α 和 β 分别为约化表面张力和约化熔化焓。

由此可知，η、α 和 β 为影响过冷液态合金形核和长大的重要参数。高速电弧喷涂具有极高的冷却速度，熔化粒子在快速凝固时会抑制晶体的形核与长大，而且各组元之间的相互作用增加了过冷熔体的混乱度和黏度，导致原子的长程扩散能力降低，抑制晶化行为的发生[3]。

涂层并不完全是非晶结构，存在着少量的纳米晶。一方面，由于非晶态在热力学上是一种亚稳态，亚稳态的非晶合金在一定条件下可能有降低能量转变为晶体的趋势。同时电弧喷涂的过程中，弧区温度很高，远远高于铝基非晶向纳米晶转变的温度，在快速凝固的过程中，有些细小的晶粒来不及长大就存在于涂层中，从而形成了纳米晶。另一方面，电弧喷涂技术以压缩空气作为喷涂动力，这使得制备涂层时熔化的液态粒子在飞行以及扁平化过程中不可避免地受到氧的污染，会在细小液滴的表面发生选择性的氧化，同时电弧喷涂雾化的熔滴温度高达2000℃，这种温度的升高会使原子扩散加速，导致氧化加剧以及晶化，从而形成部分纳米晶颗粒[4]。另外，电弧喷涂是动态冶金的过程，单个喷涂粒子雾化形成更为细小的液滴后，其组成会有部分偏析。从图 4.9 可以看出，涂层中不同区域所含的元素组成存在差异。当单个粒子中的各个组元的化学组成在动态冶金过程中没有达到预先设计的表观浓度时，会造成小区域内组织的晶化行为，这也是涂层中存在少量纳米晶的原因之一。

4.2.4　热稳定性

图 4.13 为 Al-Fe-Si 涂层的 DSC 曲线。从图中可以看出，Al-Fe-Si 涂层的晶化温度 T_x 为 359℃，即在这个温度时涂层开始晶化。从图中并未观察到明显的玻璃化转变温度 T_g，这主要是因为铝基非晶涂层的过冷液相区较小，T_x 与 T_g 相差较小，不易测定 T_g。

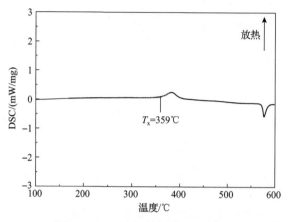

图 4.13　Al-Fe-Si 涂层的 DSC 曲线

对 Al-Fe-Si 涂层进行退火处理，选取退火温度在晶化温度 T_x 以上，即分别为 360℃、380℃、400℃，并在退火温度下保温 1h 后随炉冷却。图 4.14 为 Al-Fe-Si 涂层在退火处理后的 XRD 图谱。从图中可以看出，涂层在退火处理后已经完全晶化，这些晶化相主要为 α-Al 相，并夹杂着 $Al_9Fe_2Si_2$、$Al_{0.5}Fe_3Si_{0.5}$ 和 Al_9FeSi_3 相。在涂层经过退火处理后，这些晶化相的峰强在逐渐增大，涂层的晶化行为随着 α-Al 相和 Al-Fe-Si 中金属间化合物相的长大不断增强。

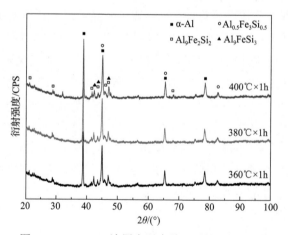

图 4.14　Al-Fe-Si 涂层在退火处理后的 XRD 图谱

4.2.5　力学性能

图 4.15 为 Al-Fe-Si 涂层截面的显微硬度分布。从图中可以看出，Al-Fe-Si 涂层的显微硬度在 320～450$HV_{0.1}$ 变化，平均显微硬度达到 375$HV_{0.1}$，而 Q235 钢板的平均显微硬度只有 200$HV_{0.1}$。这是因为 Al-Fe-Si 涂层中存在大量的非晶相，且

非晶相本身就具有较高的硬度；同时该涂层中均匀分布着 α-Al 相和 $Al_{0.5}Fe_3Si_{0.5}$ 相等纳米晶相，且这些纳米晶相起到了弥散强化的作用。另外，Al-Fe-Si 涂层具有较低的孔隙率和较高的致密度，这些因素的共同作用也是涂层具有高硬度的原因之一。

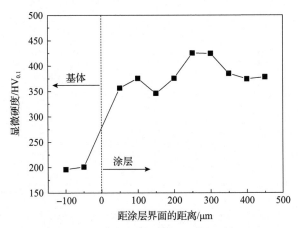

图 4.15　Al-Fe-Si 涂层截面的显微硬度分布

　　图 4.16 为 Al-Fe-Si 涂层和 6061 铝合金的载荷-位移曲线。在加载过程中，Al-Fe-Si 涂层和 6061 铝合金均发生了弹性变形和塑性变形，且在卸载过程中发生了弹性恢复。从图 4.16 可以看出，Al-Fe-Si 涂层的加载曲线和卸载曲线围成的面积要比 6061 铝合金小，这说明在加载过程中，非晶涂层的塑性变形较小。表 4.4 为 Al-Fe-Si 涂层和 6061 铝合金的力学性能。弹性极限应变 (ε_y) 为材料的纳米硬度 (H) 和弹性模量 (E) 的比值，Oberle[5]将其解释为材料所能容忍的弹性极限。一般来说，H/E 越大，耐磨性越好。高的 H/E 值能够降低磨损表面的微凸体接触数量，从而使接触点产生较低的摩擦。在内应力诱导变形中，高 H/E 值的材料会产生弹性恢复；但是在相同应力条件下，低 H/E 值的材料超过其屈服点后会产生塑性变形。因此，具有较高 H/E 值的材料拥有更好的耐磨性。储能模量 η 为加载-卸载曲线中弹性变形能与总变形能的比值，是用来表征材料弹性性能的一项指标[6]。从图 4.16 可以看出，加载过程中总变形能是由加载曲线 L_1 和最大位移 h_{max} 构成的面积大小，即 $E_{total}=S_1+S_2$；卸载过程中弹性应变能为卸载曲线 L_2 和最大位移 h_{max} 构成的面积大小，即 $E_{elastic}=S_2$。E_{total}、$E_{elastic}$ 以及储能模量 η 计算公式为

$$E_{total} = S_1 + S_2 = \int_0^{h_{max}} L_1 dh \tag{4.4}$$

$$E_{elastic} = S_2 = \int_{h_f}^{h_{max}} L_2 dh \tag{4.5}$$

$$\eta = \frac{E_{\text{elastic}}}{E_{\text{total}}} \tag{4.6}$$

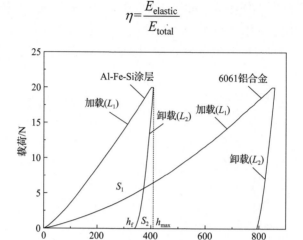

图 4.16　Al-Fe-Si 涂层和 6061 铝合金的载荷-位移曲线

表 4.4　Al-Fe-Si 涂层和 6061 铝合金的力学性能

材料	H/GPa	E/GPa	H/E	$H^2/(2E)$	E_{total}/nJ	E_{elastic}/nJ	η/%
Al-Fe-Si 涂层	4.25	235	0.018	0.038	0.36	0.045	12.5
6061 铝合金	1.18	99	0.012	0.007	0.69	0.055	8

　　材料磨损过程中，其磨损表面首先发生塑性变形。储能模量较高的材料具有强的抵抗塑性变形的能力。Al-Fe-Si 涂层相比 6061 铝合金具有更高的储能模量，因此其耐磨性能更好。从表 4.4 可以看出，涂层的微观硬度 H、弹性模量 E、H/E、$H^2/(2E)$ 以及储能模量 η 均比 6061 铝合金高，这说明了 Al-Fe-Si 涂层具有良好的力学性能和耐磨性能。

　　涂层发生断裂剥落失效涉及的因素很多，其中大部分均与涂层表面的裂纹扩展有关。断裂韧性可以定量表征涂层抑制裂纹扩展的能力，这里采用压痕法测量涂层的弹性模量和断裂韧性。图 4.17 为 Vickers 压痕的弹性恢复示意图。满载荷时 Vickers 压头接触面积对角线比值 $a/b=1$，卸载时由于弹性恢复，压痕对角线长度变小。弹性恢复后，Vickers 压痕对角线比值 b_1/a_1 ($a_1>b_1$) 与载荷无关，但是和纳米硬度 H 与弹性模量 E 的比值存在一定关系[7]，即

$$\frac{b_1}{a_1} = \frac{b}{a} - \alpha \frac{H}{E} \tag{4.7}$$

式中，a_1 和 b_1 分别为弹性恢复后 Vickers 压痕长、短对角线尺寸；α 为常数，取 0.45。

涂层的断裂韧性 K_{IC} 采用压痕法进行测量。用 Vickers 压头在涂层表面压制压痕并使其开裂，根据压痕断裂力学理论，在这一开裂过程中，K_{IC} 计算公式为[8]

$$K_{IC} = \delta \left(\frac{E}{H} \right)^{1/2} \frac{P}{c^{3/2}} \tag{4.8}$$

式中，c 为压痕裂纹半长，如图 4.18 所示；P 为施加载荷；δ 为无量纲常数，对于标准 Vickers 压头，$\delta = 0.016$。

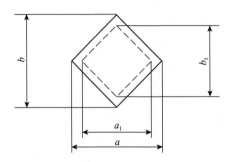

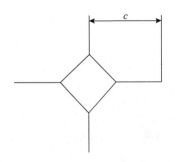

图 4.17　Vickers 压痕的弹性恢复示意图　　　图 4.18　采用 Vickers 压痕法测量
断裂韧性的示意图

Al-Fe-Si 涂层表面经过 240 目、600 目、1200 目、2000 目砂纸打磨后，采用金刚石抛光膏对涂层表面进行抛光，直至涂层表面呈现镜面光滑，在 HXD-1000TC 型数字显微硬度试验机上进行试验。采用标准 Vickers 金刚石压头，加压载荷分别为 1.96N、2.94N、4.9N、9.8N，每种载荷保持时间为 20s。每种载荷条件下压制 10 个压痕以获取可靠的统计值，根据式(4.7)确定弹性模量 E；接着测量裂纹半长 c，根据式(4.8)计算涂层的断裂韧性 K_{IC}。

图 4.19 为 Al-Fe-Si 涂层的显微硬度、弹性模量、断裂韧性与施加载荷的关系。从图中可以看出，Al-Fe-Si 涂层的显微硬度、弹性模量、断裂韧性均表现出随载

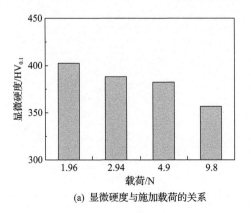

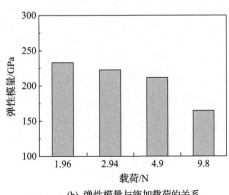

(a) 显微硬度与施加载荷的关系　　　　　　　(b) 弹性模量与施加载荷的关系

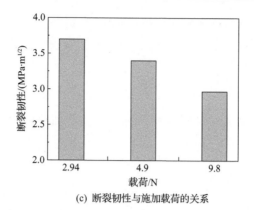

(c) 断裂韧性与施加载荷的关系

图 4.19 Al-Fe-Si 涂层的显微硬度、弹性模量、断裂韧性与施加载荷的关系

荷增大而降低的趋势。

图 4.20 为不同载荷下 Al-Fe-Si 涂层的压痕及裂纹。从图 4.20(b) 可以看出，当外加载荷为 2.94N 时，涂层压痕的对角线处出现了微裂纹，此时涂层的断裂韧性为 $3.7MPa\cdot m^{1/2}$。

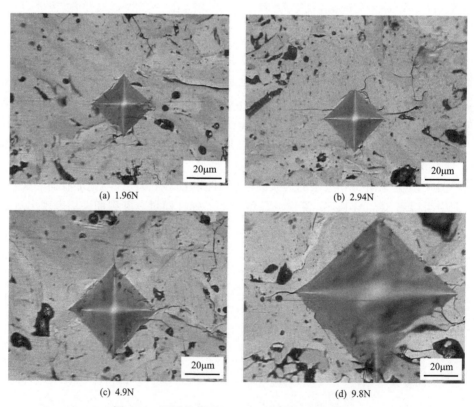

图 4.20 不同载荷下 Al-Fe-Si 涂层的压痕及裂纹

4.3　Al-Fe-Si 非晶纳米晶涂层电化学腐蚀行为

4.3.1　不同涂层电化学腐蚀行为

1. 不同涂层的开路电位

图 4.21 为纯铝涂层和 Al-Fe-Si 涂层开路电位-时间曲线。从图中可以看出，浸泡 1d 和 10d 后 Al-Fe-Si 涂层的开路电位要明显正于纯铝涂层，这说明 Al-Fe-Si 涂层不容易腐蚀；同时 Al-Fe-Si 涂层的开路电位比较稳定，波动较小。一般来说，开路电位越正，其热力学腐蚀的倾向越小，防腐蚀性能越好。但是，不能仅从开路电位的大小来判断涂层的防腐蚀性能，还需要通过其他的电化学腐蚀试验加以综合评定[9]。

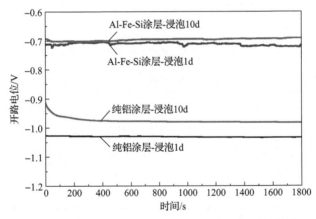

图 4.21　纯铝涂层和 Al-Fe-Si 涂层开路电位-时间曲线

2. 不同涂层的极化曲线

图 4.22 为纯铝涂层和 Al-Fe-Si 涂层的极化曲线。表 4.5 为纯铝涂层和 Al-Fe-Si 涂层的极化参数。可以看出，在 1d 和 10d 的浸泡时间下，Al-Fe-Si 涂层的自腐蚀电位正于纯铝涂层，其自腐蚀电流密度低于纯铝涂层。一般来说，自腐蚀电位越正，自腐蚀电流密度越小，涂层的防腐蚀性能越好。

极化电阻可以反映出涂层的防腐蚀性能[10]，从表 4.5 可以看出，Al-Fe-Si 涂层的极化电阻比纯铝涂层要高，说明其防腐蚀性能优于纯铝涂层[11]。

3. 不同涂层的电化学交流阻抗谱

图 4.23 为纯铝涂层和 Al-Fe-Si 涂层浸泡 1d 和 10d 的电化学交流阻抗谱图。

从图 4.23(a) 可以看出，Al-Fe-Si 涂层在低频区的阻抗模值要明显高于纯铝涂层，在高频区相差不大。从图 4.23(b) 可以看出，Al-Fe-Si 涂层和纯铝涂层都存在两个时间常数，这说明其表面存在两个电极反应。这是由于两种涂层表面都存在铝元

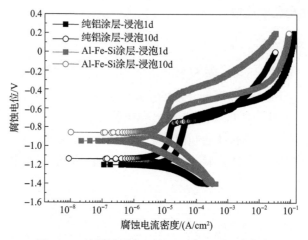

图 4.22　纯铝涂层和 Al-Fe-Si 涂层的极化曲线

表 4.5　纯铝涂层和 Al-Fe-Si 涂层的极化参数

材料	浸泡时间/d	E_{corr}/V	E_{pit}/V	i_{corr}/(μA/cm²)	R_P/(Ω·cm²)
纯铝涂层	1	−1.136	−0.716	12.4	6953.9
	10	−1.2	−0.765	3.224	12543.6
Al-Fe-Si 涂层	1	−0.95	−0.494	0.92	42300
	10	−0.858	−0.598	2.9	17950

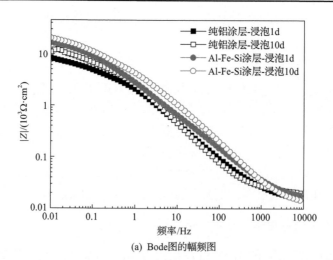

(a) Bode图的幅频图

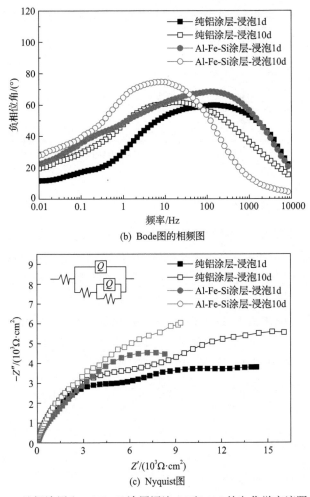

(b) Bode图的相频图

(c) Nyquist图

图 4.23 纯铝涂层和 Al-Fe-Si 涂层浸泡 1d 和 10d 的电化学交流阻抗谱图

素，且铝元素在盐溶液中极易形成钝化膜。当 Cl⁻ 腐蚀金属基体时首先要与钝化膜反应，然后再与基体反应，但是 Al-Fe-Si 涂层的相位角整体上要高于纯铝涂层。从图 4.23（c）可以看出，两种涂层的容抗弧均呈典型的单圆弧状，但是 Al-Fe-Si涂层的容抗弧半径要大于纯铝涂层。

选用 $R(Q(R(QR)))$ 等效电路模型对电化学交流阻抗谱进行拟合，表 4.6 为纯铝涂层和 Al-Fe-Si 涂层的电化学交流阻抗谱拟合结果。其中，电荷转移电阻 R_t 代表基体表面与电解液接触表面化学物质由原子态转变为离子态的电阻值，即电荷转移电阻越大，表明材料在此溶液中的防腐蚀性能越好。从表中可以看出，Al-Fe-Si涂层在浸泡 1d 和 10d 时的孔隙电阻和电荷转移电阻均大于纯铝涂层，这进一步证实 Al-Fe-Si 涂层具有优异的防腐蚀性能。

表 4.6   纯铝涂层和 Al-Fe-Si 涂层的电化学交流阻抗谱拟合结果

材料	浸泡时间 /d	R_s /($\Omega \cdot cm^2$)	Q_c /(F/cm^2)	n_c	R_c /($\Omega \cdot cm^2$)	Q_{dl} /(F/cm^2)	n_{dl}	R_t /($\Omega \cdot cm^2$)
纯铝涂层	1	6.645	4.468×10^{-5}	0.8222	857.2	4.259×10^{-4}	0.5545	7389
	10	8.037	7.638×10^{-5}	0.8221	890.3	6.748×10^{-4}	0.6879	8267
Al-Fe-Si 涂层	1	7.448	2.274×10^{-4}	0.8670	949.9	4.607×10^{-4}	0.5462	12000
	10	11.22	2.320×10^{-4}	0.8000	2836	7.271×10^{-4}	0.6598	18950

注：R_s 为溶液电阻；Q_c 为涂层电容；R_c 为涂层孔隙电阻；Q_{dl} 为双电层电容；R_t 为电荷转移电阻；n_c 和 n_{dl} 为参数。

4. 不同涂层的腐蚀行为分析

由 Al-Fe-Si 涂层和纯铝涂层的电化学分析结果可以看出，Al-Fe-Si 涂层的防腐蚀性能更加优异。Al-Fe-Si 涂层在盐溶液中的腐蚀主要来源于溶液中大量的 Cl⁻，电弧喷涂形成的涂层不可避免地存在一些缺陷，如孔隙、微裂纹等[12]。图 4.24 为 Al-Fe-Si 涂层的腐蚀机制。腐蚀溶液在腐蚀涂层的过程中，往往会最先腐蚀缺陷区域，溶液中的腐蚀性物质(O_2、H_2O、Cl^-等)会通过孔隙、微裂纹等缺陷处腐蚀涂层中的 Al 和 Fe 元素，使其变成 Al^{n+}、Fe^{m+}，产生阳极反应。同时，腐蚀介质中的 O_2 与 H_2O 会得到电子，发生阴极反应生成 OH^-。

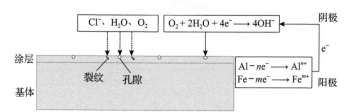

图 4.24   Al-Fe-Si 涂层的腐蚀机制

Al-Fe-Si 涂层在 NaCl 溶液中的电化学反应机制[13]为

(1)阳极反应：

$$Al - 3e^- \longrightarrow Al^{3+}$$

$$Fe - 2e^- \longrightarrow Fe^{2+}$$

$$4Fe^{2+} + 8OH^- + 2H_2O + O_2 \longrightarrow 4Fe^{3+} + 12OH^-$$

(2)阴极反应：

$$O_2 + 2H_2O + 4e^- \longrightarrow 4OH^-$$

当形成的钝化膜被破坏时，主要发生如下反应：

$$a\,\mathrm{Al^{3+}} + b\,\mathrm{Cl^-} \longrightarrow \mathrm{Al}_a\,\mathrm{Cl}_b$$

$$a\,\mathrm{Al^{3+}} + b\,\mathrm{OH^-} \longrightarrow \mathrm{Al}_a\,(\mathrm{OH})_b$$

$$a\,\mathrm{Al^{3+}} + b\,\mathrm{O_2} + c\,\mathrm{OH^-} \longrightarrow \mathrm{Al}_a\,\mathrm{O}_{2b}(\mathrm{OH})_c$$

从表 4.5 可以看出，相同浸泡时间下，Al-Fe-Si 涂层的点蚀电位 E_{pit} 比纯铝涂层的正，这说明 Al-Fe-Si 涂层形成的钝化膜较稳定，对 Cl⁻ 穿透能力的抵御作用较强。

图 4.25 为 Al-Fe-Si 涂层在质量分数为 3.5% 的 NaCl 溶液中浸泡 1d 和 10d 后的表面形貌。从图中可以看出，Al-Fe-Si 涂层在浸泡 1d 时表面没有发生明显的变化，但是浸泡 10d 时表面有白色状的颗粒物生成，其主要为涂层在 NaCl 溶液中生成的腐蚀产物。从图 4.25(b) 可以看出，在浸泡 10d 时，涂层结构整体上没有发生太大变化，无特别明显的裂纹和被 Cl⁻ 侵蚀所产生的孔洞，这说明涂层在短时间浸泡时的防腐蚀性能优异。

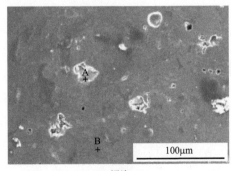 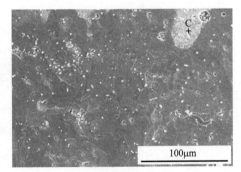

(a) 浸泡1d　　　　　　　　　　　　　　(b) 浸泡10d

图 4.25　Al-Fe-Si 涂层在质量分数为 3.5% 的 NaCl 溶液中浸泡 1d 和 10d 后的表面形貌

表 4.7 为图 4.25 中 Al-Fe-Si 涂层各区域的能谱分析结果。从表中可以看出，在浸泡 10d 时涂层表面所含 O 元素的原子分数比浸泡 1d 时的大，同时在涂层表面没有明显地检测到 Cl 元素和 Na 元素的存在，这说明 Al-Fe-Si 涂层在 NaCl 溶液中浸泡 1d 和 10d 后表面的腐蚀产物主要以氧化物的形式存在。

表 4.7　图 4.25 中 Al-Fe-Si 涂层各区域的能谱分析结果

区域	Al/%	Fe/%	Si/%	O/%
A	63.63	12.20	14.97	9.20
B	68.19	8.30	11.31	12.2
C	47.33	11.71	15.89	45.07

　　图 4.26 为 Al-Fe-Si 涂层浸泡前和浸泡 10d 后的 XRD 图谱。从图中可以看出，Al-Fe-Si 涂层在溶液中浸泡 10d 后，其相结构并没有发生太大的改变，主峰还是以 Al 峰为主，相比浸泡前主要多了一些 Al(OH)$_3$ 和 Al$_2$O$_3$ 峰，这些峰主要是被溶液腐蚀产生的腐蚀产物。由于 Al-Fe-Si 涂层中存在部分纳米晶相，且其活性较高，在 NaCl 溶液中的腐蚀过程是以点蚀为主的局部腐蚀，即腐蚀界面先发生表面活性溶解及离子吸附行为，随后在表面形成具有保护作用的钝化膜[14]。Al-Fe-Si 涂层的非晶相体积分数较大，由于非晶是无定形结构，不存在晶体缺陷以及成分偏析，同时弥散在非晶中的纳米晶相可促进形成钝化膜，使 Al-Fe-Si 涂层的防腐蚀性能优于纯铝涂层。

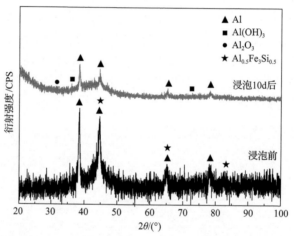

图 4.26　Al-Fe-Si 涂层浸泡前和浸泡 10d 后的 XRD 图谱

　　图 4.27 为不同涂层与水的静态接触角。从图中可以看出，两种涂层与水的静态接触角（contact angle，CA）大于 90°，属于疏水范畴。但是，Al-Fe-Si 涂层与水

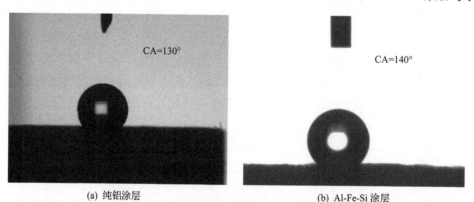

图 4.27　不同涂层与水的静态接触角

的静态接触角大于纯铝涂层。由于 Al-Fe-Si 涂层表面凸起缝隙间存在残余空气，当液滴与之接触时可更有效拖延溶液中 Cl⁻在涂层表面发生腐蚀失效的作用时间，因此具有更优的防腐蚀性能。

4.3.2　Al-Fe-Si 涂层在不同浸泡时间下的电化学腐蚀行为

1. 不同浸泡时间下涂层的开路电位

图 4.28 为 Al-Fe-Si 涂层开路电位随时间的变化曲线。从图中可以看出，Al-Fe-Si 涂层的开路电位比较稳定，其波动幅度不超过 0.02V，整体呈现先上升后下降的趋势。其中，Al-Fe-Si 涂层在浸泡 20d 时开路电位最大，这主要是因为随着浸泡时间的延长，Al-Fe-Si 涂层表面生成的腐蚀产物增多，堵塞了涂层的孔隙，阻碍了腐蚀介质的侵入通道；在浸泡 30d 时开路电位出现下降，这可能与腐蚀产物的溶解以及涂层表面的点蚀有关；在浸泡 40~60d 时开路电位基本趋于稳定，且浸泡 40d 与浸泡 60d 时相差不超过 0.02V，这说明浸泡时间超过 40d 时，该涂层的防腐蚀性能不再变化。

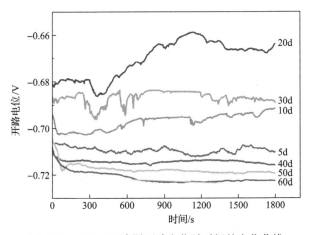

图 4.28　Al-Fe-Si 涂层开路电位随时间的变化曲线

2. Al-Fe-Si 涂层在不同浸泡时间下的极化曲线

图 4.29 为 Al-Fe-Si 涂层在不同浸泡时间下的极化曲线。表 4.8 为 Al-Fe-Si 涂层在不同浸泡时间下的极化参数。可以看出，随着浸泡时间的延长，涂层的自腐蚀电位呈现出先上升后下降的趋势，自腐蚀电流密度呈现出先下降后上升的趋势。当浸泡时间为 20d 时，涂层的自腐蚀电流最小，点蚀电位、极化电阻最高，这说明在浸泡 20d 时涂层的防腐蚀性能最佳。

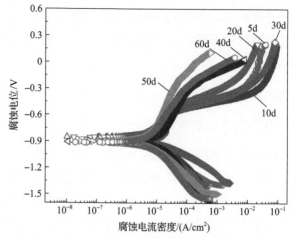

图 4.29　Al-Fe-Si 涂层在不同浸泡时间下的极化曲线

表 4.8　Al-Fe-Si 涂层在不同浸泡时间下的极化参数

浸泡时间/d	E_{corr}/V	E_{pit}/V	i_{corr}/(μA/cm^2)	R_P/($\Omega \cdot$cm^2)
5	−0.895	−0.593	2.889	14082.2
10	−0.858	−0.598	2.900	17950.0
20	−0.859	−0.582	2.239	18411.0
30	−0.929	−0.643	4.211	11317.1
40	−0.941	—	3.980	11121.2
50	−0.907	—	3.802	10927.0
60	−0.918	—	3.797	10287.9

3. Al-Fe-Si 涂层在不同浸泡时间下的电化学交流阻抗谱

图 4.30 为 Al-Fe-Si 涂层在不同浸泡时间下的电化学交流阻抗谱图。从图 4.30（a）

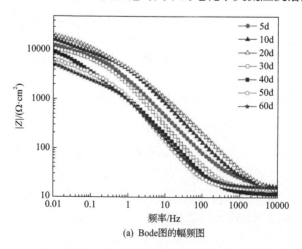

(a) Bode图的幅频图

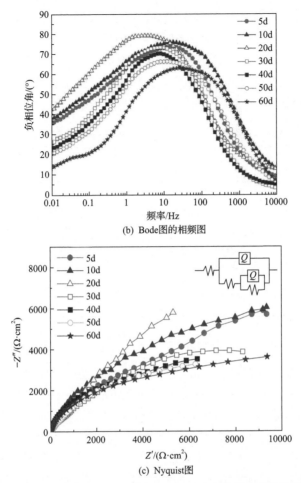

(b) Bode图的相频图

(c) Nyquist图

图 4.30　Al-Fe-Si 涂层在不同浸泡时间下的电化学交流阻抗谱图

可以看出，涂层在低频区的阻抗模值先增大后减小，这证明整个系统的防腐蚀性能先上升后下降，且在浸泡 20d 时的阻抗模值最大，在高频区阻抗模值相差不大。

　　从图 4.30(b) 可以看出，Al-Fe-Si 涂层的相位角呈现先增大后减小的趋势，且在浸泡 20d 时最大。刚浸泡时的相位角较小，是因为此时生成的腐蚀产物较少，涂层内的孔隙暴露较多；随着浸泡时间的延长，腐蚀产物填充了暴露在腐蚀介质中的孔隙，相位角增大；随着浸泡时间进一步延长，腐蚀反应恶化，原本致密的涂层因金属离子的电离遭到破坏变得疏松，相位角减小。

　　从图 4.30(c) 可以看出，随着浸泡时间的延长，Al-Fe-Si 涂层容抗弧半径呈现出先增大后减小再增大的趋势，且在浸泡 20d 时最大。

　　选用 $R(Q(R(QR)))$ 等效电路模型对电化学交流阻抗谱进行拟合，表 4.9 为 Al-Fe-Si 涂层在不同浸泡时间下的电化学交流阻抗谱拟合结果。从表中可以看出，涂层的电荷转移电阻先增大后减小，在浸泡 20d 时最大，同时涂层的孔隙电阻也最大，这说明此时生成的腐蚀产物阻塞涂层中的孔隙等微缺陷，使其防腐蚀性能增强。在浸泡 30d 后，涂层的电荷转移电阻又发生下降，这是因为生成的腐蚀产物较少，不能完全阻碍腐蚀溶液的侵入，使涂层产生了点蚀，同时部分腐蚀产物溶解于 NaCl 溶液中，导致其防腐蚀性能下降。

表 4.9　Al-Fe-Si 涂层在不同浸泡时间下的电化学交流阻抗谱拟合结果

浸泡时间 /d	R_s /(Ω·cm²)	Q_c /(F/cm²)	n_c	R_c /(Ω·cm²)	Q_{dl} /(F/cm²)	n_{dl}	R_t /(Ω·cm²)
5	6.015	$1.95×10^{-4}$	0.8602	945.6	$4.104×10^{-4}$	0.3612	12920
10	11.22	$2.32×10^{-4}$	0.8000	2836	$7.271×10^{-4}$	0.6598	18950
20	8.38	$2.557×10^{-4}$	0.6977	2901	$3.843×10^{-4}$	0.6745	27550
30	9.23	$2.557×10^{-5}$	0.8234	1021	$3.942×10^{-4}$	0.6211	13792
40	7.23	$2.345×10^{-4}$	0.7216	1824	$4.256×10^{-4}$	0.6314	13692
50	7.65	$2.617×10^{-4}$	0.7323	1627	$3.743×10^{-4}$	0.5717	13012
60	8.25	$2.721×10^{-4}$	0.8132	1727	$4.951×10^{-4}$	0.5913	13573

4. 涂层腐蚀表面形貌及结构分析

图 4.31 为 Al-Fe-Si 涂层在质量分数为 3.5% 的 NaCl 溶液中浸泡不同时间后的表面形貌。表 4.10 为图 4.31 中 Al-Fe-Si 涂层各区域的能谱分析结果。可以看出，涂层在 NaCl 溶液中浸泡 5d 后表面基本保持原始态，生成的氧化物较少，这说明此时涂层的防腐蚀性能主要依靠本身的特性。在非晶合金中，其原子偏离了原来的平衡位置，因此相对于晶体材料来说，非晶合金原子之间的结合力较弱，非晶部分晶化后，原子发生结构弛豫，结合能增大，使合金中的原子与溶液的反应速度减慢[15]。当浸泡时间达到 10d 时，涂层表面有白色颗粒生成，其主要是涂层在 NaCl 溶液中生成的腐蚀产物。经分析，图 4.31 (b) 中 C 区的氧元素较多，这说明此时涂层表面已经开始出现腐蚀产物。当浸泡时间达到 20d 时，涂层表面生成致密的氧化膜，且图 4.31 (c) 中的白色区域 (D 区) 所含元素的组成为 $Al_{20.94}Fe_{9.4}Si_{2.5}O_{64.49}Na_{2.67}$，灰黑色区域 (E 区) 所含元素的组成为 $Al_{29.09}Fe_{2.05}O_{68.86}$，因此其表面主要为铝的氧化物，同时夹杂着少量铁的氧化物。涂层表面弥散分布的纳米铝相具有很高的活性。当涂层在溶液中长期浸泡时，涂层表面溶解析出的金属阳离子与溶液中的 OH⁻结合生成的腐蚀产物附着在涂层表面，逐渐覆盖了被 Cl⁻侵蚀氧化膜产生的孔洞以及涂层本身所具有的孔隙，继而阻断了腐蚀介质的扩散通道，达到一种溶解平衡状态，使涂层在一定程度上实现了"自我修复"；同时非晶材料由于本身没有晶体材料的结构缺陷，具有一定的防腐蚀性能，在钝化膜和非晶的共同作用下，涂层在浸泡 20d 时的防腐蚀性能最好[16]。当浸泡达到 30d 时，涂层的防腐蚀性能有了一定的下降，此时

涂层的含氧量比 20d 时有所下降，这说明在浸泡 30d 时生成的部分腐蚀产物发生了溶解。从表 4.8 可以看出，此时涂层的点蚀电位绝对值最大，沉积在试样表面溶液中的活性 Cl⁻吸附在涂层表面的某些点上，对涂层产生破坏作用，被破坏的地方成为阳极，其余未被破坏的部分成为阴极，从而形成了钝化-活化电池，破坏了涂层表面的平衡，且阳极的面积比阴极小，因此阳极的腐蚀电流密度很大。这些

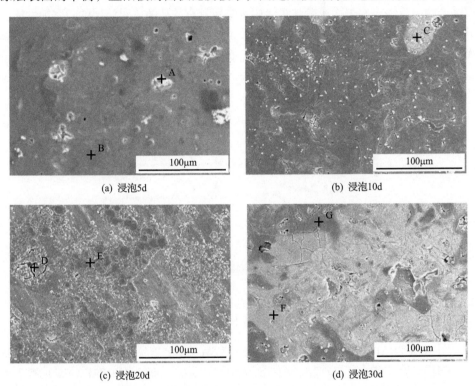

(a) 浸泡5d　　　　　　　　　　　　　　(b) 浸泡10d

(c) 浸泡20d　　　　　　　　　　　　　(d) 浸泡30d

图 4.31　Al-Fe-Si 涂层在质量分数为 3.5%的 NaCl 溶液中浸泡不同时间后的表面形貌

表 4.10　图 4.31 中 Al-Fe-Si 涂层各区域的能谱分析结果

区域	Al/%	Fe/%	Si/%	O/%	Cl/%	Na/%
A	64.63	14.26	11.91	9.20	—	—
B	69.19	7.30	10.29	13.22	—	—
C	47.33	11.71	15.89	45.07	—	—
D	20.94	9.40	2.50	64.49	—	2.67
E	29.09	2.05	—	68.86	—	—
F	39.07	12.50	11.78	32.50	2.11	2.04
G	36.18	13.12	10.81	33.53	2.81	3.55

有 Cl⁻吸附的地方很快就被腐蚀为小孔，进而形成点蚀坑，因此涂层腐蚀倾向性变大。

图 4.32 为 Al-Fe-Si 涂层浸泡前及浸泡 10d 和 20d 后的 XRD 图谱。从图中可以看出，与浸泡前相比，Al-Fe-Si 涂层在 NaCl 溶液中浸泡 10d 和 20d 后的相结构多了一些 Al_2O_3 和 $Al(OH)_3$ 相。这些相主要为涂层在浸泡后产生的腐蚀产物，而且这些腐蚀产物附着在涂层表面遮盖住了涂层本来所具有的孔隙，对涂层的防腐蚀性能起到了提高的作用。腐蚀前后 Al-Fe-Si 涂层的非晶特征峰、晶化峰的位置与峰强没有发生太大的改变，这说明 Al-Fe-Si 涂层具有优异的稳定性和防腐蚀性能。

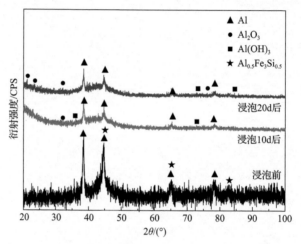

图 4.32　Al-Fe-Si 涂层浸泡前及浸泡 10d 和 20d 后的 XRD 图谱

图 4.33 为 Al-Fe-Si 涂层在质量分数为 3.5%的 NaCl 溶液中浸泡 20d 后的 XPS 全谱扫描。其中包含了 Fe-2p、Al-2p、O-1s、Si-2p、Na-1s 和 C-1s，碳元素主要

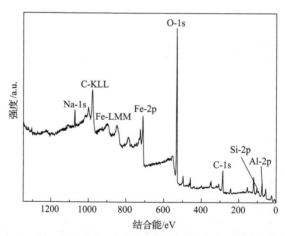

图 4.33　Al-Fe-Si 涂层在质量分数为 3.5%的 NaCl 溶液中浸泡 20d 后的 XPS 全谱扫描

来源于涂层表面吸附的碳，其对应的结合能为 284.6eV，可用于能量的校准。由于 Cl 元素含量较低，在全谱扫描中未明显检测到 Cl 元素的存在。

　　图 4.34 为 Al-Fe-Si 涂层在质量分数为 3.5%的 NaCl 溶液中浸泡后表面 Al 元素的精细能谱图。从图 4.34(a)可以看出，在 75eV 和 75.6eV 处存在谱峰，其峰位对应的物质分别为 Al_2O_3 和 $Al(OH)_3$，且能谱分析中并没有看出金属态的 Al 元素存在，这说明在 NaCl 溶液中浸泡 1d 后涂层表面的 Al 元素已经完全氧化。从图 4.34(b)可以看出，当浸泡时间延长至 10d 时，在 74.8eV、75.6eV 及 77.7eV 处存在谱峰，其峰位对应的物质分别为 Al_2O_3、$Al(OH)_3$ 和其他 Al 的氧化物；与图 4.34(a)相比可以看出，随着浸泡时间的延长，Al 元素的形态也呈现多样化趋势，这主要是因为溶液中的 Cl^- 对涂层存在点蚀作用，同时 Al 和 Fe 元素本身的电位也有差别。随着浸泡时间的延长，涂层表面 Al、Fe 元素富集的地方由于电位的差别在溶液中形成了原电池，使作为阳极的 Al 发生了部分溶解，因此在浸泡 10d

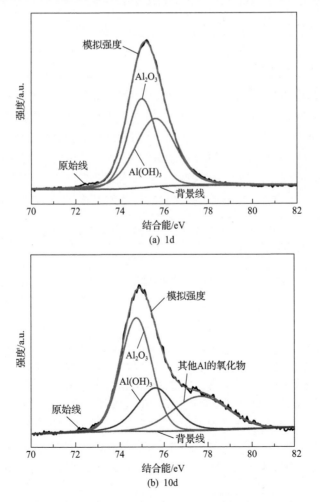

(a) 1d

(b) 10d

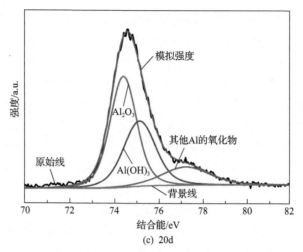

(c) 20d

图 4.34　Al-Fe-Si 涂层在质量分数为 3.5%的 NaCl 溶液中浸泡后表面 Al 元素的精细能谱图

时涂层表面 Al 元素的形态要比浸泡 1d 时更加复杂。从图 4.34(c) 可以看出，当涂层在溶液中的浸泡时间达到 20d 时，在 74.5eV、75.2eV 及 77.3eV 处存在谱峰，其峰位对应的物质分别为 $Al(OH)_3$、Al_2O_3 和其他 Al 的氧化物。

　　表 4.11 为 Al-2p 轨道分峰拟合出的原子分数结果。从表中可以看出，涂层在 NaCl 溶液中浸泡 1～20d 内，Al_2O_3 的含量一直很高，大约为 50%。从图 4.34 可以看出，涂层在 1～20d 的浸泡时间内，其表面 Al 元素大部分以 Al_2O_3 的形式存在，部分以 $Al(OH)_3$ 和其他 Al 的氧化物的形式存在。高活性纳米态的 Al 很容易在 NaCl 溶液中形成氧化物，氧化物的形成极大地抑制了 Cl^- 在涂层表面的吸附，同时阻碍了 Cl^- 的点蚀路径，使涂层在较短浸泡时间内的防腐蚀性能优异。

表 4.11　Al-2p 轨道分峰拟合出的原子分数结果

浸泡时间/d	Al_2O_3		$Al(OH)_3$		其他 Al 的氧化物	
	结合能/eV	含量/%	结合能/eV	含量/%	结合能/eV	含量/%
1	75	48.21	75.6	51.79	—	—
10	74.8	50.02	75.6	23.65	77.7	26.33
20	75.2	49.44	74.5	35.55	77.3	15.01

　　图 4.35 为 Al-Fe-Si 涂层在质量分数为 3.5%的 NaCl 溶液中浸泡后表面 Fe-2p 轨道的能谱分析结果。从图中可以看出，在 707.3eV 处存在一个小峰，其峰位对应的物质主要为 Fe_3Si，此物质主要是在电弧喷涂过程中形成的，且小尺寸的 Si 原子固溶于 Fe 晶格中，使 Fe 产生了晶格畸变，当晶格畸变达到一定程度时容易失稳形成非晶相。Al-Fe-Si 涂层中 Fe 元素在 1～20d 的浸泡时间内都以 Fe^{2+}、Fe^{3+} 的形式

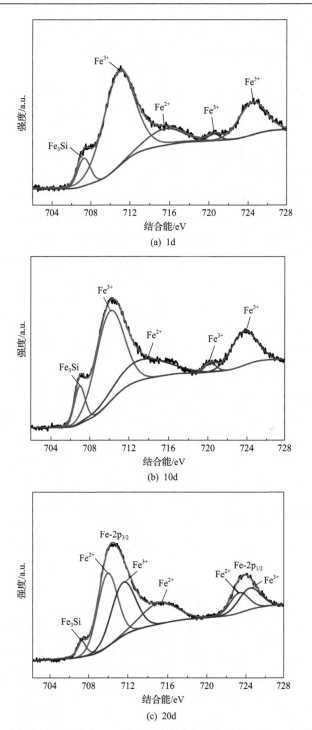

(a) 1d

(b) 10d

(c) 20d

图 4.35   Al-Fe-Si 涂层在质量分数为 3.5% 的 NaCl 溶液中浸泡后表面 Fe-2p 轨道的能谱分析结果

存在。浸泡时间达到 20d 时 Fe-$2p_{3/2}$ 在 709.8eV 和 711.4eV 处出现了峰，其峰位对应的物质分别为 FeO 和 Fe_2O_3；同时在 715.3eV 处还检测到了 Fe^{2+} 的卫星峰，且 Fe-$2p_{1/2}$ 轨道在 723.4eV 和 724.4eV 处也出现了 Fe^{2+} 和 Fe^{3+} 的峰。这说明随着浸泡时间的延长，涂层中 Fe 元素也以各种形式的离子态存在，且涂层中并不存在金属态的 Fe。这与表 4.11 中在浸泡 20d 时涂层表面存在大量氧化物的结果相吻合。

　　图 4.36 为 Al-Fe-Si 涂层在质量分数为 3.5%的 NaCl 溶液中浸泡后表面 O-1s 轨道的能谱分析结果。从图 4.36(a)可以看出，涂层在 NaCl 溶液中浸泡 1d 时，在 531.9eV 和 533.2eV 处存在谱峰。在 531.9eV 处对应的物质主要为 $Al(OH)_3$、Al_2O_3、$Fe(OH)_3$、FeOOH。由于 NaCl 溶液呈现中性，涂层在其中容易发生吸氧腐蚀，形成 Al、Fe 的氢氧化物。在 533.2eV 处对应的物质主要为 H_2O。

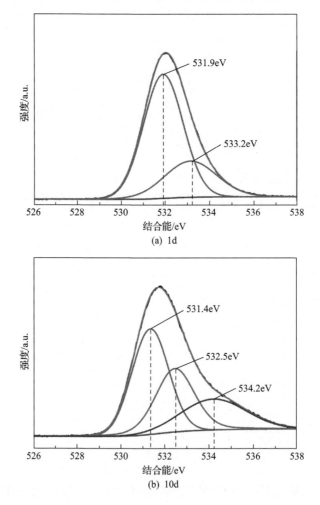

(a) 1d

(b) 10d

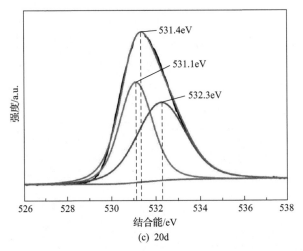

图 4.36　Al-Fe-Si 涂层在质量分数为 3.5% 的 NaCl 溶液中浸泡后表面 O-1s 轨道的能谱分析结果

从图 4.36(b) 可以看出, 当浸泡时间为 10d 时, 在 531.4eV、532.5eV、534.2eV 处存在谱峰, 且在 531.4eV 处存在较多的 Al 的氧化物和氢氧化物, 如 Al_2O_3、$AlOOH$、$Al(OH)_3$ 等, 还存在部分 Fe 的氧化物; 532.5eV 处主要为 H_2O 和 SiO_2; 534.2eV 处主要为 Al_2O_3。相比图 4.36(a), Al-Fe-Si 涂层在 NaCl 溶液中浸泡 10d 时表面存在氧的形式较复杂, 这说明涂层表面生成的物质增多。

从图 4.36(c) 可以看出, 当浸泡时间为 20d 时, 在 531.1eV 和 532.3eV 处出现了明显的峰位, 且在 531.1eV 处存在很多 Al 的氧化物, 以 Al_2O_3、$Al(OH)_3$、$AlOOH$ 为主, 这与表 4.11 中的分析结果相一致; 532.3eV 处主要为 Si—O 键和 H_2O。

从对 O-1s 轨道的分析过程中可以看出, 在 1d、10d、20d 的浸泡时间下, 氧化态的 Al 含量都很高, 尤其是在浸泡 10d 和 20d 时, 大量不同形式的氧化态 Al 出现, 这和之前 EDS 分析结果也相一致。氧化态 Al 的生成弥补了电弧喷涂本身存在的不足(孔隙、裂纹等微缺陷), 使 Al-Fe-Si 涂层具有优异的防腐蚀性能。

图 4.37 为 Si-2p 能谱图。从图中可以看出, 不同浸泡时间下, 涂层中的 Si 元素主要以 SiO 和 $SiO_2 \cdot nH_2O$ 的形式存在, SiO 和 SiO_2 主要是在高速电弧喷涂过程中形成的。Si 对氧的亲和能力强, 会在粒子飞行过程中优先与氧发生反应, 而避免飞行粒子中 Al、Fe 元素的过早氧化, 这促进了非晶的形成。Si 的脱氧作用使基材表面净化、活化, 有助于熔滴很好地在基材表面熔化流布并润湿, 这有利于涂层组织更加致密、结合强度更高。同时, Si 的氧化物的形成为其他物质出现提供了新的生长点, 可以增加异质形核的概率, 进而促进形成非晶相。$SiO_2 \cdot nH_2O$ 主要是后期 SiO_2 在 NaCl 溶液中浸泡时, 由于纳米态 SiO_2 结构的特殊性而使其吸收部分 H_2O 形成的。

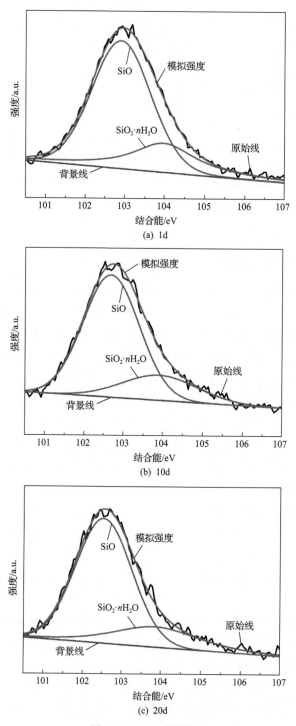

图 4.37　Si-2p 能谱图

图 4.38 为 Al-Fe-Si 涂层表面 Cl-2p 谱线沿深度的变化。从图中可以看出，涂层表面最初有明显的 Cl 峰存在，在溅射深度达到 40nm 后 Cl⁻明显减少，这说明钝化膜抑制了 Cl⁻的扩散行为。这与表 4.11 能谱分析结果一致。Cl⁻半径小，穿透能力强，易被金属表面吸附，其腐蚀会优先发生在涂层的缺陷处。腐蚀刚开始时，Cl⁻易在缺陷处富集，导致该区域的阳极加速溶解，形成点蚀坑。而 Al-Fe-Si 涂层由于没有晶界、位错，同时孔隙少，涂层不易出现点蚀形成区，再加上钝化膜的保护作用，Cl⁻的穿透能力明显减弱。

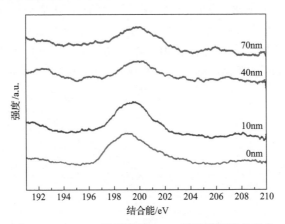

图 4.38　Al-Fe-Si 涂层表面 Cl-2p 谱线沿深度的变化

4.3.3　Al-Fe-Si 涂层在不同浸泡温度下的电化学腐蚀行为

1. 不同浸泡温度下涂层的开路电位

图 4.39 为 Al-Fe-Si 涂层在不同浸泡温度下 NaCl 溶液中浸泡 1d 后的开路电位。

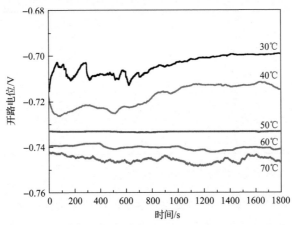

图 4.39　Al-Fe-Si 涂层在不同浸泡温度下 NaCl 溶液中浸泡 1d 后的开路电位

可以看出，随着温度的升高，Al-Fe-Si 涂层的开路电位呈现负移趋势，这是因为溶液温度升高使溶液中离子的运动速度加快，从而加快了 Cl⁻对涂层的腐蚀速度。

2. 不同浸泡温度下涂层的极化曲线

图 4.40 为 Al-Fe-Si 涂层在不同浸泡温度下的极化曲线。表 4.12 为 Al-Fe-Si 涂层在不同浸泡温度下的极化参数。可以看出，极化曲线的阳极极化区经历了活化区、过渡区、钝化区以及释氧区，这说明涂层在不同浸泡温度下的腐蚀机理是一致的，且涂层均表现出较正的自腐蚀电位、较低的自腐蚀电流密度和较宽的钝化区间，这反映出涂层具有优异的自钝化能力。当温度从 30℃升高至 70℃时，涂层的自腐蚀电流密度从 $1.819\mu A/cm^2$ 升高至 $9.507\mu A/cm^2$，极化电阻从 $15082.3\Omega\cdot cm^2$ 降低到 $10574.9\Omega\cdot cm^2$，这说明随着温度升高，涂层的防腐蚀性能逐渐减弱。

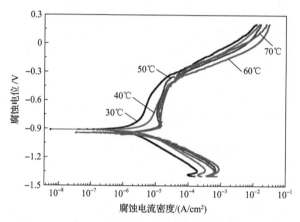

图 4.40　Al-Fe-Si 涂层在不同浸泡温度下的极化曲线

表 4.12　Al-Fe-Si 涂层在不同浸泡温度下的极化参数

温度/℃	E_{corr}/V	E_{pit}/V	$i_{corr}/(\mu A/cm^2)$	$R_P/(\Omega\cdot cm^2)$
30	−0.913	—	1.819	15082.3
40	−0.917	—	4.478	13323.3
50	−0.948	−0.383	7.536	12633.4
60	−0.953	−0.428	8.894	11351.5
70	−0.950	−0.450	9.507	10574.9

3. 不同浸泡温度下涂层的电化学交流阻抗谱

图 4.41 为 Al-Fe-Si 涂层在不同浸泡温度下的电化学交流阻抗谱图。从图 4.41 (a) 和 (b) 可以看出，涂层低频区的阻抗模值随温度升高而下降，高频区的阻抗模值相

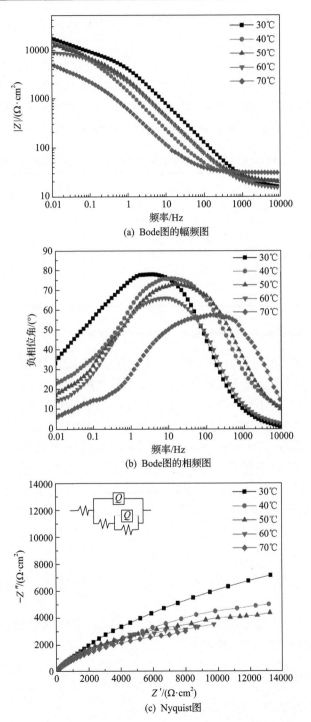

(a) Bode图的幅频图

(b) Bode图的相频图

(c) Nyquist图

图 4.41　Al-Fe-Si 涂层在不同浸泡温度下的电化学交流阻抗谱图

差不大，而涂层相位角随温度升高逐渐减小；从图 4.41(c)可以看出，在不同浸泡温度下，涂层的容抗弧都呈现单圆弧状。

选取 $R(Q(R(QR)))$ 等效电路模型对电化学交流阻抗谱进行拟合，表 4.13 为 Al-Fe-Si 涂层在不同浸泡温度下的电化学交流阻抗谱拟合结果。涂层的溶液电阻 (R_s) 和电荷转移电阻 (R_t) 随温度升高逐渐下降，这主要与溶液温度升高时参与导电的离子数量增加有关。因此，涂层的防腐蚀性能随温度升高会逐渐下降。

表 4.13　Al-Fe-Si 涂层在不同浸泡温度下的电化学交流阻抗谱拟合结果

温度 /℃	R_s /($\Omega\cdot cm^2$)	Q_c /(F/cm^2)	n_c	R_c /($\Omega\cdot cm^2$)	Q_{dl} /(F/cm^2)	n_{dl}	R_t /($\Omega\cdot cm^2$)
30	10.142	2.274×10^{-4}	0.817	989.1	4.203×10^{-4}	0.5541	18701
40	9.721	2.55×10^{-4}	0.814	1045.4	5.114×10^{-4}	0.4625	16942
50	8.514	2.58×10^{-4}	0.8	1836	5.232×10^{-4}	0.5561	13151
60	6.280	2.721×10^{-4}	0.7977	1603	5.342×10^{-4}	0.6042	12254
70	6.420	2.723×10^{-4}	0.8251	1421	5.735×10^{-4}	0.6132	10193

4. Al-Fe-Si 涂层在不同浸泡温度下的腐蚀机理分析

从上述电化学测试结果可知，涂层在不同温度的 NaCl 溶液中的防腐蚀性能随着温度的升高而降低。在 NaCl 溶液中，由于所含的 H$^+$较少，其阴极发生的反应以吸氧腐蚀为主。当 NaCl 溶液的温度升高时，溶液中氧的扩散速度加快，同时温度越高，溶液的导电性能也越好，较高的温度可以加快 Cl$^-$在溶液中的移动速度。在 50～70℃范围内，涂层的点蚀电位随着温度的升高逐渐负移。Streicher[17]认为当温度升高时，Cl$^-$的吸附能力也得到了提高。此外，温度与化学反应速度之间的关系通常可以用阿伦尼乌斯方程(Arrhenius equation)来描述，它表达了化学反应速度常数 k 与温度 T 之间的关系，表达式为

$$k = Ae^{\frac{-E_a}{RT}} \tag{4.9}$$

式中，A 为频率常数；E_a 为活化能；k 为化学反应速度常数；R 为摩尔气体常数；T 为介质温度。

由式(4.9)可知，温度越高，涂层与 Cl$^-$的化学反应速度越快，因此涂层的防腐蚀性能随着温度的升高逐渐下降。

4.3.4　Al-Fe-Si 涂层在不同流动速度下的电化学腐蚀行为

1. Al-Fe-Si 涂层在不同流动速度下的开路电位

图 4.42 为 Al-Fe-Si 涂层在不同流动速度 NaCl 溶液中浸泡 1d 后的开路电位。

可以看出，随着溶液转速的增大，涂层的开路电位呈现下降趋势；同时在较高转速下，涂层的开路电位表现得不够稳定。这主要是因为较高的转速对涂层表面的冲刷作用明显，涂层表面形成的钝化膜不稳定，发生了破坏，因此其防腐蚀性能下降。

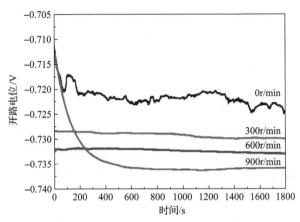

图 4.42　Al-Fe-Si 涂层在不同流动速度下 NaCl 溶液中浸泡 1d 后的开路电位

2. Al-Fe-Si 涂层在不同流动速度下的极化曲线

图 4.43 为 Al-Fe-Si 涂层在不同流动速度的 NaCl 溶液中的极化曲线。表 4.14 为 Al-Fe-Si 涂层在不同流动速度下的极化参数。可以看出，涂层在静止的 NaCl 溶液中拥有最高的自腐蚀电位、点蚀电位和极化电阻，同时自腐蚀电流密度也最低，这说明此时涂层的防腐蚀性能最好。涂层的防腐蚀性能随着转速的升高不断下降，当转速达到 900r/min 时，涂层的自腐蚀电位由静止时的−0.754V 下降到−0.920V，同时涂层的极化电阻也由 18310Ω·cm² 下降到 11903.4Ω·cm²，自腐蚀电

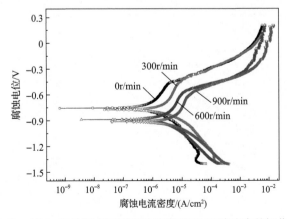

图 4.43　Al-Fe-Si 涂层在不同流动速度下 NaCl 溶液中的极化曲线

表 4.14　Al-Fe-Si 涂层在不同流动速度下的极化参数

转速/(r/min)	E_{corr}/V	E_{pit}/V	i_{corr}/(μA/cm²)	R_p/(Ω·cm²)
0	−0.754	−0.462	1.210	18310.0
300	−0.774	−0.465	1.525	16978.5
600	−0.916	−0.600	2.680	14449.8
900	−0.920	−0.613	5.426	11903.4

流密度由 $1.21\mu A/cm^2$ 上升到 $5.426\mu A/cm^2$，这说明此时涂层的防腐蚀性能最差。

3. Al-Fe-Si 涂层在不同流动速度下的电化学交流阻抗谱

图 4.44 为 Al-Fe-Si 涂层在不同流动速度下 NaCl 溶液中的电化学交流阻抗谱图。从图 4.44(a)可以看出，涂层低频区的阻抗模值随着转速的升高逐渐下降，高频区的阻抗模值相差不大；从图 4.44(b)可以看出，涂层的相位角随着转速的升高

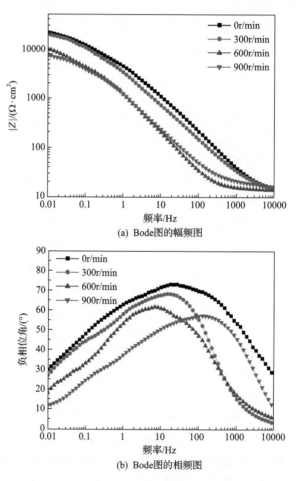

(a) Bode图的幅频图

(b) Bode图的相频图

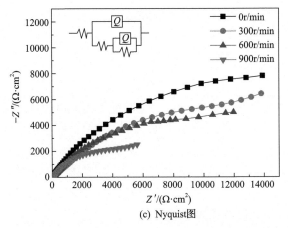

(c) Nyquist图

图 4.44　Al-Fe-Si 涂层在不同流动速度下 NaCl 溶液中的电化学交流阻抗谱图

而逐渐下降；从图 4.44(c)可以看出，涂层容抗弧都呈现单圆弧状，同时容抗弧的半径随着转速的增大而逐渐下降。

表 4.15 为不同流动速度下 Al-Fe-Si 涂层的电化学交流阻抗谱拟合结果。从表中可以看出，涂层的溶液电阻(R_s)和电荷转移电阻(R_t)随溶液转速的增大呈现下降趋势，高流速加大了溶液中离子的传递速度，同时高流速的溶液会对涂层表面进行冲蚀，因此涂层的防腐蚀性能有所下降。

表 4.15　Al-Fe-Si 涂层在不同流动速度下的电化学交流阻抗谱拟合结果

转速 /(r/min)	R_s /($\Omega \cdot cm^2$)	Q_c /(F/cm^2)	n_c	R_c /($\Omega \cdot cm^2$)	Q_{dl} /(F/cm^2)	n_{dl}	R_t /($\Omega \cdot cm^2$)
0	9.125	2.246×10^{-4}	0.724	1213	5.146×10^{-4}	0.612	17991
300	8.721	2.271×10^{-4}	0.715	1029.1	4.117×10^{-4}	0.5582	17701
600	8.135	2.456×10^{-4}	0.837	1145.4	5.254×10^{-4}	0.5121	15673
900	7.364	2.391×10^{-4}	0.792	1263	5.336×10^{-4}	0.5631	13327

4. Al-Fe-Si 涂层在不同流动速度下的腐蚀机理分析

Al-Fe-Si 涂层的防腐蚀性能随溶液流动速度的升高而下降。首先，高流速的 NaCl 溶液会增强表面介质传输氧的能力，使其阴极还原电流增大，增强 Cl⁻的传输能力，增大电荷的传递速度，提高材料表面腐蚀产物膜的生成与溶解速度。高流速时涂层的点蚀电位(E_{pit})的绝对值较大，说明在高流速的 NaCl 溶液中，Cl⁻对于涂层的腐蚀更强。其次，当材料表面没有腐蚀产物膜时，较高的流速会加强 Cl⁻对涂层表面的冲蚀作用；当材料表面有腐蚀产物膜且腐蚀过程受电化学反应速度和物质扩散速度联合作用时，腐蚀反应的发生要经过两个过程，即腐蚀介质通过膜层到达金属的表面和腐蚀介质与金属相反应的过程。假设腐蚀介质在产物膜中

的浓度分布梯度为线性分布，其腐蚀速度模型[18]为

$$V_{corr} = \cfrac{1}{\cfrac{1}{V_{react}} + \cfrac{1}{V_{mass}}}$$ (4.10)

式中，V_{react} 为最大腐蚀反应速度；V_{mass} 为腐蚀性组元最快传质速度。

当流动速度增大时，溶液和涂层的反应速度加快，腐蚀加快。

4.4　Al-Fe-Si 非晶纳米晶涂层摩擦磨损行为

4.4.1　干摩擦条件下涂层的摩擦磨损行为

1. 不同参数作用下涂层的磨损性能

图 4.45 为载荷 15N 时 Al-Fe-Si 涂层和 6061 铝合金在不同磨损线速度下的摩擦系数曲线。采用球盘式往复干摩擦试验，选用 WC 磨球作为摩擦副。从图 4.45（a）

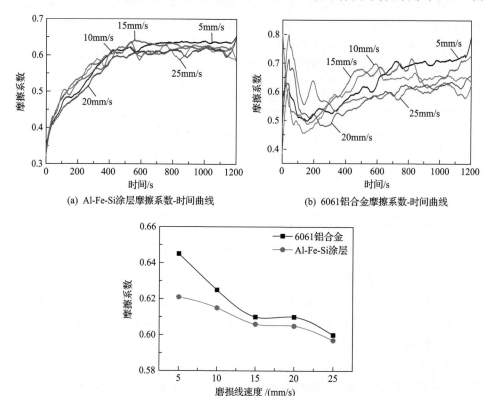

(a) Al-Fe-Si涂层摩擦系数-时间曲线　　　　(b) 6061铝合金摩擦系数-时间曲线

(c) Al-Fe-Si涂层和6061铝合金摩擦系数-磨损线速度曲线

图 4.45　载荷 15N 时 Al-Fe-Si 涂层和 6061 铝合金在不同磨损线速度下的摩擦系数曲线

可以看出，Al-Fe-Si 涂层的摩擦系数随时间的变化相对平缓，在磨损过程中存在两个阶段：跑合阶段和稳定磨损阶段，跑合阶段出现在摩擦磨损的初始运动阶段[19]。由于涂层表面存在粗糙度，微凸体接触面积小，接触应力大，磨损线速度快，在外加载荷作用下，涂层表面微凸起部分会逐渐发生磨损，致使实际摩擦磨损的接触面积不断增大，直至稳定磨损阶段出现[20]。在经过跑合阶段后，涂层摩擦表面会产生加工硬化现象，实际接触面积增大，压强降低，从而建立了弹性接触的条件，这时磨损稳定下来，摩擦系数随着时间的延长变化很小，基本维持在 0.61 左右。从图 4.45(b) 可以看出，与 Al-Fe-Si 涂层相比，6061 铝合金的摩擦过程存在三个阶段：跑合阶段、过渡阶段和稳定磨损阶段。在跑合阶段，摩擦系数随磨损时间的增加而迅速上升；在过渡阶段，摩擦系数随磨损时间的延长而逐渐下降，直至稳定磨损阶段随着时间的增加保持不变。从图 4.45(c) 可以看出，随着磨损线速度的增加，两者的摩擦系数均呈现下降的趋势，与 6061 铝合金相比，Al-Fe-Si 涂层的摩擦系数下降幅度较小，而且其值相对较低，这说明 Al-Fe-Si 涂层具有优异的减摩性能。

　　图 4.46 为载荷 15N 时 Al-Fe-Si 涂层和 6061 铝合金在不同磨损线速度下的磨损体积和磨损率分布。从图中可以看出，随着磨损线速度的增大，Al-Fe-Si 涂层和 6061 铝合金的磨损体积均呈现上升趋势。其中，Al-Fe-Si 涂层的磨损率开始时下降幅度相对较大，且随着磨损线速度的进一步升高，涂层的磨损率基本保持不变；6061 铝合金的磨损率随着磨损线速度的升高而剧烈下降，这主要是因为其磨损表面的温度随着磨损线速度的升高而升高，且在其磨损表面残留大量的氧化磨屑。

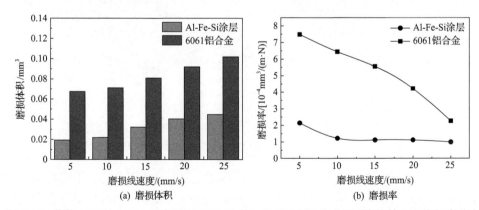

图 4.46　载荷 15N 时 Al-Fe-Si 涂层和 6061 铝合金在不同磨损线速度下磨损体积和磨损率分布

　　图 4.47 为载荷 15N 时 Al-Fe-Si 涂层和 6061 铝合金在不同磨损线速度下的三维磨痕形貌，图中 X 表示磨痕长度，Y 表示磨痕宽度，Z 表示磨痕深度。从图 4.47(a) 和 (b) 可以看出，随着磨损线速度的升高，Al-Fe-Si 涂层的磨痕逐渐变宽，这说明

其磨损体积逐渐增大。当磨损线速度较低时，WC 球与涂层之间真实接触点的温度并不高，轻微温升有助于氧化而不会削弱表面强度，此时涂层以脆性剥落为主；随着线速度升高，涂层摩擦磨损的接触点温度升高，涂层的表面更容易形成氧化膜，并在接触表层内沿深度方向产生很大的温度梯度[21]。温度梯度产生的热应力使这些氧化膜与涂层的结合相对疏松，因此更容易剥落。当氧化膜剥落时，涂层与 WC 球直接接触，涂层会由轻微磨损（氧化磨损）转变为严重磨损（金属磨损），致使磨损体积也不断增大。从图 4.47（c）和（d）可以看出，载荷 15N 时 6061 铝合金磨痕的宽度和深度要大得多，证实了 6061 铝合金在磨损的过程中去除现象严重。这主要是因为 Al-Fe-Si 涂层的显微硬度高于 6061 铝合金，同时涂层表面较低的孔隙率也为其优异的耐磨性提供了保障。

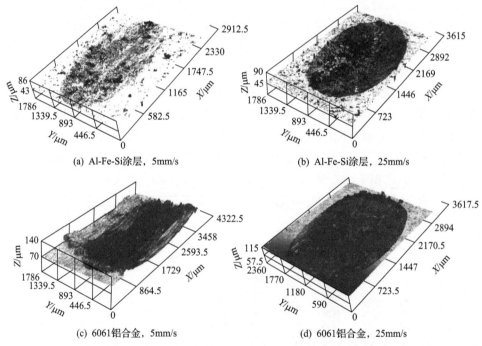

(a) Al-Fe-Si涂层，5mm/s

(b) Al-Fe-Si涂层，25mm/s

(c) 6061铝合金，5mm/s

(d) 6061铝合金，25mm/s

图 4.47　载荷 15N 时 Al-Fe-Si 涂层和 6061 铝合金在不同磨损线速度下的三维磨痕形貌

图 4.48 为磨损线速度 15mm/s 时 Al-Fe-Si 涂层和 6061 铝合金在不同载荷下的摩擦系数曲线。从图 4.48（a）可以看出，涂层的摩擦系数在磨损过程中存在两个阶段：跑合阶段和稳定磨损阶段。在跑合阶段，涂层摩擦系数随着载荷的增加逐渐降低，这主要是因为在磨损初期，WC 球主要通过微凸体的顶端与涂层相接触，在较大载荷作用下，WC 球和涂层的实际接触面积要大于较低载荷作用下，因此其波动性较低，摩擦系数呈现出降低的趋势。在稳定磨损阶段，涂层摩擦系数随

着载荷增加的变化幅度降低，这主要是在稳定磨损阶段，即 WC 球与涂层间接触稳定时，周期性磨屑的产生、去除和氧化的现象所致，最终其摩擦系数在 0.6～0.7 变化。从图 4.48(b)可以看出，与 Al-Fe-Si 涂层相比，6061 铝合金的摩擦系数随时间的变化幅度较大，这说明 6061 铝合金对载荷变化比较敏感。这主要是因为 6061 铝合金的硬度较低，在较高载荷作用下会增大磨损表面的塑性变形，所以摩擦系数变化较大。从图 4.48(c)可以看出，随着载荷的增加，Al-Fe-Si 涂层和 6061 铝合金的摩擦系数均呈现下降的趋势，但是 Al-Fe-Si 涂层的摩擦系数变化幅度较小，而且其值一直小于 6061 铝合金。

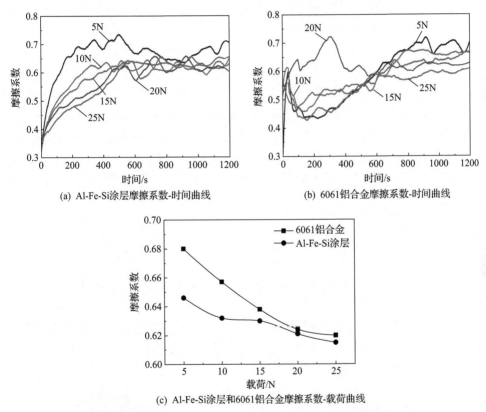

(a) Al-Fe-Si涂层摩擦系数-时间曲线　　　　(b) 6061铝合金摩擦系数-时间曲线

(c) Al-Fe-Si涂层和6061铝合金摩擦系数-载荷曲线

图 4.48　磨损线速度 15mm/s 时 Al-Fe-Si 涂层和 6061 铝合金在不同载荷下的摩擦系数曲线

　　图 4.49 为磨损线速度 15mm/s 时 Al-Fe-Si 涂层和 6061 铝合金在不同载荷下的磨损体积和磨损率分布。从图中可以看出，随着载荷的增大，Al-Fe-Si 涂层和 6061 铝合金的磨损体积升高；6061 铝合金的磨损率呈现大幅度下降趋势，而 Al-Fe-Si 涂层的磨损率略微降低，同时 Al-Fe-Si 涂层的磨损体积和磨损率均要明显低于 6061 铝合金，且当磨损线速度为 15mm/s、施加载荷为 25N 时，Al-Fe-Si 涂层的

耐磨性约为 6061 铝合金的 4.3 倍。

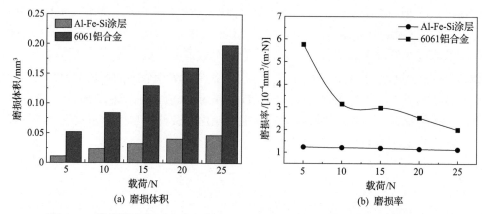

(a) 磨损体积

(b) 磨损率

图 4.49　磨损线速度 15mm/s 时 Al-Fe-Si 涂层和 6061 铝合金在不同载荷下的
磨损体积和磨损率分布

图 4.50 为磨损线速度 15mm/s 时 Al-Fe-Si 涂层和 6061 铝合金在不同载荷下的三维磨痕形貌。从图 4.50 (a) 和 (b) 可以看出，随着载荷的增加，Al-Fe-Si 涂层的磨痕逐渐变宽。Archard[22]通过对粗糙表面的金属摩擦磨损行为进行分析，认为实际接触表面磨损的情况主要与载荷的大小和硬度有关，并由此提出了 Archard 磨损公式[22]，即

$$V_{\mathrm{W}} = k\frac{DL}{H} \tag{4.11}$$

式中，D 为磨损距离；H 为材料纳米硬度；k 为摩擦系数；L 为载荷大小；V_{W} 为材料磨损体积。

从式 (4.11) 可以看出，当其他条件一定时，材料的磨损体积与磨损距离和载荷大小成正比。当磨损线速度升高时，磨损距离也随之增大，其磨损体积也不断

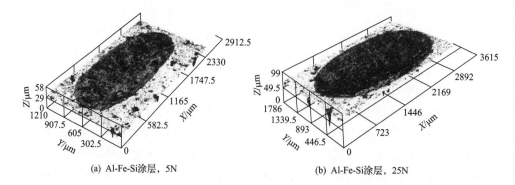

(a) Al-Fe-Si涂层，5N

(b) Al-Fe-Si涂层，25N

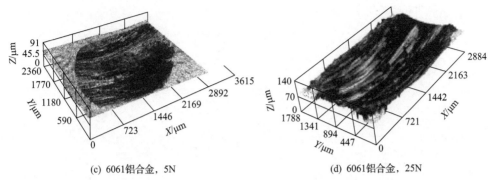

(c) 6061铝合金, 5N　　　　　　　　(d) 6061铝合金, 25N

图 4.50　磨损线速度 15mm/s 时 Al-Fe-Si 涂层和 6061 铝合金在不同载荷下的三维磨痕形貌

增加, 因此涂层在高速下产生更为严重的磨损; 同样当其他条件不变时, 随着载荷的增加, 涂层与 WC 球间的实际接触面积也增大, 导致涂层塑性变形的区域不断增大, 在 WC 球反复碾压过程中, 涂层的磨损体积不断增加。从图 4.50 (c) 和 (d) 可以看出, 6061 铝合金磨痕的宽度和深度明显要大于 Al-Fe-Si 涂层, 这说明 6061 铝合金在磨损过程中材料去除现象严重, Al-Fe-Si 涂层耐磨性能较好主要是因为含有大量的非晶相, 非晶相本身就具有良好的耐磨性, 同时涂层中存在的少量纳米晶颗粒在一定程度上起到弥散强化的作用。相对而言, 6061 铝合金由于其硬度较低, 在磨损过程中难以抵抗 WC 球的切削, 其被磨损去除的现象严重。

2. 磨损形貌分析

图 4.51 为载荷 15N 时 Al-Fe-Si 涂层和 6061 铝合金在不同磨损线速度下的磨损形貌。从图 4.51 (a) 可以看出, Al-Fe-Si 涂层的磨损表面存在两个颜色不同的区域: 黑色 B 区域和白色 A 区域。表 4.16 为 Al-Fe-Si 涂层在 15N-5mm/s 时磨损表面不同区域所含元素的原子分数。从表中可以看出, 黑色 B 区域的氧元素明显多于白色 A 区域。这主要是因为在摩擦磨损过程中, 随着磨损线速度的升高, 涂层磨损表面产生的温度会增大, 周期性产生的磨屑会发生氧化现象; 随着 WC 球反复滑过涂层表面, 在摩擦热和环境温度的共同作用下, 形成的磨屑氧化后经塑性变形、焊合而成; 随着 WC 球进一步碾压, 这些磨屑会热压烧结形成氧化层[23]。一般来说, 这些氧化层的形成要经历以下两个过程: ①磨损面的动态氧化, 即在 WC 球对磨作用中金属表面直接氧化的行为, 一是涂层表面的扁平颗粒形成的动态氧化, 二是残留在涂层表面的磨屑在摩擦过程中形成的动态氧化; ②磨屑的热压烧结, 即摩擦过程产生的磨屑在摩擦热和环境温度的共同作用下发生热压烧结形成氧化层。这些氧化层在一定程度上起到固体润滑的作用, 因此可以有效减缓涂层表面的摩擦磨损[24]。

图 4.51 (a) 中存在剥落坑, 其产生的原因如下: 在 WC 球剪切力的作用下, 随着剪切变形的不断积累, 涂层亚表面产生大量的塑性变形; 当涂层的弹性性能不

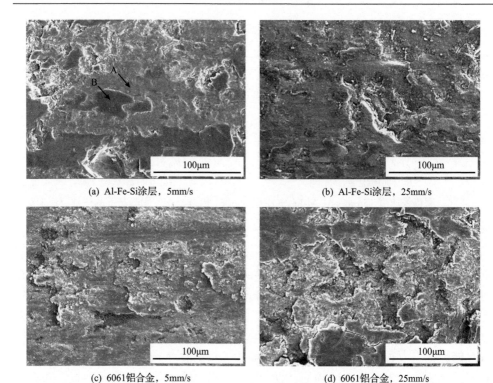

(a) Al-Fe-Si涂层，5mm/s (b) Al-Fe-Si涂层，25mm/s

(c) 6061铝合金，5mm/s (d) 6061铝合金，25mm/s

图 4.51 载荷 15N 时 Al-Fe-Si 涂层和 6061 铝合金在不同磨损线速度下的磨损形貌

表 4.16 Al-Fe-Si 涂层在 15N-5mm/s 时磨损表面不同区域所含元素的原子分数

区域	Al/%	Fe/%	Si/%	O/%
A	67.98	8.85	9.64	13.53
B	30.43	7.04	8.26	54.27

足以承担其塑性变形行为时，微裂纹会萌生在涂层内部微观缺陷处，如未熔化的粒子和孔隙等；当裂纹形成后，平行表面的正应力阻止裂纹向深度方向扩展，所以裂纹在一定深度沿着平行表面的方向延伸，当裂纹尖端的应力强度因子逐渐接近于材料的断裂韧性时，裂纹将发生局部失稳并向表面剪切，最终造成涂层的整体脱落形成剥落坑。从图 4.51(b) 可以看出，在较大的磨损线速度下，涂层表面的磨痕形貌要比低速时粗糙得多，同样氧化层和剥落坑存在于磨损表面，但其损坏程度比低速时严重，而涂层的失效形式主要是脆性剥落伴随着氧化磨损。从图 4.51(c) 和(d) 可以看出，6061 铝合金在低速时存在鳞片状的磨屑和部分犁沟划痕，且当磨损线速度增大时，6061 铝合金磨损表面区域出现大块状剥落和断裂现象。与 Al-Fe-Si 涂层相比，6061 铝合金的磨损表面较粗糙，这主要是因为 6061 铝合金硬度较低，且当高硬度的 WC 球在其表面滑动时，软质 6061 铝合金不足

以抵抗 WC 球的摩擦力剪切作用。产生的磨屑会周期性地卷入磨损表面，担当着磨粒的作用并不断刮伤 6061 铝合金表面，从而产生磨料磨损，在磨损表面形成犁沟形貌。这些周期性产生的残留于磨损表面松散的磨屑不断积累，在 WC 球反复滑动碾压作用下，其表面产生大量的疲劳裂纹。随着磨损的持续进行，6061 铝合金表面的疲劳裂纹不断萌生扩展，并导致块状剥落。

图 4.52 为磨损线速度 15mm/s 时 Al-Fe-Si 涂层和 6061 铝合金在不同载荷下的磨损形貌。表 4.17 为 Al-Fe-Si 涂层在 15mm/s-5N、15mm/s-25N 时磨损表面不同区域所含元素的原子分数。从图 4.52(a)、(b) 和表 4.17 可以看出，较低载荷作用下涂层的磨损表面比较高载荷作用时平滑许多，仅出现少量的磨屑和较小的剥落坑形貌。随着载荷增大到 25N 时，涂层表面出现大量的裂纹伴随着大块状即将剥落的涂层层片以及较大的剥落坑。从能谱分析可知，这些大块状的物质为涂层磨屑的氧化物。这主要是因为在高速电弧喷涂 Al-Fe-Si 涂层中依然存在着不同程度的微观缺陷，如孔隙和未熔化的粒子等，这些微观缺陷的边缘处往往是力学性能较为薄弱的地方，当 WC 球反复碾压其表面时，这些微观缺陷处会是微裂纹萌生的根源。随着磨损的持续进行，微裂纹会沿着粒子的边界扩展，从而形成剥落坑。

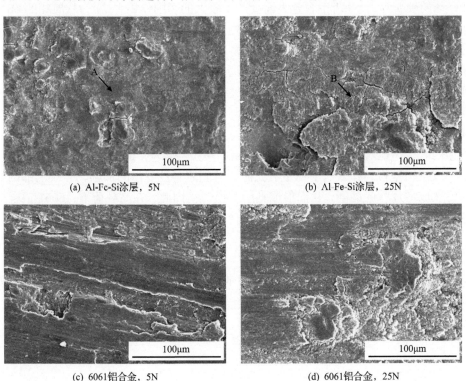

(a) Al-Fe-Si涂层，5N　　　　　　　　　(b) Al-Fe-Si涂层，25N

(c) 6061铝合金，5N　　　　　　　　　(d) 6061铝合金，25N

图 4.52　磨损线速度 15mm/s 时 Al-Fe-Si 涂层和 6061 铝合金在不同载荷下的磨损形貌

表 4.17　Al-Fe-Si 涂层在 15mm/s-5N、15mm/s-25N 时磨损表面不同区域所含元素的原子分数

区域	Al/%	Fe/%	Si/%	O/%
A	49.14	7.45	8.37	35.04
B	43.70	8.48	7.66	40.16

同时在较高的载荷作用下，涂层磨损表面的瞬时温度急剧升高，这将导致磨屑的不断氧化。在 WC 球反复的碾压过程中，这些氧化的磨屑被热压烧结形成了摩擦氧化层。这些氧化物保护层起到了固体润滑的作用，减少了 WC 球的直接接触，从而降低了摩擦系数。但是随着滑动磨损的进行，这些摩擦氧化层在高载荷下发生断裂，最终在 WC 球的切削作用下发生块状剥落，因此高载荷下涂层的失效形式主要为剥落，并伴随着氧化磨损。

从图 4.52(c)可以看出，6061 铝合金表面存在大量平行分布的深犁沟形貌。这主要是由于 WC 球作为硬质材料切削软质的 6061 铝合金，二者发生滑动摩擦磨损，磨损的初始阶段，6061 铝合金表面会发生严重的塑性变形。随着时间的延长，磨损表面的温度不断升高，此时 6061 铝合金表面和亚表面会发生热软化现象。WC 球的硬质点对 6061 铝合金表面会产生较大的切削作用力，作为软质相的 6061 铝合金不足以抵抗切向摩擦力的作用。通过 WC 球的往复滑动摩擦，在 6061 铝合金表面会形成犁沟磨痕。同时磨损表面还有部分撕裂痕迹，这说明 6061 铝合金表面在低载荷下发生了磨粒磨损和黏着磨损。从图 4.52(d)可以看出，在较高载荷作用下，6061 铝合金磨损表面存在犁沟磨痕和大量的层片状剥落形貌。Holmberg 等[25]研究认为，当剥层磨损机理相同时，接触疲劳强度和材料硬度的平方成正比。6061 铝合金的硬度较低，抗变形能力较差。当 6061 铝合金表面受到 WC 球的挤压作用时会产生塑性变形，这将引起位错的增殖与运动。随着塑性变形继续进行，会形成位错塞积，在表层下萌生裂纹源，且随着塑性变形的加剧，裂纹上部的材料将变成薄片状的磨削，从而形成剥层磨损[26]。因此，在高载荷下，6061 铝合金的失效形式主要为磨粒磨损和脆性剥落伴随着氧化磨损。

3. 微观力学性能对耐磨性的影响

弹性极限应变 ε_y 被定义为材料的纳米硬度 H 和弹性模量 E 的比值，可作为一个重要的参数来衡量材料的耐磨损性能。弹性极限应变的关系式为

$$H \propto \delta_y \tag{4.12}$$

$$\delta_y = E\varepsilon_y \tag{4.13}$$

由式(4.12)和式(4.13)可得

$$\varepsilon_y \propto \frac{H}{E} \tag{4.14}$$

图 4.53 为 6061 铝合金和 Al-Fe-Si 涂层的 H/E 与磨损体积的关系。从图中可以看出，材料的磨损体积与 H/E 成反比，即材料磨损体积随着 H/E 的增大而逐渐降低。Al-Fe-Si 涂层的 H/E 为 0.018，而 6061 铝合金的 H/E 为 0.012，因此 Al-Fe-Si 涂层具有更好的耐磨性。

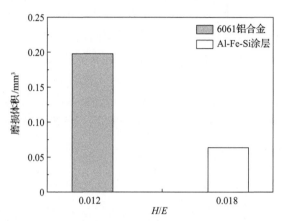

图 4.53　6061 铝合金和 Al-Fe-Si 涂层的 H/E 与磨损体积的关系

当材料的弹性模量没有太大的改变时，H/E 不能完全反映出材料的弹性性能。为此，可采用反映材料弹性的参数来表征材料弹性性能对材料耐磨性的影响。一般来说，高硬度值的材料具有较大的抗塑性变形能力，因此其总变形能是减小的；同时高硬度的材料具有高的屈服强度，所以其有着较宽的弹性变形能力范围，且其储能模量较高。图 4.54 为 6061 铝合金和 Al-Fe-Si 涂层的储能模量与磨损体积

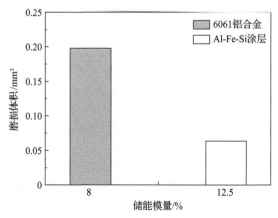

图 4.54　6061 铝合金和 Al-Fe-Si 涂层的储能模量与磨损体积的关系

的关系。从图中可以看出，与 6061 铝合金相比，Al-Fe-Si 涂层的磨损体积较小，其对应的储能模量较大。

4.4.2　腐蚀介质条件下涂层的摩擦磨损行为

1. 不同参数作用下涂层的磨损性能

图 4.55 为载荷 30N 时 Al-Fe-Si 涂层和 6061 铝合金在不同磨损线速度下的摩擦系数曲线。从图 4.55(a)可以看出，随着磨损线速度的增加，Al-Fe-Si 涂层的摩擦系数呈现出下降的趋势。这是因为速度较高时，腐蚀溶液中的 Cl⁻ 运动速度加快，对涂层表面的腐蚀效应增加，生成的腐蚀产物增多，在腐蚀产物和溶液的润滑作用下，其摩擦系数降低。从图 4.55(b)可以看出，6061 铝合金的摩擦系数比 Al-Fe-Si 涂层大。从图 4.55(c)可以看出，随着磨损线速度的增加，两者的摩擦系数均呈现下降的趋势，但是 Al-Fe-Si 涂层的摩擦系数变化幅度较小，且数值明显低于 6061 铝合金。

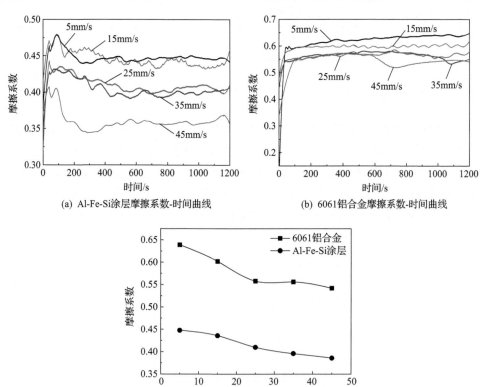

(a) Al-Fe-Si涂层摩擦系数-时间曲线　　　　　　(b) 6061铝合金摩擦系数-时间曲线

(c) Al-Fe-Si涂层和6061铝合金摩擦系数-磨损线速度曲线

图 4.55　载荷 30N 时 Al-Fe-Si 涂层和 6061 铝合金在不同磨损线速度下的摩擦系数曲线

图 4.56 为载荷 30N 时 Al-Fe-Si 涂层和 6061 铝合金在不同磨损线速度下的磨

损体积和磨损率分布。从图中可以看出，随着磨损线速度的增大，Al-Fe-Si 涂层和 6061 铝合金的磨损体积也增大，但其磨损率均呈现下降趋势。还可以看出，Al-Fe-Si 涂层的磨损体积和磨损率均明显低于 6061 铝合金，同时 Al-Fe-Si 涂层的磨损率随着速度的升高略微降低。当磨损线速度为 45mm/s，Al-Fe-Si 涂层的耐磨性约为 6061 铝合金的 4 倍。

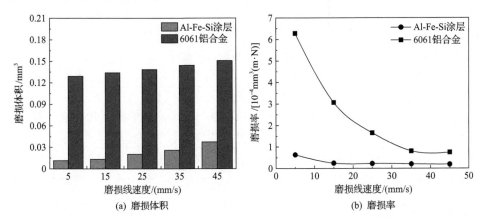

图 4.56　载荷 30N 时 Al-Fe-Si 涂层和 6061 铝合金在不同磨损线速度下的磨损体积和磨损率分布

图 4.57 为载荷 30N 时 Al-Fe-Si 涂层和 6061 铝合金在不同磨损线速度下的三维磨痕形貌。从图 4.57(a)、(b)可以看出，随着磨损线速度的升高，Al-Fe-Si 涂

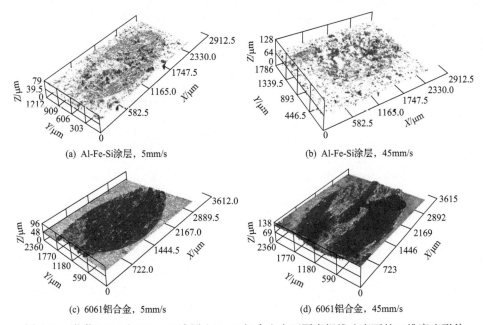

图 4.57　载荷 30N 时 Al-Fe-Si 涂层和 6061 铝合金在不同磨损线速度下的三维磨痕形貌

层磨痕逐渐变宽；在 Al-Fe-Si 涂层磨痕中还存在着一些点蚀坑，且这些点蚀坑的数量随着磨损线速度的升高不断增多。这主要是因为在较高的磨损线速度下，溶液中 Cl⁻ 的运动速度加快，使 Cl⁻ 对 Al-Fe-Si 涂层的腐蚀行为增强；当 Al-Fe-Si 涂层中点蚀坑的数量增多时，Al-Fe-Si 涂层表面整体强度和硬度会得到削弱，且在 WC 球的作用下，这些有点蚀坑的位置周围会优先发生失效现象，因此较高磨损线速度下 Al-Fe-Si 涂层的腐蚀磨损行为会加剧，并导致磨损体积的增加。从图 4.57(c)、(d) 可以看出，6061 铝合金的磨痕要比 Al-Fe-Si 涂层宽且深，这说明 Al-Fe-Si 涂层在 NaCl 溶液介质中的耐磨性能优于 6061 铝合金。

　　图 4.58 为磨损线速度 25mm/s 时 Al-Fe-Si 涂层和 6061 铝合金在不同载荷下的摩擦系数曲线。从图 4.58(a) 可以看出，随着时间的延长，Al-Fe-Si 涂层的摩擦系数波动幅度较小，而且随着载荷的增加，Al-Fe-Si 涂层的摩擦系数逐渐降低。这是因为在磨损的过程中，NaCl 溶液一方面作为腐蚀介质侵蚀涂层的表面，另一方面充当润滑剂对 WC 球起润滑的作用。同时，在较高载荷下，Al-Fe-Si 涂层表面的塑性变形增加，使其受到的磨损急剧增大，而且 WC 球与涂层对磨时产生的磨

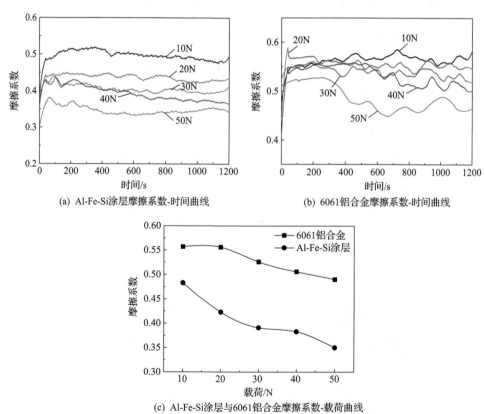

(a) Al-Fe-Si涂层摩擦系数-时间曲线　　　　(b) 6061铝合金摩擦系数-时间曲线

(c) Al-Fe-Si涂层与6061铝合金摩擦系数-载荷曲线

图 4.58　磨损线速度 25mm/s 时 Al-Fe-Si 涂层和 6061 铝合金在不同载荷下的摩擦系数曲线

屑在剪切、挤压应力作用下形成表面光滑的微凸体。由于这些磨屑和光滑微凸体的存在，可减少 WC 球和 Al-Fe-Si 涂层的实际接触面积。在大量的磨屑和 NaCl 溶液充当润滑剂的作用下，Al-Fe-Si 涂层的磨损得到一定程度的削弱，因此其摩擦系数下降。从图 4.58(b)可以看出，与 Al-Fe-Si 涂层相比，6061 铝合金的摩擦系数波动幅度增大，同时其值要高于 Al-Fe-Si 涂层。从图 4.58(c)可以看出，随着载荷的增加，两者的摩擦系数均呈现下降的趋势，但是 Al-Fe-Si 涂层的摩擦系数小于 6061 铝合金。

　　图 4.59 为磨损线速度 25mm/s 时 Al-Fe-Si 涂层和 6061 铝合金在不同载荷下的磨损体积和磨损率分布。从图中可以看出，随着载荷的增加，Al-Fe-Si 涂层的磨损率下降平缓，且其磨损体积和磨损率均小于 6061 铝合金。

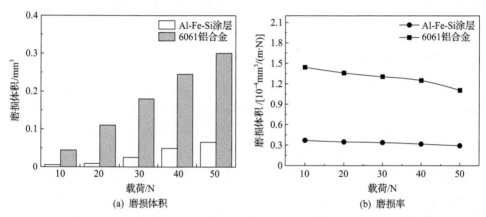

图 4.59　磨损线速度 25mm/s 时 Al-Fe-Si 涂层和 6061 铝合金在不同载荷下的
磨损体积和磨损率分布

　　图 4.60 为磨损线速度 25mm/s 时 Al-Fe-Si 涂层和 6061 铝合金在不同载荷下的三维磨痕形貌。从图 4.60(a)、(b)可以看出，Al-Fe-Si 涂层在较高载荷下的磨痕更宽且更粗糙，磨坑中还存在较大点蚀坑。这说明在较高载荷作用下，涂层在磨

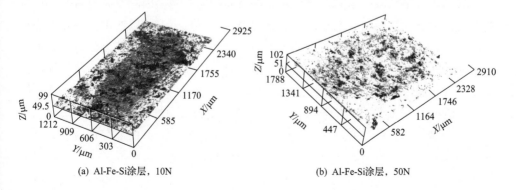

(a) Al-Fe-Si涂层，10N　　　　　　　　(b) Al-Fe-Si涂层，50N

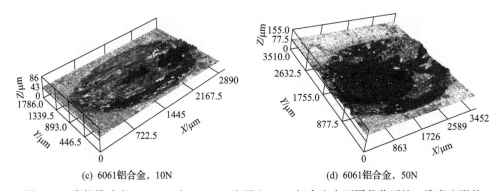

(c) 6061铝合金，10N (d) 6061铝合金，50N

图 4.60　磨损线速度 25mm/s 时 Al-Fe-Si 涂层和 6061 铝合金在不同载荷下的三维磨痕形貌

损和腐蚀协同作用下受到的磨损更加严重。从图 4.60(c)、(d) 可以看出，6061 铝合金磨痕中出现大量平行的犁沟和断裂现象，导致其磨损率较大。

2. 磨损形貌分析

图 4.61 为载荷 30N 时 Al-Fe-Si 涂层和 6061 铝合金在不同磨损线速度下的磨损形貌。表 4.18 为 Al-Fe-Si 涂层在 30N-45mm/s 下磨损表面不同区域所含元素的原子分数。从图 4.61(a)、(b) 可以看出，当磨损线速度较低时，Al-Fe-Si 涂层磨损表面仅存在少量的裂纹和剥落坑。随着载荷的增大，涂层中剥落坑的尺寸增大。这是因为在流体润滑过程中，摩擦阻力取决于溶液的内摩擦(黏度)，一般来说，溶液的黏度越高，其减摩效果越好。高速磨损时的磨损界面摩擦热比低速磨损时高，会引起 NaCl 溶液的黏度降低，使界面处溶液厚度减小，导致剪切应力集中在摩擦微凸体上，增大对磨球的实际接触面积，造成涂层在高速磨损时磨损体积增大。从表 4.18 可以看出，剥落坑内部 B 区的氧元素比涂层磨损表面 A 区少，这说明 B 区是在高速磨损过程中残留于剥落坑内部的磨屑在 NaCl 溶液的作用下发生腐蚀行为生成了腐蚀产物所致。在涂层磨损表面 A 区，随着磨损线速度的增大，界面溶液厚度减小，同时磨损表面的瞬间闪温升高，因此在高温氧化和腐蚀的共同作用下，其表面的氧元素增多。从图 4.61(c)、(d) 可以看出，在较低磨损线速度下，6061 铝合金表面存在裂纹和腐蚀产物。随着磨损线速度的升高，大量的裂纹伴随较大尺寸的剥落坑呈现在磨损表面。这是因为在 WC 球反复推碾作用下，硬度较低的 6061 铝合金表面会产生微裂纹，且由于铝基材料对点蚀较敏感，Cl⁻沿微裂纹向合金深度方向渗透并腐蚀合金，使合金中的 Al 发生阳极溶解而形成腐蚀产物，同时释放的氢气以气泡的形式溢出，导致合金内部存在应力。在内部应力和外部切向应力的同时作用下，合金表面发生剥落，形成腐蚀产物，导致剥层失效。因此，6061 铝合金腐蚀磨损的失效形式以脆性剥落和腐蚀氧化为主。

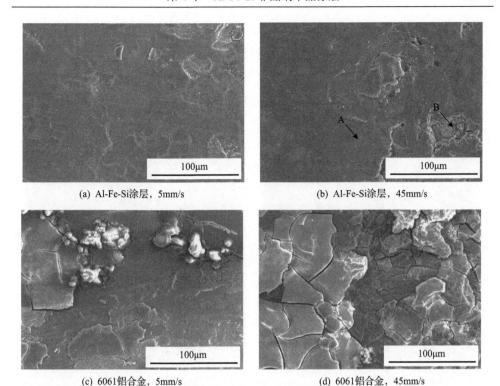

(a) Al-Fe-Si涂层，5mm/s

(b) Al-Fe-Si涂层，45mm/s

(c) 6061铝合金，5mm/s

(d) 6061铝合金，45mm/s

图 4.61　载荷 30N 时 Al-Fe-Si 涂层和 6061 铝合金在不同磨损线速度下的磨损形貌

表 4.18　Al-Fe-Si 涂层在 30N-45mm/s 下磨损表面不同区域所含元素的原子分数

区域	Al/%	Fe/%	Si/%	O/%
A	44.02	10.78	13.46	31.74
B	54.32	7.10	11.05	27.53

　　图 4.62 为磨损线速度 25mm/s 时 Al-Fe-Si 涂层在不同载荷下的磨损形貌。表 4.19 为 Al-Fe-Si 涂层在 25mm/s-50N 下磨损表面不同区域所含元素的原子分数。从图 4.62(a)、(b)可以看出，当外加载荷较低时，Al-Fe-Si 涂层的磨损表面较为平滑，仅存在少量的剥落坑和裂纹。随着载荷的增大，Al-Fe-Si 涂层失效的表面出现了严重的刮伤和剥落现象。这是因为载荷增大时，Al-Fe-Si 涂层磨损界面的溶液厚度会减小，使涂层表面发生加工硬化，同时微凸体高度及角度急剧减小而变平，导致实际的接触面积增大。Al-Fe-Si 涂层受到 WC 球的挤压和磨损，在其表面及次表面的扁平颗粒间界面处的结合强度较低，加之孔隙等缺陷产生的高应力集中，且在较大切应力的反复作用下，这些部位会产生疲劳损伤，并在层间缺陷处产生微裂纹。随着滑动磨损的进行，在循环应力的反复作用下，这些微裂纹将长大成宏观裂纹。在切应力的继续作用下，裂纹会沿着较为薄弱的方向扩展。

当裂纹尖端的应力强度因子逐步接近材料的断裂韧性时，裂纹将急剧发生局部失稳，形成"悬臂梁"。在接触应力的碾压作用下，这些"悬臂梁"容易破碎，造成扁平颗粒的局部脱落，最终导致涂层产生剥落层失效。

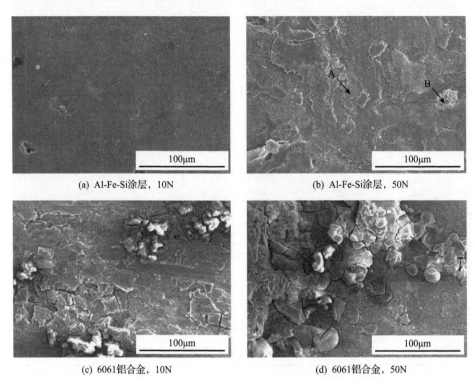

(a) Al-Fe-Si涂层，10N　　　　　　　　(b) Al-Fe-Si涂层，50N

(c) 6061铝合金，10N　　　　　　　　(d) 6061铝合金，50N

图 4.62　磨损线速度 25mm/s 时 Al-Fe-Si 涂层在不同载荷下的磨损形貌

表 4.19　Al-Fe-Si 涂层在 25mm/s-50N 下磨损表面不同区域所含元素的原子分数

区域	Al/%	Fe/%	Si/%	Cl/%	O/%
A	50.62	6.31	10.46	—	32.61
B	—	37.34	—	2.92	59.74

在图 4.62(b) 的 B 区域中可以看到"针尖状"的物质，经分析可知其含有大量的 O 元素和 Fe 元素以及少量的 Cl 元素，这可能是涂层在腐蚀和磨损共同作用下产生的磨损腐蚀产物，因此 Al-Fe-Si 涂层的主要失效机制为脆性剥落和腐蚀氧化。

从图 4.62(c)、(d)可以看出，6061 铝合金表面腐蚀磨损形貌要粗糙得多，除犁沟外，还存在大量的磨损产物。其中，腐蚀磨损表面较高位置的地方主要是被 NaCl 溶液腐蚀后形成的腐蚀产物，而较低位置的地方主要是涂层磨损的表面。随着 WC 球在腐蚀溶液中反复挤压合金表面，产生大量的磨屑会在 NaCl 溶液的作用下发生腐蚀行为，同时这些残存在磨损表面的腐蚀产物与新鲜涂层表面之间会产生腐蚀原电池效应，被 WC 球磨损后露出的新鲜的涂层表面作为原电池的阳极会很快发生溶解，而那些本来就已经腐蚀的位置作为原电池的阴极发生还原反应，从而形成了腐蚀产物的不断堆积。因此，6061 铝合金的失效形式主要为磨料磨损和腐蚀氧化。

参 考 文 献

[1] 张欣, 王泽华, 林尽染, 等. 高速电弧喷涂 FeCrNiNbBSiMo 涂层高温氧化性能. 材料热处理学报, 2014, 35(1): 157-162.

[2] Parker F T, Spada F E, Berkowitz A E, et al. Thick amorphous ferromagnetic coatings via thermal spraying of spark-eroded powder. Materials Letters, 2001, 48(3): 184-187.

[3] 王胜海, 杨春成, 边秀房. 铝基非晶合金的研究进展. 材料导报, 2012, 26(1): 88-93, 98.

[4] Xue X M, Jiang H G, Sui Z T, et al. Influence of phosphorus addition on the surface tension of liquid iron and segregation of phosphorus on the surface of Fe-P alloy. Metallurgical and Materials Transactions B, 1996, 27(1): 71-79.

[5] Oberle T L. Properties influencing wear of metals. Journal of Metals, 1951, 3: 438G-439G.

[6] Cheng J B, Liu D, Liang X B, et al. Evolution of microstructure and mechanical properties of in situ synthesized $TiC-TiB_2/CoCrCuFeNi$ high entropy alloy coatings. Surface and Coatings Technology, 2015, 281: 109-116.

[7] Marshall D B, Noma T, Evans A G. A simple method for determining elastic-modulus-to-hardness ratios using knoop indentation measurements. Journal of the American Ceramic Society, 1982, 65(10): 175-176.

[8] Anstis G R, Chantikul P, Lawn B R, et al. A critical evaluation of indentation techniques for measuring fracture toughness: I, direct crack measurements. Journal of the American Ceramic Society, 1981, 64(9): 533-538.

[9] 何远怀, 张玉勤, 蒋业华, 等. 放电等离子烧结温度对 Ti-13Nb-13Zr 合金在人工模拟体液中耐腐蚀性能的影响. 粉末冶金材料科学与工程, 2017, 22(2): 190-197.

[10] Lopatina E, Soldatov I, Budinsky V, et al. Surface crystallization and magnetic properties of $Fe_{84.3}Cu_{0.7}Si_4B_8P_3$ soft magnetic ribbons. Acta Materialia, 2015, 96: 10-17.

[11] Souza C A C, May J E, Carlos I A, et al. Influence of the corrosion on the saturation magnetic density of amorphous and nanocrystalline $Fe_{73}Nb_3Si_{15.5}B_{7.5}Cu_1$ and $Fe_{80}Zr_{3.5}Nb_{3.5}B_{12}Cu_1$ alloys. Journal of Non-crystalline Solids, 2002, 304(1-3): 210-216.

[12] Zhao W M, Wang Y, Dong L X, et al. Corrosion mechanism of NiCrBSi coatings deposited by HVOF. Surface and Coatings Technology, 2005, 190(2): 293-298.

[13] 李丽, 苏霄. 1050A 铝合金模拟海洋大气环境腐蚀行为的中性盐雾试验. 腐蚀与防护, 2014, 35(4): 367-370, 386.

[14] 黄海威, 王镇波, 刘莉, 等. 马氏体不锈钢上梯度纳米结构表层的形成及其对电化学腐蚀行为的影响. 金属学报, 2015, 51(5): 513-518.

[15] 于春燕, 惠希东, 陈晓华, 等. Al-Ni 非晶合金的原子堆垛结构及密度的第一性原理分子动力学模拟. 中国科学: 技术科学, 2011, 41(6): 745-753.

[16] 蒋穸, 缪强, 梁文萍, 等. 碳钢表面 Al-Zn-Si-RE 多元合金涂层在 3.5%NaCl 溶液中的腐蚀行为. 中国腐蚀与防护学报, 2015, 35(5): 429-437.

[17] Streicher M A. Pitting corrosion of 18Cr-8Ni stainless steel. Journal of The Electrochemical Society, 1956, 103(7): 375.

[18] 赵国仙, 吕祥鸿, 韩勇. 流速对 P110 钢腐蚀行为的影响. 材料工程, 2008, 36(8): 5-8.

[19] 刘灿楼, 胡镇华, 刘宁, 等. Ti(C,N)基金属陶瓷的摩擦磨损研究. 硬质合金, 1994, 11(3): 148-152.

[20] 朱昊, 李政, 周仲荣. 低碳钢的复合微动磨损特性研究. 材料工程, 2004, 32(10): 12-15, 20.

[21] 郭纯, 周健松, 陈建敏. 钛表面激光熔覆原位制备 Ti_5Si_3 涂层结构及摩擦学性能. 无机材料学报, 2012, 27(9): 970-976.

[22] Archard J F. Contact and rubbing of flat surfaces. Journal of Applied Physics, 1953, 24(8): 981-988.

[23] 朱子新, 徐滨士, 马世宁, 等. 高速电弧喷涂 Fe-Al 涂层在高温磨损中的摩擦氧化行为. 机械工程学报, 2004, 40(11): 163-168.

[24] 朱子新, 徐滨士, 马世宁, 等. 高速电弧喷涂 Fe-Al 涂层的高温磨损特性. 摩擦学学报, 2004, 24(2): 106-110.

[25] Holmberg K, Matthews A, Ronkainen H. Coatings tribology-contact mechanisms and surface design. Tribology International, 1998, 31(1): 107-120.

[26] 郭亚昆, 帅茂兵, 邹东利, 等. 应变水平对锆合金动载下塑性变形机制的影响. 稀有金属材料与工程, 2017, 46(6): 1584-1589.

第 5 章　热处理对铝基非晶纳米晶涂层的影响

5.1　热处理对涂层组织结构及力学性能的影响

非晶合金在热力学上处于亚稳态结构。一定条件下，非晶态合金会向能量较低的亚稳态或者稳态（晶态）转变，且环境温度可促使这样的结构转变。一般来说，非晶合金中自由体积较大且分布不均，其在较低温度下的自由体积会重新分布和湮灭，并向内部结构更稳定的亚稳态转变，此过程称为结构弛豫。当温度较高时，原子克服能量势垒发生重排，转变成能量更低的亚稳态准晶或平衡态晶体结构，此过程称为晶化。非晶合金晶化后，其微观结构发生变化，将会导致各种性能改变。由 4.2.4 节可知，Al-Fe-Si 涂层晶化温度为 356℃，据此选取退火温度为 300℃、350℃、400℃、450℃、500℃，采用 MF-1100C-S 马弗炉进行热处理。试验过程中，从室温以相同的速度升温至指定温度点，保温 1h 随炉冷却后取出进行研究。本章主要研究不同温度退火热处理后，Al-Fe-Si 涂层在组织结构、相组成上的变化规律，以及对涂层硬度和微观力学上的影响。下面将根据退火温度对退火处理后的涂层试样进行标记，如将退火温度为 300℃的涂层标记为 300℃，而未做退火处理的涂层标记为喷涂态。

5.1.1　涂层相组成的变化情况

图 5.1 为 Al-Fe-Si 涂层在喷涂态及不同退火温度下的 XRD 图谱。从图 5.1(a)可以看出，喷涂态涂层在 $2\theta = 30°\sim50°$ 存在一个较宽的漫散射峰，呈现典型的非晶结构特征。但在散漫的非晶峰上也分布着一些强度较低的尖锐峰，经分析，其主要晶化相组成为 α-Al 相。当涂层经 300℃退火时，其 XRD 图谱基本与喷涂态涂层保持一致。从图 5.1(c)可以看出，涂层经 350℃热处理后，衍射峰强度升高，并在 $2\theta = 42°$、46°、47°和 75°处出现了尖锐的晶体峰，这说明涂层内部结构由非晶相转变成晶态结构，经分析，其初生晶相为 $Al_9Fe_2Si_2$ 金属间化合物，伴随有少量的 Fe_5Si_3 相。当退火温度升高到 400℃时，衍射峰强度升高，并且出现大量晶态结构的 Al_5FeSi 新相衍射峰。当退火温度升高到 450℃和 500℃时，在 $2\theta = 41°$ 处晶体峰逐渐增强，在 $2\theta = 42°$ 处晶体峰逐渐变弱，在 $2\theta = 75°$ 处晶体峰消失，相应地，$Al_9Fe_2Si_2$ 和 Fe_5Si_3 亚稳态晶相逐渐向稳定的 Al_5FeSi 晶体转变，且随温度升高，其峰的强度增大，这说明晶粒不断长大。

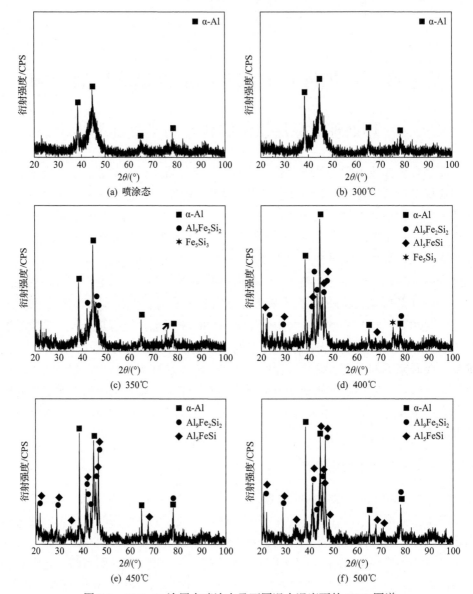

图 5.1　Al-Fe-Si 涂层在喷涂态及不同退火温度下的 XRD 图谱

　　根据 XRD 图谱,结合差热分析曲线放热峰,可以将 Al-Fe-Si 涂层中非晶相的晶化过程分为两个阶段。

　　(1)初晶晶化:非晶相→残余非晶基体+α-Al 相。此过程发生在较低的温度下,此时非晶涂层发生结构弛豫,原子重排,自由体积重新分布与湮灭,向内部结构更稳定的非晶态转变。同时,非晶基体中的"淬态核"长大形成 α-Al 纳米晶。

　　(2)共晶晶化:非晶基体+α-Al 相→α-Al 相+Al$_9$Fe$_2$Si$_2$ 相+Al$_5$FeSi 相+Fe$_5$Si$_3$ 相+

残余非晶相。当环境温度高于晶化温度时，涂层内部将发生共晶晶化行为，原子获得足够的能量快速扩散，非晶基体中形成大量晶核并不断长大，从而形成了金属间化合物[1]。

图 5.2 为 Al-Fe-Si 涂层在喷涂态及不同退火温度下的非晶含量（即非晶相体积分数）。从图中可以看出，随着退火温度的升高，涂层中非晶含量不断降低。喷涂态涂层具有较高的非晶含量，为 80.4%。当退火温度为 400℃时，涂层中非晶含量急剧降低，仅为 25.4%；随着温度的进一步升高，涂层中非晶含量的下降趋势较为平缓，且在 500℃时为 22%。这证明了涂层在热处理过程中发生了不同程度的晶化行为。

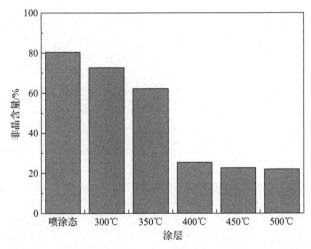

图 5.2　Al-Fe-Si 涂层在喷涂态及不同退火温度下的非晶含量

5.1.2　涂层组织的变化情况

图 5.3 为 Al-Fe-Si 涂层在喷涂态及不同退火温度下的截面扫描图与面扫描分析结果。从图 5.3(a)可以看出，涂层呈现典型的层状结构，其组织致密，与基材结合紧凑，这主要是因为喷涂粒子发生充分扁平化，使粒子间发生紧密的机械互锁效应。

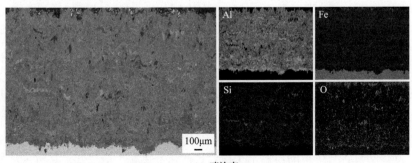

(a) 喷涂态

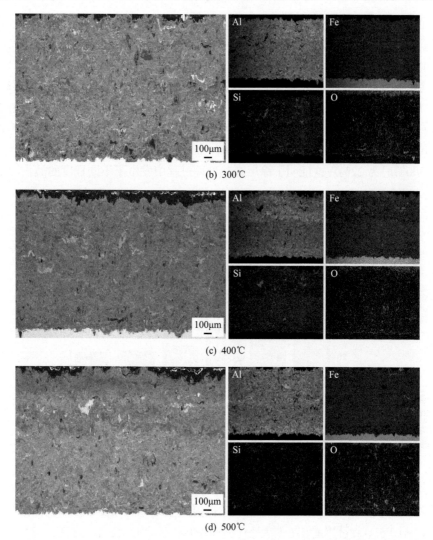

图 5.3　Al-Fe-Si 涂层在喷涂态及不同退火温度下的截面扫描图与面扫描分析结果

从图 5.3(b)～(d)可以看出，与喷涂态涂层相比，热处理后的涂层截面形貌基本未发生改变。从涂层截面元素分布图可以看出，不同工艺下涂层内部均存在 Si 和 Al 元素的偏析现象，还存在少量 O 元素。

图 5.4 为 Al-Fe-Si 涂层在喷涂态及不同退火温度下的微观区域形貌。从图 5.4(a)可以看出，喷涂态涂层层叠粒子间搭接紧密，其局部区域存在一些垂直方向上的微裂纹和近似于未熔化的圆形粒子，以及少量黑色孔洞。涂层主要呈现灰色和灰黑色区域，其所含元素的组成分别为 $Al_{58.18}Fe_{21.47}Si_{20.35}$ 和 $Al_{84.46}Fe_{8.03}Si_{7.51}$，即属于涂层的合金成分；同时含有少量的白色条状物分布在扁平化粒子搭接处，其所含元素的组

成为 $Al_{40.11}Fe_{18.92}Si_{4.33}O_{36.64}$，这说明涂层在沉积过程中存在氧化行为。从图 5.4(b)～(d)可以看出，Al-Fe-Si 涂层仍表现出层状结构，层间结合紧密，存在衬度颜色不同的区域；随着退火温度的升高，涂层的裂纹数量逐渐降低，涂层的结构更加致密。

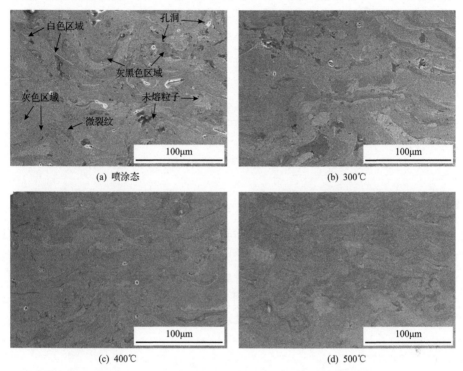

图 5.4　Al-Fe-Si 涂层在喷涂态及不同退火温度下的微观区域形貌

图 5.5 为 Al-Fe-Si 涂层在喷涂态及不同退火温度下的孔隙率分布。从图中可以看出，随着退火温度的升高，涂层的孔隙率逐渐降低，喷涂态涂层孔隙率为1.4%，到 500℃时为 0.7%。在电弧喷涂过程中，熔化态粒子在压缩空气的作用下撞击基底，发生塑性变形成为扁平状粒子，进而后续粒子不断叠加、堆垛形成涂层。当层叠粒子间搭接不充分或不能完全重叠时，则形成孔隙。由于热胀冷缩效应，扁平颗粒冷却时会收缩，但受底层基底或已沉积涂层的制约，会产生骤冷应力，导致微裂纹的萌生[2,3]。同时，喷涂态涂层中非晶相处于能量较高的亚稳态，内部自由体积较大且分布不均，在低于晶化温度的退火过程中，非晶相发生结构弛豫现象，即原子重排，自由体积重新分布和湮灭，向内部结构更稳定的亚稳态过渡，导致孔隙率下降[4]。当高于晶化温度退火时，晶体相析出及长大，晶粒排列更加致密。在较高温度下热处理时，层叠堆积的扁平化粒子之间由于烧结作用而导致成分相互扩散，有利于涂层微小孔隙及裂纹的愈合，从而形成更加致密的结构[5]。

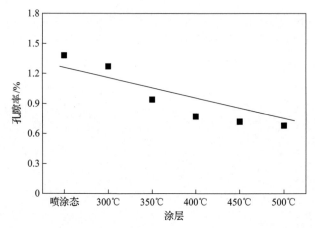

图 5.5　Al-Fe-Si 涂层在喷涂态及不同退火温度下的孔隙率分布

5.1.3　涂层硬度的变化情况

图 5.6 为 Al-Fe-Si 涂层在喷涂态及不同退火温度下的显微硬度曲线。从图中可以看出，与喷涂态涂层相比，热处理后的涂层显微硬度明显上升，并且随着热处理温度的升高，涂层显微硬度总体呈现先上升后降低的趋势。喷涂态涂层平均显微硬度为 392.2HV$_{0.1}$，经 450℃退火处理后涂层平均显微硬度达到最大值，为 509.1HV$_{0.1}$；但随着温度的进一步升高，经 500℃退火处理后涂层平均显微硬度下降为 476.5HV$_{0.1}$。

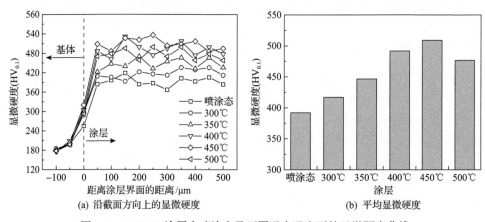

(a) 沿截面方向上的显微硬度　　　　　　　　(b) 平均显微硬度

图 5.6　Al-Fe-Si 涂层在喷涂态及不同退火温度下的显微硬度曲线

图 5.7 为 Al-Fe-Si 涂层在喷涂态及不同退火温度下的载荷-位移曲线。从图中可以看出，喷涂态和退火态的最大压痕深度 h_{max} 分别为 429.6nm、416.8nm、393.3nm、370.1nm、357.3nm、378.8nm，即随着温度的升高，h_{max} 整体呈现下降趋势。最大压痕深度能够反映物体表面的残余应力和屈服强度[6]。

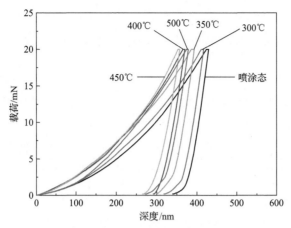

图 5.7 Al-Fe-Si 涂层在喷涂态及不同退火温度下的载荷-位移曲线

表 5.1 为 Al-Fe-Si 涂层在喷涂态及不同退火温度下的纳米硬度和弹性模量。从表中可以看出：①随着温度的升高，纳米硬度和弹性模量整体呈现先上升后下降的趋势。喷涂态涂层的纳米硬度为 4.56GPa，经 450℃退火处理后涂层的纳米硬度达到最大值 6.75GPa，退火温度升高到 500℃时下降为 5.96GPa，但经退火处理后涂层的纳米硬度均高于喷涂态涂层。这一结果与涂层的显微硬度变化规律一致。这主要是因为一方面涂层经退火处理后其内部结构更加致密，原子间距缩小，促进了原子间的键合强度；另一方面退火导致涂层中具有纳米结构的 α-Al 相和金属间化合物相析出，使涂层硬度进一步提高[7]。②涂层的弹性模量随着退火温度的升高而增加。在晶化温度以下退火热处理会导致非晶基质发生结构弛豫现象。此过程中，原子重排，内部自由体积重新分配与湮灭，涂层向更稳定的亚稳态结构转变。由于自由体积的存在，非晶态合金密度比晶态合金小，喷涂态涂层中的平均原子间距较大，退火处理后原子间距减小，密度升高，弹性模量升高[7]。

表 5.1 Al-Fe-Si 涂层在喷涂态及不同退火温度下的纳米硬度和弹性模量

涂层	H/GPa	E/GPa
喷涂态	4.56	204
300℃	4.85	207
350℃	5.48	220
400℃	6.27	223
450℃	6.75	232
500℃	5.96	220

随着退火温度的进一步升高，涂层晶化程度增加并在退火温度为 500℃时接近饱和，此时富铝纳米晶聚集长大，其晶相尺寸逐渐增大，晶相与残余非晶相界面处对剪切带的阻碍减小，因此综合力学性能有所下降。

5.2　热处理对涂层电化学腐蚀行为的影响

通常认为非晶合金没有晶界、位错等缺陷，具有优异的防腐蚀性能。然而，非晶涂层经不同温度热处理后，析出的纳米晶相在化学、尺寸和分布上的差异性及残余非晶相的成分异质性将会影响其防腐蚀性能。采用电化学腐蚀试验(开路电位、极化曲线和电化学交流阻抗谱分析法)对喷涂态及不同温度退火处理后涂层的防腐蚀性能进行综合评价，研究时间尺度下不同非晶含量涂层在质量分数为 3.5% 的 NaCl 溶液中的腐蚀速度、表面腐蚀产物特征及其变化规律，对其防护机理及腐蚀过程进行深入分析。

5.2.1　不同温度热处理后涂层的开路电位

图 5.8 为 Al-Fe-Si 涂层在喷涂态及不同退火温度下浸泡不同时间的开路电位。从图中可以看出，在浸泡 1d 时，涂层的开路电位曲线波动范围较大。这主要是由于处于亚稳态的非晶涂层的活性较高，而且涂层内部存在孔隙、氧化物、微裂纹等微观缺陷，在电解溶液侵蚀的同时涂层表面钝化膜不断生成与溶解，使体系处于非平衡状态。随着浸泡时间的延长，涂层的腐蚀体系趋于稳定，但其开路电位

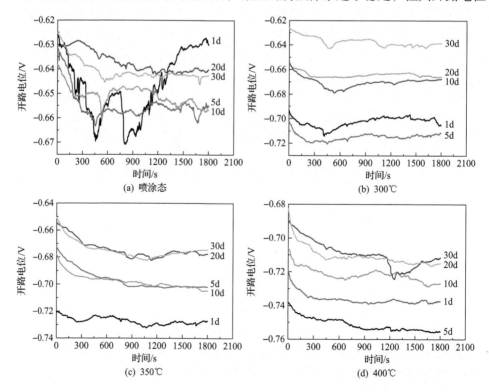

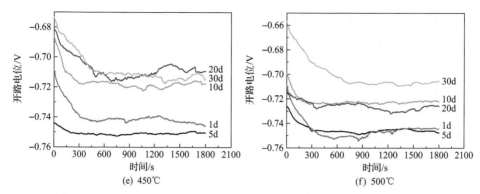

(e) 450℃　　　　　　　　　　(f) 500℃

图 5.8　Al-Fe-Si 涂层在喷涂态及不同退火温度下浸泡不同时间的开路电位

曲线还存在小范围波动，同时电位逐渐正移。在浸泡 20d 时涂层的开路电位达到峰值，继续浸泡至 30d 时又出现略微回落。这说明在浸泡初期，电解液不断渗入涂层孔隙并溶解金属，此时涂层表面的腐蚀产物较少，因此涂层的开路电位绝对值较大。随着浸泡时间的延长，涂层表面腐蚀产物逐渐增多并开始堵塞孔隙，对电解液的扩散起到一定的屏蔽作用，使涂层开路电位呈现正移趋势，并在浸泡 20d 时达到最大。但这层腐蚀产物膜并不致密，易被吸附性较强的 Cl^- 击穿而继续腐蚀涂层组织，使其开路电位在浸泡 30d 时发生负移。涂层经 300℃退火处理后，其电位呈现先负移后正移的趋势。浸泡初期，涂层发生腐蚀，导致开路电位负移；由于涂层表面不断生成氧化产物阻隔介质传输，其开路电位又逐渐正移。随着退火温度的升高（350~450℃），涂层开路电位都表现出先正移再负移的趋势。当退火温度为 500℃时，涂层的开路电位持续负移，说明涂层表面不断生成腐蚀产物。

　　图 5.9 为 Al-Fe-Si 涂层在喷涂态及不同退火温度下开路电位随浸泡时间的变化曲线。从图中可以看出，随浸泡时间延长，热处理前后的涂层开路电位均表现

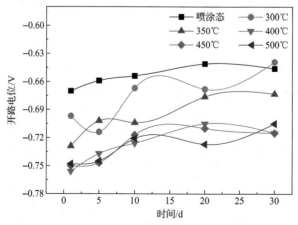

图 5.9　Al-Fe-Si 涂层在喷涂态及不同退火温度下开路电位随浸泡时间的变化曲线

出正移的趋势；随着热处理温度的升高，涂层开路电位逐渐负移。涂层开路电位越正，电解液在涂层中的渗透越慢，其防腐蚀性能越好[8]。随着热处理温度的升高，涂层中晶化程度加深，非晶含量下降，涂层防腐蚀性能不断恶化。

5.2.2　不同温度热处理后涂层的极化曲线

图 5.10 为 Al-Fe-Si 涂层在喷涂态及不同退火温度下浸泡不同时间的极化曲线。表 5.2 为 Al-Fe-Si 涂层在喷涂态及不同退火温度下浸泡不同时间的极化参数。

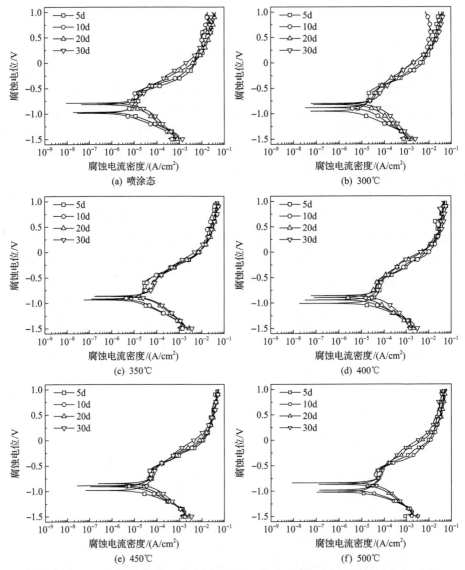

图 5.10　Al-Fe-Si 涂层在喷涂态及不同退火温度下浸泡不同时间的极化曲线

表 5.2　Al-Fe-Si 涂层在喷涂态及不同退火温度下浸泡不同时间的极化参数

涂层	浸泡时间 /d	E_{corr} /V	i_{corr} /(μA/cm²)	β_A /(V/dec)	β_C /(V/dec)	R_P /(Ω·cm²)
喷涂态	5	−0.970	4.259	5.029	6.821	8614.6
	10	−0.988	2.525	5.671	7.375	13197.8
	20	−0.819	6.233	4.001	5.994	6978.1
	30	−0.790	6.739	4.704	6.323	5858.5
300℃	5	−0.953	4.955	5.210	6.467	7513.7
	10	−0.884	11.01	3.821	5.506	4234.1
	20	−0.823	12.79	4.954	5.730	3181
	30	−0.801	20.11	4.746	5.855	2039
350℃	5	−0.933	9.726	4.074	5.887	4487.9
	10	−0.917	13.54	3.577	5.490	3541.6
	20	−0.865	22.32	3.875	5.791	2015.1
	30	−0.860	24.18	4.401	5.989	1730.4
400℃	5	−1.012	11.30	4.427	7.617	3196.2
	10	−0.943	15.01	4.839	6.364	2584.7
	20	−0.893	15.69	3.508	5.844	2949.3
	30	−0.856	25.86	3.94	6.108	1657.1
450℃	5	−0.984	11.27	5.83	7.899	2811.2
	10	−0.911	19.59	3.769	5.545	2382.6
	20	−0.889	23.47	3.626	5.68	1990.4
	30	−0.848	25.78	4.363	5.92	1640.2
500℃	5	−1.022	11.89	4.13	9.047	2774.6
	10	−0.982	13.92	5.211	7.528	2452.4
	20	−0.868	23.34	3.94	6.108	1853.6
	30	−0.838	27.15	4.55	5.923	1529.2

　　自腐蚀电位 E_{corr} 可以从热力学角度反映材料的腐蚀倾向性大小,其值越正,则发生腐蚀的倾向性越小;自腐蚀电流密度 i_{corr} 反映了腐蚀速度的快慢,其值越小,则腐蚀速度越慢;极化电阻 R_P 可根据式(2.9)计算,材料的自腐蚀电流密度越小,极化电阻越大,材料的腐蚀抗力越大,即其耐腐蚀性能越好[9]。

　　长期浸泡过程中,喷涂态 Al-Fe-Si 涂层的自腐蚀电流密度最低,始终保持在 10^{-6} 数量级范围内,基本比较稳定。在浸泡初期,Al-Fe-Si 涂层的极化曲线上出现了较宽的钝化区域,在此钝化范围内,Al-Fe-Si 涂层的自腐蚀电流密度几乎保持不变,这说明涂层表面生成了较稳定的钝化膜,能够有效延缓 Cl⁻ 的渗透与腐蚀。随着浸泡时间延长到10d,Al-Fe-Si涂层的自腐蚀电流密度降低至2.525μA/cm²,极化电阻增大至 13197.8Ω·cm²,这是由于涂层表面生成的腐蚀产物不断增多且形成致密化结构,有效阻隔了腐蚀溶液的扩散通道,使涂层的防腐蚀性能有所提升。

随着浸泡时间的进一步延长，在具有极强渗透性和吸附性的 Cl⁻不断侵蚀下，Al-Fe-Si 涂层表面钝化膜的完整性受到破坏，导致其稳定性有所下降，并表现为钝化区间范围缩小。此时 Al-Fe-Si 涂层的腐蚀速度被迫提高，导致其自腐蚀电流密度有所增大，极化电阻也相应减小。

经 300℃退火热处理后，Al-Fe-Si 涂层的自腐蚀电流密度随浸泡时间的延长逐渐增大。当浸泡时间达到 10d 时，Al-Fe-Si 涂层的自腐蚀电流密度为 $11.01\mu A/cm^2$，比浸泡 5d 时增加了一个数量级。同时，Al-Fe-Si 涂层的钝化区间随浸泡时间延长而逐渐缩小，且在浸泡 20d 时几乎消失，这说明涂层表面钝化膜的稳定性不断被削弱，其发生点蚀行为的倾向有所增大。经 350～500℃退火处理的 Al-Fe-Si 涂层在长期浸泡过程中呈现出同样的趋势，即随着浸泡时间的延长，Al-Fe-Si 涂层的自腐蚀电流密度逐渐升高，极化电阻逐渐减小，涂层的腐蚀速度逐渐增大。

图 5.11 为 Al-Fe-Si 涂层在喷涂态及不同退火温度下极化电阻随浸泡时间的变化曲线。从图中可以看出，喷涂态 Al-Fe-Si 涂层的极化电阻要明显高于热处理后涂层，且在浸泡 10d 时达到峰值，这说明 Al-Fe-Si 涂层具有良好的钝化膜修复与再生能力，表现出优异的防腐蚀性能。随着热处理温度的升高，Al-Fe-Si 涂层的极化电阻逐渐下降，且随着浸泡时间的延长，其极化电阻值始终降低，这说明涂层经过热处理后，其表面钝化膜的稳定性降低，且随着晶化行为的进行，涂层的防腐蚀性能不断恶化。当退火温度持续增大到 400～500℃时，Al-Fe-Si 涂层几乎完全晶化，且具有相同的结晶相，此时涂层的防腐蚀性能较接近。

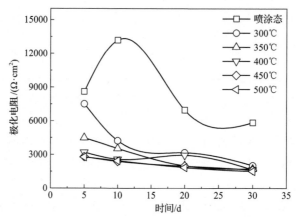

图 5.11　Al-Fe-Si 涂层在喷涂态及不同退火温度下极化电阻随浸泡时间的变化曲线

5.2.3　不同温度热处理后涂层的电化学交流阻抗谱

图 5.12 为喷涂态 Al-Fe-Si 涂层在不同浸泡时间下的电化学交流阻抗谱图。从图 5.12(a)可以看出，浸泡 1h 时，低频区呈现一条斜率约 45°的直线，这说明涂层

在腐蚀过程中伴随着扩散现象[10]。随着浸泡时间的延长，扩散弧逐渐缩短，容抗弧半径呈现先减小后增大再减小的趋势。容抗弧半径是评价材料防腐蚀性能的一项重要指标，即容抗弧半径越大，材料腐蚀抗力越大，防腐蚀性能越好[11]。从图 5.12(b) 可以看出，随着浸泡时间的延长，高频区的阻抗模值和相位角几乎不变，中低频区的阻抗模值和相位角的峰值呈现先减小后增大再减小的趋势。

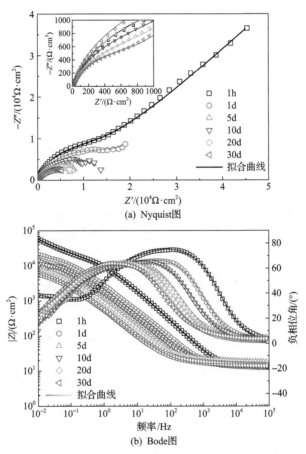

(a) Nyquist图

(b) Bode图

图 5.12　喷涂态 Al-Fe-Si 涂层在不同浸泡时间下的电化学交流阻抗谱图

图 5.13 为 300℃退火处理后 Al-Fe-Si 涂层在不同浸泡时间下的电化学交流阻抗谱图。从图 5.13(a) 可以看出，浸泡初期(1h)，低频区存在线性部分，这说明涂层在腐蚀过程中伴随着扩散现象。随着浸泡时间的延长，扩散弧逐渐缩短，高频区的容抗弧半径随浸泡时间的延长呈现先增大后缓慢减小的趋势，在浸泡 1d 时达到最大值，此时涂层防腐蚀性能达到最佳。从图 5.13(b) 可以看出，随着浸泡时间的延长，中频区(10Hz)的阻抗模值逐渐减小，低频区(0.01Hz)的阻抗模值和相位角峰值呈现先增大后减小的趋势，在浸泡 1d 时达到最大值。

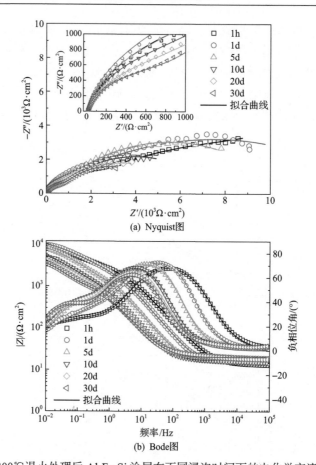

(a) Nyquist图

(b) Bode图

图 5.13 300℃退火处理后 Al-Fe-Si 涂层在不同浸泡时间下的电化学交流阻抗谱图

图 5.14 为 350℃退火处理后 Al-Fe-Si 涂层在不同浸泡时间下的电化学交流阻

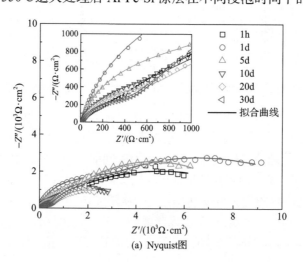

(a) Nyquist图

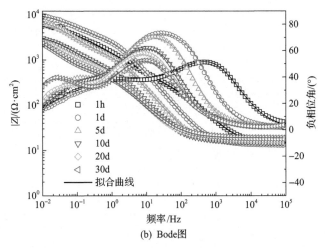

(b) Bode图

图 5.14　350℃退火处理后 Al-Fe-Si 涂层在不同浸泡时间下的电化学交流阻抗谱图

抗谱图。从图 5.14(a)可以看出，高频区的容抗弧半径呈现先增大后减小的趋势，在浸泡 1d 时达到最大值，此时涂层防腐蚀性能最佳。从图 5.14(b)可以看出，随浸泡时间的延长，低频区(0.01Hz)的阻抗模值及相位角峰值呈现先增大后减小的趋势，在浸泡 1d 时达到最大值。

图 5.15 为 400℃、450℃、500℃退火处理后 Al-Fe-Si 涂层在不同浸泡时间下的电化学交流阻抗谱图。从图 5.15(a)、(c)、(e)可以看出，三者随浸泡时间的延长呈现相同的变化趋势，即浸泡初期(1h、1d)，低频区存在线性部分，此时涂层在腐蚀过程中伴随着扩散现象。随着浸泡时间的延长，扩散弧逐渐缩短，高频区的容抗弧半径呈现先增大后减小的趋势，且在浸泡 5d 时达到最大值，此时涂层防腐蚀性能最佳。从图 5.15(b)、(d)、(f)可以看出，低频区(0.01Hz)的阻抗模值和相位角的峰值

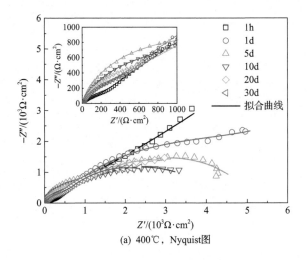

(a) 400℃，Nyquist图

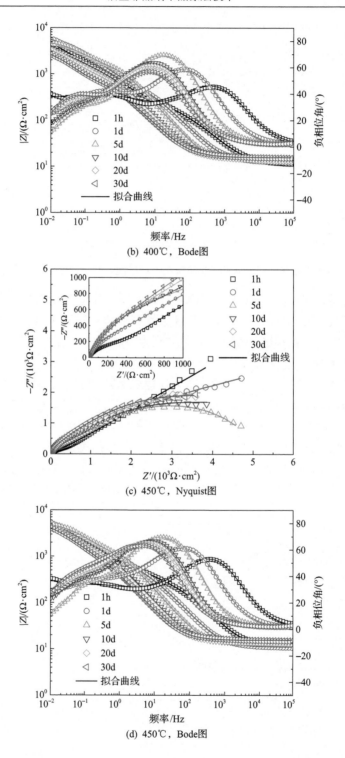

(b) 400℃，Bode图

(c) 450℃，Nyquist图

(d) 450℃，Bode图

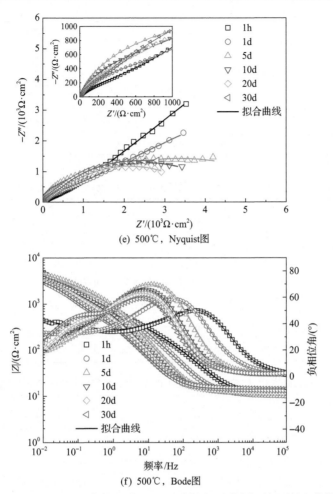

(e) 500℃，Nyquist图

(f) 500℃，Bode图

图5.15　400℃、450℃、500℃退火处理后 Al-Fe-Si 涂层在不同浸泡时间下的电化学交流阻抗谱图

随浸泡时间的延长呈现相同的变化趋势，即先增大后减小，在浸泡 5d 时达到最大值。

图 5.16 为电化学阻抗谱图等效电路。试验过程中选用 $R(Q(R(QR)))$ 和 $R(Q(R(Q(RW))))$ 模型作为等效电路。由于电极表面存在不均匀性，双电层电容器的频率响应特性与纯电容不一致[12]。在等效电路中使用常相位角元件（CPE）代替理想电容，Q_c 和 Q_{dl} 分别代表涂层的电容和双电层电容。Al-Fe-Si 涂层和基材之间存在明显的介电差异，因此拟合电路图上呈现两个时间常数，即 R_c 和 Q_c 平行的子电路对应 Al-Fe-Si 涂层的介电性能和第一个时间常数，R_{ct} 和 Q_{dl} 平行的子电路对应涂层与基材之间界面的介电特性和第二个时间常数。由于电荷转移受到半无限长扩散过程的影响，等效电路中出现 Warburg 阻抗（W）。拟合后的数据如表 5.3～表 5.8 所示。卡方（χ^2）是评估拟合误差的参数，其值在 10^{-3}～10^{-4} 范围内，则表明阻抗谱拟合良好。在拟合过程中，参数 n 的范围为 0～1，是描述非理想电容器与

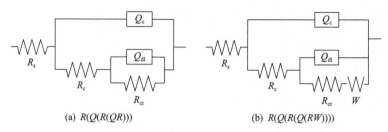

(a) R(Q(R(QR)))　　　　　　　　　　(b) R(Q(R(Q(RW))))

图 5.16　电化学阻抗谱图等效电路

R_s-溶液电阻；R_c-涂层电阻；R_{ct}-电荷转移电阻

表 5.3　喷涂态 Al-Fe-Si 涂层在不同浸泡时间下的电化学交流阻抗谱拟合参数

浸泡时间	R_s /($\Omega\cdot cm^2$)	Q_c /($10^{-5}F/cm^2$)	n_c	R_c /($\Omega\cdot cm^2$)	Q_{dl} /($10^{-4}F/cm^2$)	n_{dl}	R_{ct} /($\Omega\cdot cm^2$)	W /($10^{-3}\Omega\cdot cm^2$)	χ^2 /10^{-4}
1h	12.570	1.199	0.889	7702	0.034	0.662	16517	0.078	1.570
1d	13.010	5.013	0.841	7291	0.413	0.676	15800	0.473	4.043
5d	18.740	18.230	0.780	6279	4.817	0.604	8523	—	23.540
10d	14.850	10.530	0.802	6488	0.994	0.583	12890	—	12.790
20d	17.870	28.310	0.772	6203	8.277	0.519	7685	—	17.500
30d	15.500	47.220	0.759	5729	20.810	0.738	4028	—	28.250

表 5.4　300℃退火处理后 Al-Fe-Si 涂层在不同浸泡时间下的电化学交流阻抗谱拟合参数

浸泡时间	R_s /($\Omega\cdot cm^2$)	Q_c /($10^{-5}F/cm^2$)	n_c	R_c /($\Omega\cdot cm^2$)	Q_{dl} /($10^{-4}F/cm^2$)	n_{dl}	R_{ct} /($\Omega\cdot cm^2$)	W /($10^{-3}\Omega\cdot cm^2$)	χ^2 /10^{-4}
1h	14.040	2.009	0.813	1227	2.682	0.489	9788	—	7.518
1d	15.240	4.459	0.903	2094	2.273	0.543	12430	3.753	6.035
5d	15.250	10.810	0.902	1777	3.831	0.697	8538	—	6.947
10d	16.710	24.110	0.873	1624	7.918	0.721	5681	—	16.800
20d	19.790	32.280	0.845	1345	10.860	0.701	4943	—	18.810
30d	19.880	38.410	0.828	1246	18.130	0.825	3648	—	39.400

表 5.5　350℃退火处理后 Al-Fe-Si 涂层在不同浸泡时间下的电化学交流阻抗谱拟合参数

浸泡时间	R_s /($\Omega\cdot cm^2$)	Q_c /($10^{-5}F/cm^2$)	n_c	R_c /($\Omega\cdot cm^2$)	Q_{dl} /($10^{-4}F/cm^2$)	n_{dl}	R_{ct} /($\Omega\cdot cm^2$)	W /($10^{-3}\Omega\cdot cm^2$)	χ^2 /10^{-4}
1h	13.340	3.302	0.837	2575	2.950	0.582	6805	1.590	2.314
1d	13.800	4.853	0.888	3350	3.557	0.716	9025	—	5.872
5d	17.730	10.460	0.894	1574	5.667	0.748	6881	—	9.861
10d	15.930	26.350	0.837	889	11.850	0.718	3683	—	13.770
20d	17.930	37.410	0.799	858	21.610	0.763	2835	—	12.920
30d	18.940	43.450	0.770	613	28.960	0.765	2539	—	8.239

表 5.6　400℃退火处理后 Al-Fe-Si 涂层在不同浸泡时间下的电化学交流阻抗谱拟合参数

浸泡时间	R_s /$(\Omega \cdot cm^2)$	Q_c /$(10^{-5}F/cm^2)$	n_c	R_c /$(\Omega \cdot cm^2)$	Q_{dl} /$(10^{-4}F/cm^2)$	n_{dl}	R_{ct} /$(\Omega \cdot cm^2)$	W /$(10^{-3}\Omega \cdot cm^2)$	χ^2 /10^{-4}
1h	11.170	5.478	0.748	190	5.804	0.531	3453	0.581	4.385
1d	12.660	8.552	0.808	614	3.746	0.663	4271	2.036	4.350
5d	14.150	11.120	0.878	1687	7.466	0.777	5971	—	7.211
10d	15.470	26.890	0.830	1302	11.880	0.705	3885	—	8.239
20d	14.570	34.600	0.813	1025	14.460	0.714	2980	—	7.415
30d	15.790	48.050	0.787	788	19.450	0.792	2850	—	8.003

表 5.7　450℃退火处理后 Al-Fe-Si 涂层在不同浸泡时间下的电化学交流阻抗谱拟合参数

浸泡时间	R_s /$(\Omega \cdot cm^2)$	Q_c /$(10^{-5}F/cm^2)$	n_c	R_c /$(\Omega \cdot cm^2)$	Q_{dl} /$(10^{-4}F/cm^2)$	n_{dl}	R_{ct} /$(\Omega \cdot cm^2)$	W /$(10^{-3}\Omega \cdot cm^2)$	χ^2 /10^{-4}
1h	11.740	3.020	0.817	1485	6.888	0.417	1097	1.434	3.651
1d	11.120	8.269	0.834	1546	4.720	0.519	2870	1.878	3.231
5d	13.010	12.910	0.886	2258	6.193	0.775	4072	—	4.001
10d	14.100	25.700	0.871	1266	8.534	0.735	3829	4.563	5.278
20d	14.260	34.900	0.856	1238	8.243	0.715	3667	2.934	5.816
30d	15.590	47.980	0.837	1222	8.735	0.726	3625	5.266	8.607

表 5.8　500℃退火处理后 Al-Fe-Si 涂层在不同浸泡时间下的电化学交流阻抗谱拟合参数

浸泡时间	R_s /$(\Omega \cdot cm^2)$	Q_c /$(10^{-5}F/cm^2)$	n_c	R_c /$(\Omega \cdot cm^2)$	Q_{dl} /$(10^{-4}F/cm^2)$	n_{dl}	R_{ct} /$(\Omega \cdot cm^2)$	W /$(10^{-3}\Omega \cdot cm^2)$	χ^2 /10^{-4}
1h	11.050	6.000	0.785	223	2.731	0.620	751	0.734	1.934
1d	11.810	29.640	0.272	595	1.130	0.816	1274	0.451	2.334
5d	11.600	17.140	0.880	1455	6.667	0.543	4062	—	4.678
10d	13.090	29.020	0.863	1118	9.965	0.667	3573	—	6.109
20d	13.210	38.880	0.843	915	10.780	0.711	3008	—	6.515
30d	14.290	49.170	0.831	681	11.740	0.772	2987	7.648	8.122

理想电容器之间偏差的物理量，$n=1$、-1、0 分别代表理想电容、电感和纯电阻[13]。从表 5.3～表 5.8 可以看到，n_c 值均接近 1，即表现电容特性；而 n_{dl} 值无明显变化，表明双电层电容具有相似的电化学性质。

图 5.17 为 Al-Fe-Si 涂层在喷涂态及不同退火温度下电荷转移电阻随浸泡时间的变化曲线。通常，电荷转移电阻与材料的防腐蚀性能呈正相关，即电荷转移电阻越大，涂层与基体界面处的电荷转移过程越困难[14]。从图 5.17 可以看出，喷涂态 Al-Fe-Si 涂层在浸泡初期(1h～5d)的电荷转移电阻逐渐降低，此时电解质不断渗入涂层孔隙并溶解金属组织，但由于腐蚀产物较少，不足以抑制离子的扩散，因此涂层的防腐蚀性能逐渐降低。当浸泡 10d 时，Al-Fe-Si 涂层表面的腐蚀产物

增多并开始阻塞孔隙，进而屏蔽了溶液的扩散通道，抑制了离子的传质过程。此时 Al-Fe-Si 涂层电荷转移电阻最大，为 12890Ω·cm²。但是，随着浸泡时间的延长，具有极强渗透和吸附性的 Cl⁻破坏了 Al-Fe-Si 涂层表面钝化膜的完整性，并继续侵蚀涂层组织。这导致涂层的防腐蚀性能不断恶化，使涂层的电荷转移电阻逐渐减小，在浸泡 30d 时其值为 4028Ω·cm²，即此时涂层的防腐蚀性能最差。经 300℃和 350℃退火热处理后，Al-Fe-Si 涂层的电荷转移电阻随浸泡时间的延长呈现先增大后减小的趋势，并在浸泡 1d 时达到最大值，其值分别为 12430Ω·cm² 和 9025Ω·cm²，且均低于同一浸泡时间下喷涂态 Al-Fe-Si 涂层的值（15800Ω·cm²）。经 400～500℃退火热处理后，Al-Fe-Si 涂层的电荷转移电阻随浸泡时间的延长同样呈现先增大后减小的趋势，当浸泡 5d 时达到峰值，且在浸泡 10d 后逐渐趋向平稳。从图 5.17 还可以看出，喷涂态 Al-Fe-Si 涂层在长期浸泡过程中具有较高的电荷转移电阻，表现出优异的防腐蚀性能。随着热处理温度的升高，电荷转移电阻逐渐下降，Al-Fe-Si 涂层的防腐蚀性能逐渐恶化。

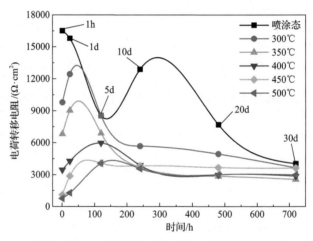

图 5.17　Al-Fe-Si 涂层在喷涂态及不同退火温度下电荷转移电阻随浸泡时间的变化曲线

5.2.4　涂层腐蚀机理分析

图 5.18 为喷涂态 Al-Fe-Si 涂层在不同浸泡时间下的表面形貌。从图中可以看出，在浸泡 5d 时，涂层表面比较平整，并存在类似 A 区域的针状腐蚀产物薄层，其所含元素的组成为 $Al_{6.96}Fe_{4.33}Si_{4.33}O_{58.81}Na_{25.57}$。同时，涂层表面还存在颜色较浅的 B 区域，其所含元素的组成为 $Al_{55.18}Fe_{13.12}Si_{13.03}O_{18.67}$。B 区域的氧元素相对较少，说明该区域为涂层基体。浸泡 10d 时，涂层表面 C 区域出现白色团簇状腐蚀产物，其所含元素的组成为 $Al_{22.41}Fe_{7.68}Si_{6.89}O_{54.01}Na_{9.01}$。浸泡 20d 时，涂层表面除残存腐蚀产物外，局部区域出现点蚀凹坑以及腐蚀裂纹。浸泡 30d 时，涂层表面

出现大量裂纹，部分材料发生剥落。

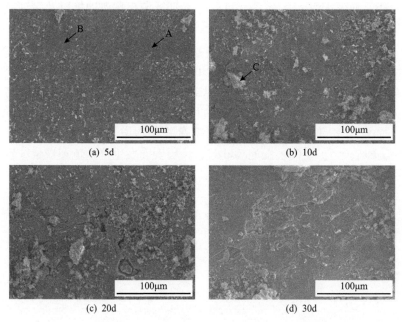

(a) 5d

(b) 10d

(c) 20d

(d) 30d

图 5.18　喷涂态 Al-Fe-Si 涂层在不同浸泡时间下的表面形貌

图 5.19 为 300℃退火处理后 Al-Fe-Si 涂层在不同浸泡时间下的表面形貌。从

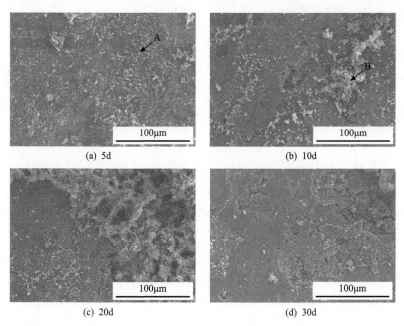

(a) 5d

(b) 10d

(c) 20d

(d) 30d

图 5.19　300℃退火处理后 Al-Fe-Si 涂层在不同浸泡时间下的表面形貌

图中可以看出，浸泡 5d 时，A 区域附着针状腐蚀产物，其所含元素的组成为 $Al_{5.92}Fe_{6.16}Si_{5.39}O_{59.89}Na_{22.64}$。浸泡 10d 时，局部区域出现腐蚀坑以及腐蚀裂纹，且 B 区域聚集白色絮状腐蚀产物，其所含元素的组成为 $Al_{25.45}O_{74.55}$，即 Al_2O_3。浸泡 20d 时，腐蚀产物增多，逐渐连成一片。浸泡 30d 时，涂层表面发生龟裂甚至剥落。

图 5.20 为 350℃退火处理后 Al-Fe-Si 涂层在不同浸泡时间下的表面形貌。从图中可以看出，浸泡 5d 时，涂层表面比较平整，零星分布粒状腐蚀产物。浸泡 10d 时，局部区域出现浅碟状点蚀凹坑（如箭头 1 所示）和稳态扩展的点蚀孔洞（如箭头 2 所示）。浸泡 20d 时，涂层表面腐蚀产物增多，其所含元素的组成为 $Al_{25.96}O_{69.84}Na_{4.2}$，为 Al_2O_3。浸泡 30d 时，涂层表面发生严重龟裂现象，呈现块状剥落。

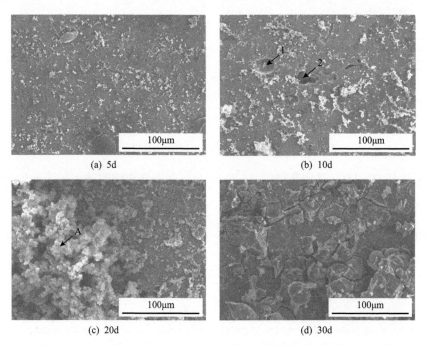

(a) 5d

(b) 10d

(c) 20d

(d) 30d

图 5.20　350℃退火处理后 Al-Fe-Si 涂层在不同浸泡时间下的表面形貌

图 5.21 为 400℃退火处理后 Al-Fe-Si 涂层在不同浸泡时间下的表面形貌。从图中可以看出，浸泡 5d 时，A 区域覆盖着一层疏松的腐蚀产物，其所含元素的组成为 $Al_{28.45}Fe_{13.47}Si_{11.47}O_{35.57}Na_{9.01}Cl_{2.03}$，同时局部区域存在浅碟状的腐蚀凹坑。浸泡 10d 时，涂层表面出现大孔径的腐蚀坑。浸泡 20d 时，涂层表面腐蚀产物增多，逐渐连成一片，经分析可知，B 区域所含元素的组成为 $Al_{24.5}O_{75.5}$，即为典型的 Al_2O_3。浸泡 30d 时，涂层表面出现大量的交汇性裂纹，使涂层隆起并呈现出花椰菜状形貌，且经分析可知，C 区域其所含元素的组成为 $Al_{22.81}Fe_{6.67}O_{63.42}Cl_{7.1}$。

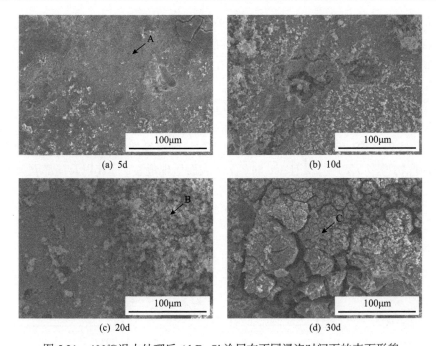

(a) 5d

(b) 10d

(c) 20d

(d) 30d

图 5.21　400℃退火处理后 Al-Fe-Si 涂层在不同浸泡时间下的表面形貌

图 5.22 为 450℃退火处理后 Al-Fe-Si 涂层在不同浸泡时间下的表面形貌。从

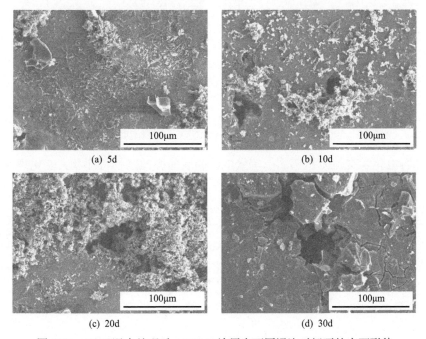

(a) 5d

(b) 10d

(c) 20d

(d) 30d

图 5.22　450℃退火处理后 Al-Fe-Si 涂层在不同浸泡时间下的表面形貌

图中可以看出，浸泡 5d 时，针状腐蚀产物覆盖在涂层表面，并且腐蚀产物在局部区域堆叠呈现团簇状。浸泡 10d 时，涂层表面出现不同孔径的腐蚀孔洞，絮状腐蚀产物积聚在蚀孔口。浸泡 20d 时，蚀孔口的腐蚀产物增多，逐渐填充孔洞。浸泡 30d 时，涂层表面出现隆起剥落现象。

图 5.23 为 500℃退火处理后 Al-Fe-Si 涂层在不同浸泡时间下的表面形貌。从图中可以看出，浸泡 5d 时，涂层表面出现絮状腐蚀产物在蚀孔口积聚的现象。浸泡 10d 时，浅碟式腐蚀凹坑的四周聚集大量杏仁状的腐蚀产物。浸泡 20d 时，蚀孔口的腐蚀产物增多、增厚。浸泡 30d 时，涂层表面呈现龟裂、隆起以及局部剥落现象。

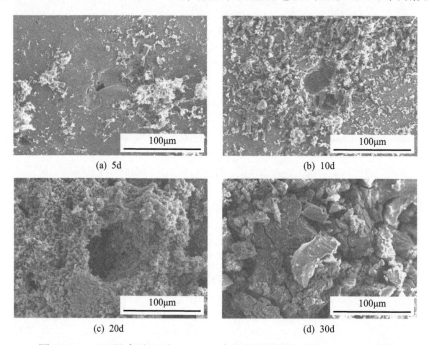

(a) 5d

(b) 10d

(c) 20d

(d) 30d

图 5.23 500℃退火处理后 Al-Fe-Si 涂层在不同浸泡时间下的表面形貌

结合电化学交流阻抗谱图、等效电路和表面腐蚀产物特征及其变化规律，可将 Al-Fe-Si 涂层的腐蚀过程分为以下五个阶段。

1. 均匀腐蚀阶段

反应初期，在质量分数为 3.5%的 NaCl 溶液中，Al-Fe-Si 涂层表面极易形成电阻较大的 AlOOH（即 $Al_2O_3 \cdot H_2O$）氧化膜，从而抑制腐蚀介质的侵蚀。其反应式[15,16]如下。

(1)阳极反应：

$$Al + H_2O \longrightarrow AlOH + H^+ + e^-$$

$$AlOH + H_2O \longrightarrow Al(OH)_2 + H^+ + e^-$$

$$Al(OH)_2 \longrightarrow AlOOH + H^+ + e^-$$

总反应：

$$Al + 2H_2O \longrightarrow AlOOH + 3H^+ + 3e^-$$

(2)阴极反应：

$$O_2 + e^- \longrightarrow O_2^-$$

$$O_2^- + H_2O + e^- \longrightarrow HO_2^- + OH^-$$

$$HO_2^- + H_2O + 2e^- \longrightarrow 3OH^-$$

总反应：

$$O_2 + 2H_2O + 4e^- \longrightarrow 4OH^-$$

2. 界面侵蚀-渗透扩散阶段

在极强吸附性和渗透力的 Cl⁻作用下，钝化膜发生阳极溶解，其反应式为[17]

$$AlOH + Cl^- \longrightarrow AlOHCl + e^-$$

$$AlOHCl + Cl^- \longrightarrow AlOHCl_2 + e^-$$

随着反应的进行，涂层表面 H⁺浓度不断增加，阴极逐渐发生氢去极化反应。

$$2H_2O + 2e^- \longrightarrow H_2 \uparrow + 2OH^-$$

反应生成的 H_2 在腐蚀产物膜层的底部积聚并形成气泡，达到一定压力后破裂，造成膜层局部破坏。

3. 局部腐蚀阶段

钝化膜溶解破损后，新鲜的金属暴露在腐蚀介质中，活性较高的局部区域如裂纹、孔隙等微观缺陷处的金属易与 Cl⁻发生阳极溶解反应，从而形成蚀孔，其反应式为[17]

$$Al \longrightarrow Al^{3+} + 3e^-$$

$$Al^{3+} + 3H_2O \longrightarrow Al(OH)_3 + 3H^+$$

$$Al^{3+} + 4Cl^- \longrightarrow AlCl_4^-$$

$$AlCl_4^- + 3H_2O \longrightarrow Al(OH)_3 + 3H^+ + 4Cl^-$$

随着反应的进行，蚀孔外表面作为阴极发生吸氧反应导致富氧化，同时孔内氧浓度下降，两者形成了氧浓度差异电池[18]。在蚀孔电池产生的电场作用下，蚀孔外 Cl⁻ 向孔内迁移，从而导致孔内 Cl⁻ 浓度升高。孔内的浓盐溶液具有高导电性，使得闭塞电池的内阻很低，由于孔内浓盐溶液中的氧含量很低，加之氧的扩散比较困难，闭塞电池局部供氧受到了限制，孔内金属的再钝化受阻，处于活化状态，腐蚀不断加剧。蚀孔口形成腐蚀产物沉积层，使溶液的对流受阻，导致孔内溶液得不到稀释，加速了上述电池效应。闭塞电池的腐蚀电流使周围得到了阴极保护，抑制了蚀孔周围的全面腐蚀，却加速了点蚀的迅速发展，导致自腐蚀电流密度急剧上升。

4. 腐蚀抑制阶段

随着"溶解—再沉积"的腐蚀过程不断循环往复，蚀孔口堆积的腐蚀产物不断增多增厚，并逐渐覆盖蚀孔，阻塞了腐蚀介质的扩散通道[19,20]。一方面，涂层表面的厚腐蚀产物填充了涂层中的微观孔隙，阻挡了腐蚀介质进一步扩散；另一方面，溶解氧、Cl⁻ 向腐蚀产物内部的迁移以及 Al^{3+} 向腐蚀产物外部的迁移均受到抑制，涂层的防腐蚀性能得到提高。

5. 失效阶段

随着腐蚀进一步加深，点蚀坑的直径及径向深度逐渐变大，造成腐蚀裂纹不断扩展；同时腐蚀产物在孔内不断堆积产生了较大的内应力，促进了裂纹的扩展，使涂层出现隆起和剥落现象，导致涂层逐渐趋向失效过程。

喷涂态 Al-Fe-Si 涂层在质量分数为 3.5% 的 NaCl 溶液中表现出优异的防腐蚀性能。该涂层拥有 80.4%±4.6% 的高非晶含量，即接近完全非晶。非晶相在成分和结构上较为均匀，不存在晶界、位错等缺陷。同时，非晶基体上弥散分布 α-Al 纳米晶相，部分晶化的非晶态合金具有更加优异的防腐蚀性能。一方面，纳米晶与非晶基质之间的界面削弱了易钝化的原子的运动阻力，提高了其扩散速度，促进了钝化膜的形成；另一方面，纳米晶粒使各组元的元素在非晶基体中更加均匀地分布，提高了钝化膜的均匀度和稳定性[21,22]。此外，由于非晶中的原子偏离平衡位置，原子间的结合力较弱，非晶部分晶化后，原子发生结构弛豫现象，增大了原子间的结合能，使原子与溶液的反应减慢[23]。因此，喷涂态 Al-Fe-Si 非晶纳米晶涂层在长期浸泡过程中表现出优异的防腐蚀性能。

由退火工艺诱导的晶化过程,使 Al-Fe-Si 非晶纳米晶涂层中出现晶格畸变现象。在此过程中产生的应力削弱了涂层表面钝化膜和涂层本身之间的结合力,使钝化膜极易溶解破裂[24]。纳米晶相在形成和长大的过程中常伴随元素扩散现象,使非晶基体中形成了一定的元素浓度梯度,这种成分差异极易引起电偶腐蚀[25]。同时,异相之间会构成微电池促进点蚀成核,加速亚稳态点蚀向稳态点蚀的转变[26]。并且随着退火温度的升高,涂层中能量较高的活化点(晶界、第二相等)会增多。在 NaCl 溶液中,这些部位极易受到 Cl⁻ 的侵蚀而发生溶解,并成为离子扩散的通道[27]。这些混乱的现象随着热处理温度的升高逐渐加剧,导致涂层的防腐蚀性能逐渐恶化。

5.3　热处理对涂层摩擦磨损行为的影响

长期服役于复杂海洋环境下的海工设施,不可避免地受到波、浪、潮的冲击,其关键零部件间将形成摩擦,造成材料磨损失效。本节研究喷涂态涂层及不同温度退火处理后涂层在干摩擦条件下和腐蚀介质中的摩擦磨损行为,结合涂层弹塑性性能及电化学腐蚀性能,系统分析涂层在不同环境下的磨损失效机制。

5.3.1　干摩擦条件下热处理后涂层的摩擦磨损行为

1. 不同温度热处理后涂层的摩擦系数与磨损率

图 5.24 为 Al-Fe-Si 涂层在喷涂态及不同退火温度下的摩擦系数。从图中可以看出,热处理前后涂层的摩擦系数都表现出跑合和稳定磨损两个阶段。在跑合阶段,尽管涂层经过了打磨抛光,但其表面依旧存在一定的粗糙度,WC 球首先与这些微凸体相接触,且实际接触面积较小,这导致涂层的摩擦系数不断攀升。随

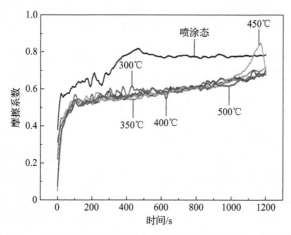

图 5.24　Al-Fe-Si 涂层在喷涂态及不同退火温度下的摩擦系数

着磨损的进行，涂层粗糙部位被磨平，并与 WC 球相匹配，两者接触面积增大，此时磨损进入稳定阶段。喷涂态涂层的摩擦系数较高，这主要是由于涂层断裂韧性相对较低且存在一定孔隙。在切向力的作用下，涂层内部萌生裂纹并不断扩展，造成扁平粒子发生剥落，增大表面粗糙度，因此跑合阶段(0～500s)相对较长。大块磨屑在磨损表面的周期性堆积和去除使其波动较大，且涂层稳定后的摩擦系数为 0.75～0.8。热处理后，涂层硬度增大，抵抗塑性变形和切削的能力提升，因此在 100s 左右即进入稳定状态，稳定后的摩擦系数为 0.5～0.6。

图 5.25 为 Al-Fe-Si 涂层在喷涂态及不同退火温度下的磨损体积和磨损率。从图中可以看出，在相同磨损条件下，喷涂态涂层的磨损体积和磨损率最大，分别为 0.1529mm^3 和 5.66×10^{-4}mm^3/(N·m)。随着退火温度的升高，涂层的磨损体积和磨损率呈先降低后升高的趋势。当退火温度为 450℃时，涂层的磨损体积和磨损率达到最小值，分别为 0.0377mm^3 和 1.40×10^{-4}mm^3/(N·m)，相对耐磨性约为喷涂态涂层的 4 倍，说明热处理后涂层耐磨性提高。

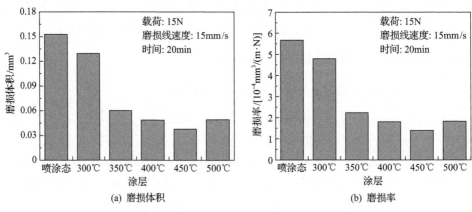

(a) 磨损体积

(b) 磨损率

图 5.25　Al-Fe-Si 涂层在喷涂态及不同退火温度下的磨损体积和磨损率(干摩擦条件)

图 5.26 为 Al-Fe-Si 涂层在喷涂态及不同退火温度下且载荷 15N、磨损线速度 15mm/s 作用下的磨损三维形貌。图 5.27 为 Al-Fe-Si 涂层在喷涂态及不同退火温度下的磨损截面形貌。从图 5.26 和图 5.27 可以看出，喷涂态涂层呈现出最大的磨

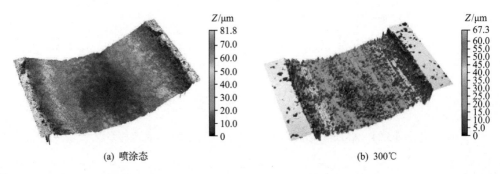

(a) 喷涂态

(b) 300℃

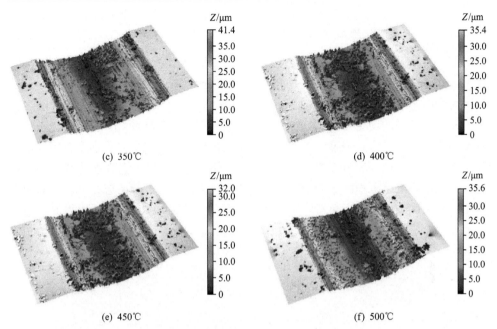

(c) 350℃　　　　　　　　　　　　　(d) 400℃

(e) 450℃　　　　　　　　　　　　　(f) 500℃

图 5.26　Al-Fe-Si 涂层在喷涂态及不同退火温度下且载荷 15N、磨损线速度 15mm/s 作用下的磨损三维形貌(干摩擦条件)

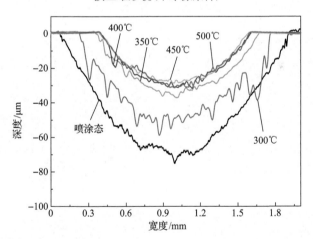

图 5.27　Al-Fe-Si 涂层在喷涂态及不同退火温度下的磨损截面形貌(干摩擦条件)

痕宽度和深度,分别为 1.85mm 和 70μm,这说明在相同条件下其磨损体积较大。随着退火温度的升高,涂层的磨痕宽度逐渐减小,深度逐渐变浅,当退火温度为 450℃时,涂层的磨痕宽度和深度分别为 1.2mm 和 28μm。从图 5.26 还可以看出,喷涂态涂层表面较为粗糙,存在大量的剥落坑形貌;而经热处理后,涂层磨损表面除残存的磨屑外,还出现了平行犁沟形貌。

2. 不同温度热处理后涂层的磨痕形貌

图 5.28 为 Al-Fe-Si 涂层在喷涂态及不同退火温度下的磨损表面形貌。从图5.28(a)可以看出，Al-Fe-Si 涂层的磨损表面十分粗糙，存在大量裂纹和剥落坑。这是因为磨损初期，在 WC 球法向正应力作用下，涂层表面和亚表面将会发生塑性变形，并造成涂层的增殖与运动。由于涂层由扁平化粒子搭接而成，其内部存在孔隙和未熔化的粒子等微观缺陷，塑性变形产生的位错塞积使这些结合强度较弱处萌生裂纹源。另外，在高速电弧喷涂制备过程中，熔化粒子快速冷却时发生热胀冷缩效应，但受基底或已沉积涂层的制约，将会产生残余应力，即骤冷应力[28]。在磨损过程中，残余应力的释放也会造成周边裂纹的产生。随着磨损的进行，在循环应力的

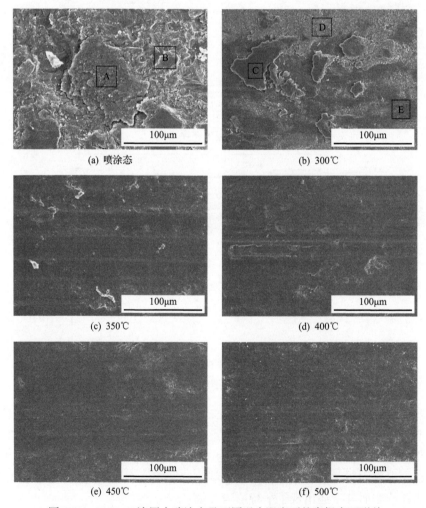

(a) 喷涂态　　　　　　　　　　　(b) 300℃

(c) 350℃　　　　　　　　　　　(d) 400℃

(e) 450℃　　　　　　　　　　　(f) 500℃

图 5.28　Al-Fe-Si 涂层在喷涂态及不同退火温度下的磨损表面形貌

反复作用下，裂纹源将会进一步沿层间扩展，当裂纹向表面剪切时，裂纹上端的材料将会以薄片状形式脱落，形成剥落坑。在涂层磨损表面的剥落坑内部呈现出岛状 A 区域形貌，经分析，该区域所含元素的组成为 $Al_{33.95}Fe_{9.92}Si_{9.64}O_{46.49}$，其中氧元素较多，说明涂层在磨损过程中发生了严重的动态氧化行为。这主要是因为在 WC 球往复摩擦涂层表面时，在摩擦力的作用下，涂层表面的温度也随着摩擦时间的延长不断升高，磨损表面形成的磨屑在较高的摩擦热作用下发生氧化行为，且随着涂层表面剥落坑的形成，部分氧化的磨屑会随着 WC 球卷入剥落坑中，经 WC 球的反复碾压从而形成摩擦氧化层残留于涂层磨损表面。同时，在涂层磨损表面还存在颜色较浅的 B 区域，经分析，该区域所含元素的组成为 $Al_{53.51}Fe_{12.33}Si_{11.99}O_{22.17}$，其中氧元素相对较少，为氧化层或表层粒子剥落后暴露出的新鲜涂层组织。因此，喷涂态涂层的磨损失效形式以脆性剥落和氧化磨损为主。

从图 5.28(b) 可以看出，300℃ 退火处理后涂层表面呈现出大块岛状物质(C 区域)，经分析，其所含元素的组成为 $Al_{37.56}Fe_{7.57}Si_{8.16}O_{46.71}$，即由涂层的磨屑经氧化后被 WC 球碾压在磨损表面而形成的。另外，连接这些岛状磨削的边缘处存有大量的白色絮状磨屑(D区域)，经分析，其所含元素的组成为 $Al_{32.08}Fe_{5.99}Si_{6.21}O_{55.72}$，即为涂层磨损后形成的磨屑经氧化但尚未被 WC 球反复压实而残留于磨损表面的碎屑。图 5.28(b) 中在磨损表面出现了较平滑的 E 区域，其所含元素的组成为 $Al_{62.62}Fe_{6.66}Si_{6.43}O_{24.29}$，即为涂层合金成分。涂层磨损表面分布着平行于磨损方向的轻微犁沟。磨损初期产生的磨屑在 WC 球反复碾压下不断解理碎化并经动态氧化成为氧化物粉屑。这些磨屑一方面在 WC 球与涂层磨损面之间充当硬质磨粒，对涂层造成三体式摩擦损伤，从而形成犁沟形貌。另一方面，碾碎的磨屑卷入剥落坑内并逐渐堆积，在 WC 球反复碾压以及摩擦热的作用下，粉状磨屑发生氧化，并经热压烧结后形成氧化膜。这些氧化膜具有润滑的效果，从而降低摩擦系数，并且能够减少 WC 球与涂层的接触面积，降低磨损的程度。然而，这些氧化膜硬度高、塑性差，与涂层的结合能力相对较弱，在载荷作用下容易产生裂纹，并且在反复推碾过程中裂纹发生扩展，导致氧化膜瓦解脱落，形成新的剥落坑。因此，300℃ 退火处理后涂层的主要失效形式为脆性剥落、磨粒磨损伴随着氧化磨损。

从图 5.28(c)、(d) 可以看出，350℃ 和 400℃ 退火处理后涂层的磨损表面形貌相对喷涂态涂层和 300℃ 退火处理后涂层较平滑，且呈现出较长平行且连续的犁沟形貌。同时，涂层表面存在少量的剥落坑和薄片状的氧化膜。由上述相结构分析结果可知，350℃ 和 400℃ 退火处理后涂层结构中析出了新的 $Al_9Fe_2Si_2$、Al_5FeSi 及 Fe_5Si_3 相，且这些纳米晶相均在非晶基质中弥散分布，使涂层整体强度大幅提高。大尺寸的硅铁相在涂层中均匀分布，构成了耐磨骨架。在磨损过程中，硬度相对较软的金属组织首先被去除，露出了硬度较高的硅铁相，但是由于基底对硬质相的锚固作用削弱，高硬度的 Fe_5Si_3 相在切向力的作用下推挤软金属使之塑性流动从而形成宽而长的犁沟槽。350℃和400℃退火处理后涂层的磨损形式主要为磨粒磨损和脆性剥落，并伴随轻微的氧化磨损。

从图 5.28(e)、(f)可以看出，450℃退火处理后涂层磨损表面相对比较平滑，仅有少量轻微的犁沟及剥落坑。此时，涂层晶化相体积分数约 74%，纳米晶相接近饱和，综合力学性能达到最佳。然而，当温度进一步升高至 500℃时，涂层磨损表面的犁沟及剥落坑数量有所增加，且此温度下纳米晶聚集长大削弱了晶相与残余非晶相界面处对剪切带的阻碍作用，使涂层强度略微下降。450℃和500℃退火处理后涂层的磨损形式主要为磨粒磨损和脆性剥落。

3. 涂层弹塑性性能与耐磨性能的关联

1) H/E 对涂层耐磨性能的影响

表 5.9 为 Al-Fe-Si 涂层在喷涂态及不同退火温度下的 H/E 和 $H^2/(2E)$。从表中可以看出，喷涂态涂层 H/E 相对较小，为 0.022；随温度的升高，涂层的 H/E 先增大后减小，450℃时达到最大值，为 0.029，即此时涂层的耐磨性能最佳。$H^2/(2E)$ 表示在载荷接触作用下，材料抵抗塑性变形的能力，即屈服强度。从表 5.9 可以看出，随热处理温度的升高，涂层 $H^2/(2E)$ 呈先升高后下降的趋势，450℃时达到最大值，为 0.098，即此时涂层具有最佳的耐磨性能。

表 5.9　Al-Fe-Si 涂层在喷涂态及不同退火温度下的 H/E 和 $H^2/(2E)$

涂层	H/E	$H^2/(2E)$
喷涂态	0.022	0.051
300℃	0.023	0.057
350℃	0.025	0.068
400℃	0.028	0.088
450℃	0.029	0.098
500℃	0.027	0.081

图 5.29 为 Al-Fe-Si 涂层在喷涂态及不同退火温度下的 H/E 与磨损体积的关系。从图中可以看出，涂层磨损体积与 H/E 成反比，即随着 H/E 增大，涂层磨损体积逐渐降低。喷涂态涂层的磨损体积和 H/E 分别为 0.1529mm³ 和 0.022，450℃退火处理后涂层的磨损体积和 H/E 分别为 0.0683mm³ 和 0.029，而 500℃退火处理后涂层的磨损体积和 H/E 分别为 0.0683mm³ 和 0.027。H/E 是影响磨损的重要参数之一，一般来说，H/E 越大，材料耐磨性越好[29-32]，因此涂层的耐磨性随着退火温度的升高而逐渐上升，450℃退火处理后涂层耐磨性能达到最佳。这是因为在磨损表面接触过程中，当载荷没有超过弹性极限时，450℃退火处理后涂层的 H/E 高，具

有最大限度容忍外加载荷的能力，因此其耐磨性能较高。

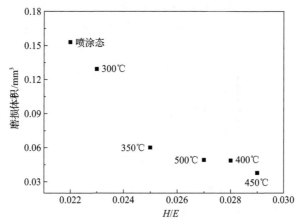

图 5.29　Al-Fe-Si 涂层在喷涂态及不同退火温度下的 H/E 与磨损体积的关系

2）储能模量对涂层耐磨性能的影响

表 5.10 为 Al-Fe-Si 涂层在喷涂态及不同退火温度下的总变形能、弹性应变能和储能模量。从表中可以看出，随着热处理温度的升高，涂层总变形能先减小后增大，而储能模量先增大后减小。喷涂态涂层具有最大的总变形能和最小的储能模量，分别为 0.307nJ 和 18.2%。450℃退火处理后涂层具有最小的总变形能和最大的储能模量，分别为 0.264nJ 和 24.6%，而 500℃退火处理后涂层总变形能和储能模量分别为 0.286nJ 和 22%。这一结果与显微硬度变化规律相当。一般来说，高硬度的材料具有较大的抗塑性变形能力，因此其总变形能是减小的；同时，高硬度的材料具有高的屈服强度，所以其弹性变形能的范围较宽，弹性变形能较大，储能模量较高。

表 5.10　Al-Fe-Si 涂层在喷涂态及不同退火温度下的总变形能、弹性应变能和储能模量

涂层	E_{total}/nJ	$E_{elastic}$/nJ	η/%
喷涂态	0.307	0.056	18.2
300℃	0.305	0.058	19.0
350℃	0.292	0.060	20.5
400℃	0.271	0.061	22.5
450℃	0.264	0.065	24.6
500℃	0.286	0.063	22.0

图 5.30 为 Al-Fe-Si 涂层在喷涂态及不同退火温度下的储能模量与磨损体积的关系。从图中可以看出，涂层的磨损体积与储能模量成反比，即随着储能模量的增大，涂层磨损体积逐渐下降。喷涂态涂层的磨损体积和储能模量分别为 0.1529mm³

和18.2%,450℃退火处理后涂层的磨损体积和储能模量分别为0.0683mm³和24.6%,而500℃退火处理后涂层的磨损体积和储能模量分别为0.0683mm³和22%。储能模量是表征材料耐磨性的重要参数之一,一般来说,储能模量越大,材料耐磨性越好,因此随着退火温度的升高,涂层的耐磨性逐渐上升,450℃退火处理后涂层耐磨性达到最佳。当WC球与涂层接触时,在较高应力下,涂层表面与亚表面首先发生塑性变形,较高储能模量的涂层具有较高的抗力阻止其变形发生,也就是说,450℃退火处理后涂层具有较大的限度来容忍其变形的能力,即储能模量较高,因此450℃退火处理后涂层具有更好的耐磨性能。

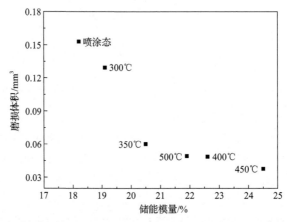

图5.30　Al-Fe-Si涂层在喷涂态及不同退火温度下的储能模量与磨损体积的关系

　　喷涂态涂层拥有较高的非晶含量,其内部弥散分布纳米晶粒,具有一定的耐磨性。但由于扁平化粒子的搭接,层状结构间存在孔隙和未熔化粒子等缺陷,同时由于残余应力的存在,其内部易萌生微裂纹,磨损时会造成材料流失。当退火温度低于330℃时,非晶相发生结构弛豫现象,内部原子重排,自由体积重新分配与湮灭,向更稳定的亚稳态转变,因此强度增加,耐磨性提升。但由于热处理的温度较低,内部残余应力未能完全释放,加之孔隙率没有太大改变,磨损时裂纹沿层间拓展,造成块状剥落。在晶化温度(350~450℃)以上进行热处理后,Al-Fe-Si非晶纳米晶涂层中析出$Al_9Fe_2Si_2$、Al_5FeSi以及Fe_5Si_3纳米相,而这些纳米晶粒拥有完美的晶体结构,本身强度很高,且在剩余非晶相中弥散分布,使整体强度大幅提高。与晶相/晶相界面能相比,非晶相/晶相界面能较低,能够形成高密度堆垛的组织结构,从而阻止裂纹的萌生和扩展,同时界面扩散和滑移机制可以提高多相组织的延展性[33]。并且高温下的烧结作用使层间发生元素扩散现象,造成涂层孔隙率降低,结构逐渐致密化,涂层的耐磨性上升。但当退火温度升高至500℃,涂层接近完全晶化,此时晶粒长大,粗化的晶粒使强化效果削弱,造成硬度降低,但由于高密度的晶粒排布以及致密的涂层结构,其与喷涂态涂层相比仍然具有良好的耐磨性。

5.3.2　腐蚀介质条件下热处理后涂层的摩擦磨损行为

1. 不同温度热处理后涂层的摩擦系数与磨损率

长期服役于恶劣海洋环境下的海工设施结构材料常面临"力学-化学"耦合失效行为，造成其工作寿命缩短。基于 Al-Fe-Si 非晶纳米晶涂层腐蚀行为以及干摩擦磨损行为的研究，本节将进一步探究不同温度热处理后 Al-Fe-Si 非晶纳米晶涂层在腐蚀-磨损耦合环境中的损伤行为。选用 WC 球作为对偶件，以质量分数为 3.5%的 NaCl 溶液作为电解质，在载荷 30N、磨损线速度 25mm/s 下进行分析。

图 5.31 为 Al-Fe-Si 涂层在喷涂态及不同退火温度下磨损过程中的电化学测试结果。其中，图 5.31（a）为不同温度热处理后的 Al-Fe-Si 涂层磨损前后的开路电位及摩擦系数随时间的变化曲线，图 5.31（b）为图 5.31（a）中磨损阶段涂层的开路电位的局部放大图。

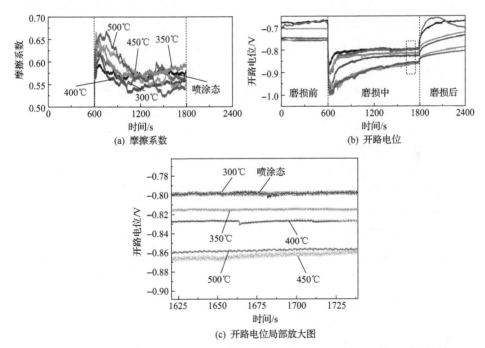

图 5.31　Al-Fe-Si 涂层在喷涂态及不同退火温度下磨损过程中的电化学测试结果

从图 5.31（a）可以看出，涂层的开路电位随时间的变化曲线由磨损前（0～600s）、磨损中（600～1800s）和磨损后（1800～2400s）三个阶段组成。在滑动前，喷涂态和 300℃退火态涂层的开路电位随浸泡时间的延长呈缓慢正移趋势。这是由于试样在浸入腐蚀介质中时有一个缓慢的钝化成膜过程，两者在 600s 时开路电位约为–0.675V。当温度高于300℃时，涂层开路电位随浸泡时间的延长相对比较平稳，350℃时稳定在–0.7V；随退火温度的升高，涂层开路电位逐渐负移，在400～500℃时集中在–0.75V上下，相对喷涂态涂层负移了约0.075V。在涂层开始磨损的瞬间(t=600s)，涂层开路电位急剧负移，这是由于在磨损过程中涂层表面的钝化膜被WC球往复式滑动机械破坏，导致大面积的新鲜涂层暴露在腐蚀介质中，加速了腐蚀过程的进行。从涂层表面剥落的磨屑会与电解质发生反应，形成氧化物，并在WC球与磨痕表面充当硬质磨粒，造成跑合阶段摩擦系数的剧烈波动。随着磨损的进行，涂层开路电位持续攀升，说明涂层表面钝化膜的自愈能力大于涂层被磨损破坏的作用，出现了越磨损越钝化的过程。

从图5.31(b)可以看出，开路电位随时间变化呈现先负移后正移的周期性波动，这说明钝化膜的破坏与再生形成了动态平衡[34]。同时，在WC球的往复作用下，少量磨屑碎片以及腐蚀产物被填充在剥落坑或者孔隙中，减少了介质和涂层活性部位的直接接触，也会造成电位的上升。一部分磨屑会在电解溶液的运动下排出磨痕，降低了磨损面的粗糙度，同时电解溶液在两个硬质材料表面间形成低黏度的薄水膜提供了流体润滑作用，导致磨损后期摩擦系数下降并趋于稳定。喷涂态涂层在磨损开始后的143s即进入稳定磨损阶段，此时开路电位稳定在–0.8V，摩擦系数为0.57。随退火温度的升高，涂层的开路电位逐渐下降，且摩擦系数波动较大。这是由于退火处理后涂层防腐蚀性能逐渐恶化，电解质不断侵蚀涂层合金使其结构疏松多孔，裂纹在这些缺陷处萌生、扩展、连接，造成大面积粒子剥落，腐蚀速度增大，导致开路电位处于较低值。同时，磨损过程中涂层表面腐蚀产物以及磨屑的周期性产生和去除造成摩擦系数的上下波动较大。当磨损结束后($t \geqslant 1800s$)，受损的涂层表面钝化膜再生，导致开路电位逐渐正移。晶化后的涂层表面破坏比较严重，与晶化温度以下的样品相比，钝化膜的再生时间较长。

图5.32为Al-Fe-Si涂层在喷涂态及不同退火温度下质量分数为3.5%的NaCl溶液中磨损前和磨损中的极化曲线。表5.11为Al-Fe-Si涂层在喷涂态及不同退火温度下及质量分数为3.5%的NaCl溶液中磨损前和磨损中的极化参数。在无载荷

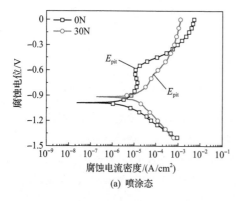

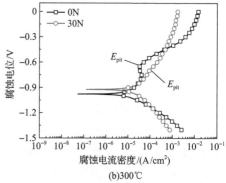

(a) 喷涂态　　　　　　　　　　　　　　　(b)300℃

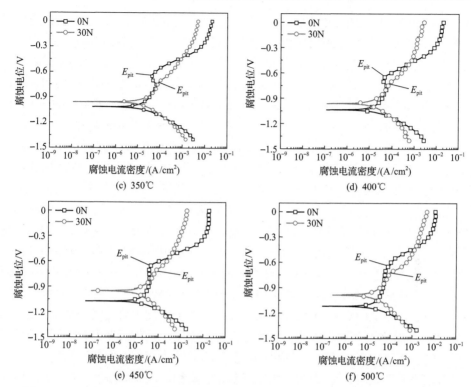

图 5.32　Al-Fe-Si 涂层在喷涂态及不同退火温度下及质量分数为 3.5%的 NaCl 溶液中
磨损前和磨损中的极化曲线

表 5.11　Al-Fe-Si 涂层在喷涂态及不同退火温度下及质量分数为 3.5%的 NaCl 溶液中磨损前
和磨损中的极化参数

涂层	载荷	i_{corr}/(μA/cm^2)	E_{corr}/mV	E_{pit}/mV
喷涂态	0N	2.487	−990	−563
	30N	6.294	−917	−639
300℃	0N	4.446	−978	−615
	30N	8.971	−923	−687
350℃	0N	7.166	−1015	−644
	30N	11.937	−955	−702
400℃	0N	11.074	−1034	−657
	30N	16.576	−961	−716
450℃	0N	11.269	−1072	−661
	30N	17.450	−950	−716
500℃	0N	13.023	−1115	−681
	30N	19.620	−985	−725

的静态溶液中，涂层在热处理前后都具有典型的电流较平缓的钝化区域，当达到点蚀电位 E_{pit} 时，钝化膜破损导致电流密度快速上升。喷涂态涂层拥有较低的自腐蚀电流密度，为 $2.487\mu A/cm^2$；当退火温度升至 400℃时，自腐蚀电流密度提高了一个数量级，而 500℃时为 $13.023\mu A/cm^2$，为喷涂态涂层的 5.2 倍。这说明随着温度的升高，涂层的腐蚀速度逐渐上升。同时，点蚀电位从喷涂态涂层的–563mV 降至 500℃时的–681mV，表明涂层发生点蚀行为的倾向随晶化程度的加深而增大。

　　在磨损过程中，涂层表面钝化膜由于动态载荷作用而发生破裂，暴露出的新鲜涂层组织在 NaCl 溶液中进一步溶解，并且磨损产生的摩擦热和 WC 球的往复振动促进了 Cl^- 的侵蚀，喷涂态涂层自腐蚀电流密度正移至 $6.294\mu A/cm^2$，腐蚀速度为原来的 2.5 倍。同时，极化曲线上的钝化区域明显缩短，点蚀电位减小为–639mV。退火处理后的涂层在磨损中自腐蚀电流密度增大，点蚀电位下降，并且随晶化程度的加深，涂层防腐蚀性能下降明显，这说明磨损促进了腐蚀的进行。与磨损前相比，磨损中的极化曲线表现出不同程度的波动，与开路电位表现出同样的特征，这是磨损面上钝化膜的破坏与再生之间形成了动态平衡造成的。

　　图 5.33 为 Al-Fe-Si 涂层在喷涂态及不同退火温度下且质量分数为 3.5%的 NaCl 溶液中磨损前和磨损中的自腐蚀电流密度与点蚀电位。从图中可以看出，在无载荷的静态 NaCl 溶液中，随着温度的升高，涂层自腐蚀电流密度逐渐上升，点蚀电位呈线性负移，涂层防腐蚀性能随晶化程度的加深而恶化。喷涂态涂层含有 80.4%±4.6%的高非晶含量，不存在晶界、位错、偏析等缺陷，组织成分比较均匀，且非晶基体上弥散分布着 α-Al 纳米晶，有助于涂层表面快速形成稳定性较高的钝化膜，因此具有优异的防腐蚀性能。退火热处理后，涂层中非晶相体积分数逐渐降低，晶化相析出与长大的同时常伴随元素扩散现象，导致非晶基体中形成一定的元素浓度梯度，打破了成分的均匀性，并且非晶基体中出现的大量晶界为

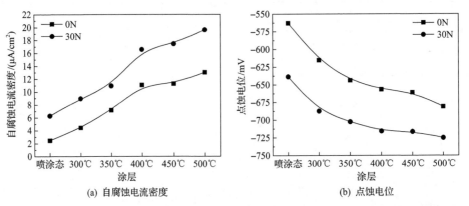

(a) 自腐蚀电流密度　　　　　　　　　　　(b) 点蚀电位

图 5.33　Al-Fe-Si 涂层在喷涂态及不同退火温度下且质量分数为 3.5%的 NaCl 溶液中磨损前和磨损中的自腐蚀电流密度与点蚀电位

离子提供了扩散通道。退火促使晶格发生畸变，在此过程中产生的应力削弱了钝化膜与金属间的结合力，失稳后的钝化膜最终破裂溶解。同时，异相间会构成微电池，造成电偶腐蚀，诱导了点蚀现象的产生。这些混乱的过程随着温度的升高而加深，导致涂层防腐蚀性能逐渐恶化。在磨损过程中，涂层表面质脆的氧化膜被机械破坏，新鲜的金属组织暴露在腐蚀溶液中，同时磨损过程中产生的摩擦热和介质流动促进了 Cl⁻ 的渗透作用，诱导点蚀行为的产生并加速了腐蚀的进行。这表现为图中自腐蚀电流密度的提高和点蚀电位的负移，并且随着退火温度升高，涂层表面钝化成膜的能力下降，防腐蚀性能恶化。

图 5.34 为 Al-Fe-Si 涂层在喷涂态及不同退火温度下的磨损体积和磨损率。从图中可以看出，在相同磨损条件下，喷涂态涂层的磨损体积和磨损率最小，分别为 $5.86×10^{-3}\,mm^3$ 和 $6.51×10^{-6}\,mm^3/(N·m)$。随着退火温度升高，涂层磨损率逐渐上升。当退火温度为 500℃时，涂层的磨损体积和磨损率达到最高值，分别为 $45.93×10^{-3}\,mm^3$ 和 $51.03×10^{-6}\,mm^3/(N·m)$，即喷涂态涂层的耐磨性约为 500℃退火涂层的 8 倍，这说明热处理后涂层耐磨性下降。

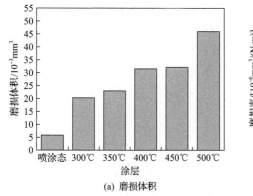

(a) 磨损体积

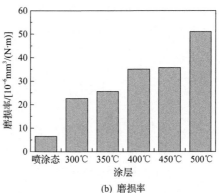

(b) 磨损率

图 5.34 Al-Fe-Si 涂层在喷涂态及不同退火温度下的磨损体积和磨损率(腐蚀介质)

图 5.35 为 Al-Fe-Si 涂层在喷涂态及不同退火温度及载荷 30N、磨损线速度 25mm/s 作用下的磨损三维形貌。图 5.36 为 Al-Fe-Si 涂层在喷涂态及不同退火温度

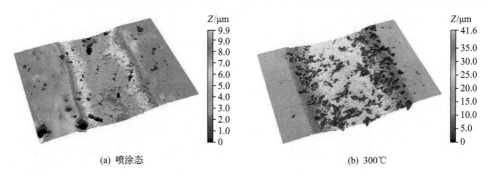

(a) 喷涂态

(b) 300℃

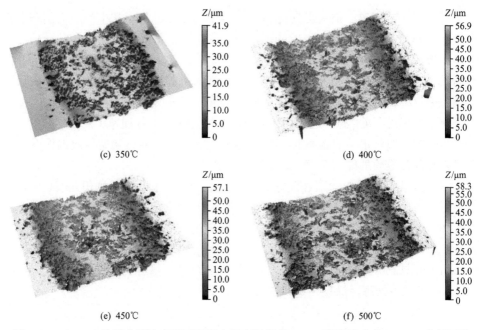

图 5.35　Al-Fe-Si 涂层在喷涂态及不同退火温度且载荷 30N、磨损线速度 25mm/s 作用下的
磨损三维形貌(腐蚀介质)

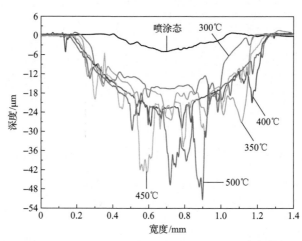

图 5.36　Al-Fe-Si 涂层在喷涂态及不同退火温度下的磨损截面形貌(腐蚀介质)

下的磨损截面形貌。从图 5.35 和图 5.36 可以看出，喷涂态涂层呈现出小的磨痕宽度
和深度，其宽度为 0.66mm，深度为 5.08μm，说明相同条件下其磨损体积较小。随着
热处理温度的升高，涂层磨痕的宽度逐渐变宽，深度变深。当退火温度为 500℃时，
涂层磨痕宽度为 1.11mm，深度为 51.4μm。从图 5.35 还可以看出，喷涂态涂层表面
较为平滑；而涂层经热处理后，其磨损表面变得相当粗糙，出现大量的点蚀凹坑。

2. 腐蚀介质中涂层的磨痕形貌

图 5.37 为喷涂态 Al-Fe-Si 涂层的磨损表面形貌。从图 5.37(a)可以看出，涂层表面比较光滑，仅存在少量平行于磨损方向的连续且轻微的犁沟，以及大量颜色较深的鳞片状物质。经分析，即将剥落的层片 A 区域所含元素的组成为 $Al_{38.74}Fe_{11.13}Si_{14.70}O_{35.43}$，即其氧化程度较高；颜色较浅的 B 区域所含元素的组成为 $Al_{76.68}Fe_{7.00}Si_{7.85}O_{8.47}$，即其氧化程度相对较低，且主要为氧化层剥离后暴露出的新鲜涂层组织。从图 5.37(b)可以看出，涂层的次表面存在一些垂直于磨损方向的微裂纹。在磨损过程中，部分磨屑由于介质流动被排出磨损表面，而其他一些磨屑颗粒保留在 WC 球和涂层的接触面，起到研磨作用，构成了三体磨粒磨损，导致涂层表面的犁沟形貌。喷涂态涂层磨损表面较低的粗糙度对应较低的摩擦系数和较小的磨损体积。涂层磨损机制主要为磨粒磨损，伴随腐蚀氧化。

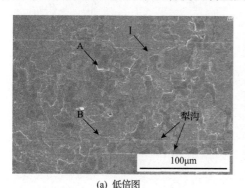

(a) 低倍图　　　　　　　　　　　　　　(b) 区域 I 处的放大图

图 5.37　喷涂态 Al-Fe-Si 涂层的磨损表面形貌

图 5.38 为 Al-Fe-Si 涂层在 300℃退火处理后的磨损表面形貌。从图中可以看出，其表面较为粗糙，存在明显的剥层和剥落坑，呈现较严重的脆性断裂特征。经分析，即将剥落的层片 C 区域所含元素的组成为 $Al_{26.79}Fe_{4.54}Si_{8.76}O_{58.55}Cl_{1.36}$，氧化程度较高。从区域 I 的放大图可以看到，涂层表面存在疖状腐蚀包(B 区域)，其所含元素的组成为 $Al_{22.94}O_{72.59}Cl_{4.47}$，腐蚀产物主要是 Al_2O_3 和氯化物。在质量分数为 3.5%的 NaCl 溶液中，Cl$^-$将会在涂层的活性点产生离子吸附，并与钝化膜发生化学反应，形成图中疖状腐蚀包周围的发散式裂纹，最终导致钝化膜的溶解，诱导点蚀的发生。在循环载荷的作用下，涂层内部如孔隙、氧化物和未熔化的粒子等微观缺陷处将会产生较大的应力集中。在涂层表面和亚表面，扁平颗粒界面处结合强度较低，加之孔隙等缺陷处产生的应力集中，在较大切应力的反复作用下，这些部位将首先发生疲劳损伤，当疲劳损伤积累到一定程度时，层间缺陷处将会萌生微裂纹。随着滑动磨损过程的进行，这些微裂纹将会长大、连接成宏观裂纹。在切应力继续作用下，

裂纹将会沿着材料最薄弱处以消耗扩展功最小的路径和方式向前稳态扩展。在涂层制备过程中，扁平化粒子搭接处常存在孔隙、氧化物夹杂等微观缺陷，使扁平粒子间的结合强度远低于内部结合强度，因此在磨损过程中，裂纹将沿着扁平粒子界面向前扩展。当裂纹长度超过涂层断裂强度的临界尺寸时，涂层将会发生松散和断裂，形成如区域 II 处的剥落坑，从其局部放大图可以看出，光滑的剥落坑内，裂纹沿未熔化粒子的界面向四周发散式扩展，并导致粒子的脆性断裂。区域 III 处的剥落坑内存在大量尺寸细小且疏松的碎屑（C 区域），经分析，其所含元素的组成为 $Al_{30.96}Fe_{4.59}Si_{8.08}O_{55.05}Cl_{1.32}$，是滑动磨损过程中产生的磨屑堆积到剥落坑中并与介质溶液发生腐蚀造成的。300℃退火态涂层的主要失效机制为脆性剥落和腐蚀损伤。

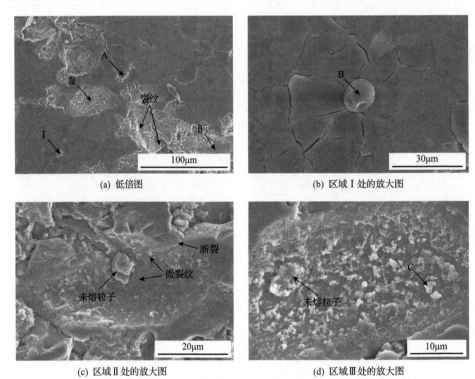

(a) 低倍图

(b) 区域 I 处的放大图

(c) 区域 II 处的放大图

(d) 区域 III 处的放大图

图 5.38　Al-Fe-Si 涂层在 300℃退火处理后的磨损表面形貌

　　图 5.39 为 Al-Fe-Si 涂层在 400℃退火处理后的磨损表面形貌。从图 5.40(a)可以看出，涂层表面粗糙，且存在剥层现象；A 区所含元素的组成为 $Al_{27.46}O_{64.06}Cl_{8.48}$，为腐蚀产物，且其中间存在一些较深的蚀孔。从图 5.39(b)可以看出，涂层层间存在针状腐蚀产物（B 区），其所含元素的组成为 $Al_{21.50}Fe_{10.85}O_{61.28}Cl_{6.37}$。在 NaCl 溶液中，蚀孔外表面作为阴极发生吸氧反应导致富氧化，孔内氧浓度下降，使两者形成氧浓度差异电池。在蚀孔电池产生的电场作用下，蚀孔外的 Cl^- 不断向孔内迁移，导致孔

内 Cl⁻浓度升高。孔内的浓盐溶液具有高导电性，使闭塞电池的内阻降低。由于孔内浓盐溶液中的氧含量低，且氧扩散比较困难，闭塞电池局部供氧受到限制，阻碍了孔内金属的再钝化，并导致孔内金属不断发生腐蚀。蚀孔口形成的腐蚀产物沉积层阻碍了溶液的对流，使孔内溶液无法稀释，进而加速了上述电池效应。闭塞电池效应使蚀孔周围得到了阴极保护，抑制了蚀孔周围的腐蚀，却加速了点蚀的迅速发展。

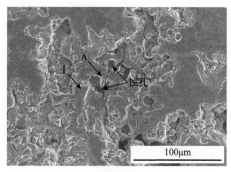

(a) 低倍图

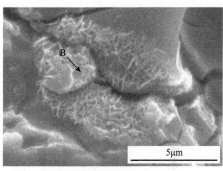

(b) 区域 I 处的放大图

图 5.39　Al-Fe-Si 涂层在 400℃退火处理后的磨损表面形貌

图 5.40 为 Al-Fe-Si 涂层在 500℃退火处理后的磨损表面形貌。从图中可以看出，涂层磨损表面相当粗糙，存在大量的剥落、断裂以及孔洞，这说明在腐蚀磨损过程中产生了严重的材料去除现象，使涂层近乎失效。其中，光滑斑点 I 区域为典型的剥落坑，其内部存在交汇性裂纹以及细小而疏松的腐蚀磨屑（见图 5.40（b）中 A 区域），且 A 区域所含元素的组成为 $Al_{29.27}Fe_{5.20}Si_{6.29}O_{57.85}Cl_{1.39}$，为磨损过程中产生的磨屑堆积到剥落坑中并与介质溶液反应形成的腐蚀产物。

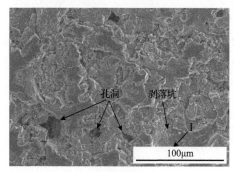

(a) 低倍图

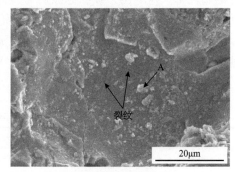

(b) 区域 I 处的放大图

图 5.40　Al-Fe-Si 涂层在 500℃退火处理后的磨损表面形貌

3. 腐蚀磨损机理分析

Al-Fe-Si 涂层在腐蚀与磨损交互作用下的磨损总量为

$$V_{\mathrm{T}} = \frac{V}{St} \times 24 \times 365 \tag{5.1}$$

式中，V_{T} 为腐蚀与磨损交互作用下的磨损总量，mm/y；V 为磨损体积，mm^3；S 为磨痕面积，mm^2；t 为磨损时间，h。

载荷作用下的腐蚀损失量 V_{C} 为[35]

$$V_{\mathrm{C}} = \frac{Ki_{\mathrm{corr}}M}{\rho} \tag{5.2}$$

式中，V_{C} 为腐蚀损失量，mm/y；K 为转换常数，取 3.27×10^{-3}；i_{corr} 为自腐蚀电流密度，可通过极化曲线拟合获得，μA/cm^2；M 为相对原子质量，由于腐蚀过程中主要是 Al 的腐蚀产物，$M=27$；ρ 为涂层密度，计算公式为

$$\rho = \frac{1}{\sum\limits_{i=1}^{3} \dfrac{w_{t(i)}}{\rho_i}} \approx 3.056(\mathrm{g/cm}^3) \tag{5.3}$$

涂层平均孔隙率为 2%，则涂层真实密度 ρ_{real} 为

$$\rho_{\mathrm{real}} = \rho \times (1 - 2\%) \approx 2.995(\mathrm{g/cm}^3) \tag{5.4}$$

表 5.12 为喷涂态及不同温度热处理后 Al-Fe-Si 涂层在腐蚀介质中的磨损组分。从表中可以看出，动态载荷作用加速了涂层的腐蚀损伤，喷涂态涂层在磨损作用下的腐蚀损失量为 0.186mm/y，为无磨损纯腐蚀量 V_{C0} 的 2.5 倍，但仍维持较低的腐蚀量。这是由于喷涂态涂层非晶含量较高，没有晶界、位错等缺陷，且表面易形成稳定的钝化膜，从而抑制电解溶液的腐蚀。随着热处理温度的升高，Al-Fe-Si 涂层晶化相体积分数增加，大量晶界为离子提供了扩散通道，使其防腐蚀性能逐渐下降。腐蚀造成的损失量与热处理温度呈正相关，同时随着晶化程度的加深，磨损促进腐蚀损失量逐渐增加。

表 5.12　喷涂态及不同温度热处理后 Al-Fe-Si 涂层在腐蚀介质中的磨损组分

涂层	V_{T}/(mm/y)	V_{C0}/(mm/y)	V_{C}/(mm/y)	ΔV_{C}/(mm/y)
喷涂态	100.001	0.073	0.186	0.113
300℃	259.100	0.131	0.264	0.133
350℃	306.556	0.211	0.352	0.141
400℃	383.690	0.326	0.489	0.162
450℃	394.200	0.332	0.514	0.182
500℃	429.552	0.384	0.578	0.194

Al-Fe-Si 涂层在腐蚀与磨损交互作用下的磨损总量为[36]

$$V_{\mathrm{T}} = V_{\mathrm{W}} + V_{\mathrm{C}} + \Delta V \tag{5.5}$$

式中，V_{W} 为 Al-Fe-Si 涂层在 NaCl 溶液中的纯机械磨损量，mm/y；ΔV 为磨损促进腐蚀的损失量 ΔV_{C} 和腐蚀促进磨损的损失量 ΔV_{W} 之和，即

$$\Delta V = \Delta V_{\mathrm{C}} + \Delta V_{\mathrm{W}} \tag{5.6}$$

因此，式(5.5)可转换为[37]

$$V_{\mathrm{T}} = V_{\mathrm{W}} + V_{\mathrm{C}} + \Delta V_{\mathrm{C}} + \Delta V_{\mathrm{W}} \tag{5.7}$$

从表 5.12 可以看出，热处理前后腐蚀损失量(V_{C})和磨损促进腐蚀的损失量(ΔV_{C})在磨损总量(V_{T})中的占比很小，几乎可以不计。根据涂层干摩擦磨损行为的研究，在同一磨损条件下，随着热处理温度的升高，铝基非晶涂层的硬度和弹性模量均有明显增强，涂层的耐干磨损性能提高。但是在腐蚀磨损过程中，涂层的耐磨性随晶化程度的加深逐渐恶化，这说明在腐蚀和磨损的耦合作用下，腐蚀促进磨损造成的材料损失(ΔV_{W})较大。在腐蚀磨损过程中，涂层表面的钝化膜在WC 球的外力作用下发生破坏，同时高活性的新鲜涂层暴露在 NaCl 溶液中。之后，新鲜涂层将作为阳极，周围钝化区域(磨痕内和磨痕外)作为阴极，两者构成电偶腐蚀。像 Fe、Al 这些低电位的金属元素将由于阳极反应而溶解，NaCl 溶液中的溶解氧由于阴极反应而减少。

由于涂层金属不断溶解，生成疖状、针状腐蚀产物，同时出现大量较深的蚀孔，导致涂层中产生纵向宏观裂纹，且其组织结构变得疏松多孔。在切应力的切削作用下，这些部位将优先发生疲劳剥落，暴露出的新鲜涂层组织由于活性较高将进一步被腐蚀，如此循环往复，加速了涂层的失效。随着涂层热处理温度的升高，涂层防腐蚀性能逐渐恶化。上述反应将逐渐加剧，导致涂层耐腐蚀磨损性能逐渐下降。

参 考 文 献

[1] Enzo S, Polizzi S, Benedetti A. Applications of fitting techniques to the Warren-Averbach method for X-ray line broadening analysis. Zeitschrift Für Kristallographie, 1985, 170(1-4): 275-287.

[2] 张显程, 巩建鸣, 涂善东. 再制造技术与化工设备的延寿. 压力容器, 2002, 19(3): 22-25.

[3] 梁秀兵, 陈永雄, 程江波, 等. 电弧喷涂亚稳态复合涂层技术. 北京: 科学出版社, 2014.

[4] 汪卫华, 罗鹏. 金属玻璃中隐藏在长时间尺度下的动力学行为及其对性能的影响. 金属学报, 2018, 54(11): 1479-1489.

[5] 林尽染. 热处理对高速电弧喷涂 Fe 基非晶涂层抗空蚀性能的影响. 材料热处理学报, 2021, 42(12): 159-165.

[6] Luo X X, Yao Z J, Zhang P Z, et al. Al₂O₃ nanoparticles reinforced Fe-Al laser cladding coatings

with enhanced mechanical properties. Journal of Alloys and Compounds, 2018, 755: 41-54.

[7] 傅斌友, 贺定勇, 赵力东, 等. 电弧喷涂铁基非晶涂层的结构与性能. 焊接学报, 2009, 30(4): 53-56.

[8] 曹楚南. 腐蚀电化学原理. 3 版. 北京: 化学工业出版社, 2008.

[9] Mansfeld F, Lin S, Kim S, et al. Corrosion protection of Al alloys and Al-based metal matrix composites by chemical passivation. Corrosion, 1989, 45(8): 615-630.

[10] 曹楚南, 张鉴清. 电化学阻抗谱导论. 北京: 科学出版社, 2002.

[11] Chen H X, Kong D J. Effects of laser remelting speeds on microstructure, immersion corrosion, and electrochemical corrosion of arc-sprayed amorphous Al-Ti-Ni coatings. Journal of Alloys and Compounds, 2019, 771: 584-594.

[12] De Oliveira L A, De Oliveira M C L, Rios C T, et al. Corrosion of $Al_{85}Ni_9Ce_6$ amorphous alloy in the first hours of immersion in 3.5-wt% NaCl solution: The role of surface chemistry. Surface and Interface Analysis, 2020, 52(1-2): 50-62.

[13] Zhang D H, Kong D J. Microstructures and immersion corrosion behavior of laser thermal sprayed amorphous Al-Ni coatings in 3.5% NaCl solution. Journal of Alloys and Compounds, 2018, 735: 1-12.

[14] Zhang L M, Zhang S D, Ma A L, et al. Influence of cerium content on the corrosion behavior of Al-Co-Ce amorphous alloys in 0.6M NaCl solution. Journal of Materials Science & Technology, 2019, 35(7): 1378-1387.

[15] 贺俊光, 文九巴, 孙乐民, 等. 用循环极化曲线研究 Al 和铝合金的点蚀行为. 腐蚀科学与防护技术, 2015, 27(5): 449-453.

[16] Davoodi A, Pan J, Leygraf C, et al. Integrated AFM and SECM for in situ studies of localized corrosion of Al alloys. Electrochimica Acta, 2007, 52(27): 7697-7705.

[17] 白杨, 王振华, 李相波, 等. 低压冷喷涂制备 Al(Y)-30%Al_2O_3 涂层及其海水腐蚀行为. 金属学报, 2019, 55(10): 1338-1348.

[18] 吕威闯, 王晓明, 常青, 等. 微合金化对铝基非晶合金涂层耐蚀性能的影响. 中国表面工程, 2019, 32(6): 73-80.

[19] Liu W, Li Q, Li M C. Corrosion behaviour of hot-dip Al-Zn-Si and Al-Zn-Si-3Mg coatings in NaCl solution. Corrosion Science, 2017, 121: 72-83.

[20] 芦笙, 吴良文, 徐荣远, 等. 正脉冲占空比对 ZK60 镁合金微弧氧化陶瓷膜的影响. 材料保护, 2010, 43(9): 39-41.

[21] Zhang S D, Wang Z M, Chang X C, et al. Identifying the role of nanoscale heterogeneities in pitting behaviour of Al-based metallic glass. Corrosion Science, 2011, 53(9): 3007-3015.

[22] Zhang S D, Liu Z W, Wang Z M, et al. In situ EC-AFM study of the effect of nanocrystals on the passivation and pit initiation in an Al-based metallic glass. Corrosion Science, 2014, 83: 111-123.

[23] 陈庆军, 胡林丽, 周贤良, 等. 氢氧化钠溶液浓度对 Fe-Cr-Mo-C-B 非晶合金涂层耐腐蚀性能的影响. 稀有金属材料与工程, 2012, 41(1): 152-156.

[24] Ha H M, Miller J R, Payer J H. Devitrification of Fe-based amorphous metal SAM 1651 and the effect of heat-treatment on corrosion behavior. Journal of the Electrochemical Society, 2009, 156(8): C246-C252.

[25] Yoo Y H, Lee S H, Kim J G, et al. Effect of heat treatment on the corrosion resistance of Ni-based and Cu-based amorphous alloy coatings. Journal of Alloys and Compounds, 2008, 461(1-2): 304-311.

[26] 刘莉, 李瑛, 王福会. 钝性纳米金属材料的电化学腐蚀行为研究: 钝化膜生长和局部点蚀行为. 金属学报, 2014, 50(2): 212-218.

[27] Yang Y, Zhang C, Peng Y, et al. Effects of crystallization on the corrosion resistance of Fe-based amorphous coatings. Corrosion Science, 2012, 59: 10-19.

[28] Huang F, Kang J J, Yue W, et al. Effect of heat treatment on erosion-corrosion of Fe-based amorphous alloy coating under slurry impingement. Journal of Alloys and Compounds, 2020, 820: 153132.

[29] Oberle T L. Properties influencing wear of metals. Journal of Metals, 1951, 3: 438G-439G.

[30] Halling J. The tribology of surface films. Thin Solid Films, 1983, 108(2): 103-115.

[31] Leyland A, Matthews A. On the significance of the H/E ratio in wear control: a nanocomposite coating approach to optimised tribological behaviour. Wear, 2000, 246(1): 1-11.

[32] Cheng J B, Liu D, Liang X B, et al. Evolution of microstructure and mechanical properties of in situ synthesized TiC-TiB$_2$/CoCrCuFeNi high entropy alloy coatings. Surface and Coatings Technology, 2015, 281: 109-116.

[33] Fu B Y, He D Y, Zhao L D. Effect of heat treatment on the microstructure and mechanical properties of Fe-based amorphous coatings. Journal of Alloys and Compounds, 2009, 480(2): 422-427.

[34] Yasir M, Zhang C, Wang W, et al. Tribocorrosion behavior of Fe-based amorphous composite coating reinforced by Al$_2$O$_3$ in 3.5% NaCl solution. Journal of Thermal Spray Technology, 2016, 25(8): 1554-1560.

[35] Liu X, Zhao X Q, An Y L, et al. Effects of loads on corrosion-wear synergism of NiCoCrAlYTa coating in artificial seawater. Tribology International, 2018, 118: 421-431.

[36] Zhang Y, Yin X Y, Yan F Y. Tribocorrosion behaviour of type S31254 steel in seawater: Identification of corrosion-wear components and effect of potential. Materials Chemistry and Physics, 2016, 179: 273-281.

[37] 汪陇亮, 孙润军, 单磊, 等. CrAlN 涂层海水环境腐蚀磨损行为研究. 摩擦学学报, 2017, 37(5): 639-646.

第6章　铝基非晶纳米晶涂层应用可行性浅析

高速电弧喷涂技术是基于空气动力学原理和数值模拟技术通过计算优化设计开发出来的，能将雾化气流速度提升到 550m/s 以上，赋予了喷涂熔滴较高的冷却速度，为非晶涂层在动态喷涂过程中原位制备提供了有利条件。高速电弧喷涂制备铝基非晶纳米晶涂层技术不仅可提升传统防腐用金属涂层的综合性能，还拓宽了该类材料的服役范围，尤其是在腐蚀与磨损共同影响下的工况环境中。该技术将成为当代乃至未来海洋钢结构、铝合金零部件表面防护领域重要的加工技术之一。因此，对高速电弧喷涂制备铝基非晶纳米晶涂层技术在工程实践中的应用可行性进行试验，并对该技术实施所带来的经济性进行评估尤为重要。

6.1　铝基非晶纳米晶涂层的应用试验

6.1.1　海南自然环境腐蚀试验

为了真实反映铝基非晶纳米晶涂层在实际工况下的腐蚀状况和失效规律，获得准确、可靠的数据，将带有铝基非晶纳米晶涂层的试验试片在海南万宁自然环境试验站进行了大气环境下的暴露腐蚀试验。海南万宁自然环境试验站是国内规模最大的自然环境试验站，具有占地面积大、试验项目及样品多、配套设施相对完善的优势，加上近海试验站及海洋平台的建成使用，更是领先于国内水平，是开展热带海洋自然环境试验的理想之地。该试验站位于东经 110°30′31″、北纬 18°58′05″的海南岛东海岸海滨，其三面毗邻乡村，东面临海，海拔 12.3m，平均温度达 24.6℃，平均相对湿度为 86%，年总辐射量达 4826MJ/m²，年总日照时数约为 2154h，年降水总量可达 1515mm，降水 pH 为 5.4，大气中工业废气少，富含 Cl⁻，属于典型的高温高湿海洋大气环境[1]。

大气暴露腐蚀试验需有专用挂片设施，还要有专人定期维护和测试。采用的试样尺寸为 230mm×150mm×5mm(按照挂片台架的尺寸制定)，利用高速电弧喷涂技术制备的铝基非晶纳米晶涂层厚度约为 200μm，基体选用 45 钢。在试片一端钻孔，孔径为 8mm，便于在挂片架上安装及固定。钻孔后，需要对挂片的钻孔处、四个侧面及背面进行封闭处理。由于封闭的好坏会直接影响到挂片试样的防腐蚀性能，在涂装时不仅要使有机涂料封闭到钻孔部位裸露出的金属基体，还要把圆孔周围的区域也加以封闭，这样可以起到更好的保护作用。

试验结果显示，经过 12 个月的试验后，铝基非晶纳米晶涂层的表面仍保持完好，无点蚀、发霉等失效现象，表现出优异的防腐蚀性能。

6.1.2　井下钻杆外壁表面防护试验

井下钻杆是油气开采过程中钻井所需的主要工具，用于连接位于井上的钻机地表设备和位于钻井底端的钻磨设备，并起到提升、降落或旋转钻磨设备的作用[2]。油气田的地质条件往往较为复杂，一般分布着高压盐水层、盐膏层等，如山前构造带的地层中夹层较多、断层分布较广、有较厚的砾石层等[3]。因此，在钻井过程中，钻杆外壁承受着不同程度的磨损和腐蚀。当油气田里存在硫化氢(H_2S)时，还要求钻杆能抵抗 H_2S 的腐蚀，所以其工况条件极为复杂，工作环境非常恶劣。我国每年由于油气田井下钻杆失效造成的事故约有五六百件，由此带来的经济损失巨大[2]。钻杆的失效形式主要为腐蚀、磨损、疲劳及其交互作用导致的失效，目前主要的防护措施有加缓蚀剂、优质涂料和选用优质耐腐蚀钢，但这些措施在磨损和疲劳状态下的防护能力极其有限，急需一种既能防腐蚀又能耐磨损的表面处理措施来进行防护。

现将高速电弧喷涂制备的铝基非晶纳米晶涂层应用于油气田井下钻杆外壁的表面防护，同时在钻杆的另一端采用高速电弧喷涂技术制备纯铝涂层来进行对比，并展开了初步的应用考核试验。将带有喷涂层的井下钻杆在井下高腐蚀性泥浆磨损环境下服役 1000h 后的涂层表面形貌进行对比可以看出，纯铝涂层的表面显示出大量的划痕，划痕深度较为明显，并且划痕方向错乱重叠；而铝基非晶纳米晶涂层的表面仅有轻微的划伤痕迹，没有显示出明显的失效特征。这充分说明了铝基非晶纳米晶涂层的耐磨损和防腐蚀性能优于纯铝涂层，完全能够经受住井下钻探工况环境带来的伤害。

6.1.3　海工设施表面腐蚀试验

腐蚀是海工设施钢结构件使用性能正常发挥的主要影响因素之一。特别是在海南"三高"(高温、高湿、高盐雾)的恶劣环境下，某些海工设施非耐压结构、设备、管系连接部位等会受到腐蚀和压力联合作用而造成腐蚀破坏。这些腐蚀大幅降低了海工设施的材料性能，严重影响其正常作业，加大了维修工作量，缩短了工作寿命。通过调研可知，防护涂料过早失效是海工设施腐蚀的主要原因[4]。而且，当前国内对于海工设施长效防腐涂层的服役行为和耐蚀机理方面的研究较少，无法提供有效的长效防腐蚀涂料以及系统、合理、有针对性的防腐技术。

将高速电弧喷涂制备的铝基亚稳态涂层应用于海工设施关键部位的表面，施工喷涂面积约为 $10m^2$，喷涂了厚度约 $350\mu m$ 的铝基非晶纳米晶涂层，并以常规涂装用有机涂料进行封孔处理后展开实海考核。经过 3 个月的实海试验后，高速电弧喷涂铝基非晶纳米晶涂层未出现剥离脱落现象，这为海洋环境下钢结构件表面防护提供了新材料和新技术，具有较高的经济和社会效益。

6.2　铝基非晶纳米晶涂层的经济性分析

由于海洋钢结构、铝合金结构件长期处于非常恶劣的海水及海洋大气腐蚀环境中，经常承受盐度、酸碱度、风雨及泥沙冲刷带来的侵蚀影响。在这种恶劣的工况下长期服役，势必造成海洋设施材料出现点蚀、裂纹、划伤、屈服变形等现象，甚至过度腐蚀以致失效，从而导致一些恶性海洋事故，给国家和人民的生命财产造成巨大的损失和伤害[5]。目前，用于防腐海洋钢结构设施的主要措施是涂刷有机涂料、添加牺牲阳极、外加电流保护等。这些传统措施有利有弊，其主要不足之处是不能为恶劣海洋环境下服役的钢结构设施提供行之有效的长效防腐。热喷涂技术在国外已被公认为表面工程长效防腐技术之一，在钢结构设施表面防腐蚀领域已经获得了大量的应用实例，但是其在国内却未获得较为广泛的推广。高速电弧喷涂制备铝基非晶纳米晶涂层技术可以满足海洋设施表面防护所要求的条件，势必在未来海洋设施表面防护领域大放异彩。现针对该技术可应用的经济性进行适当分析。

在评价海洋设施表面防腐用有机涂料和金属涂层的经济性时，均应考虑直接成本和间接成本。直接成本是指防护涂层本身在服役寿命周期内的成本，主要与涂层的材料成本、施工成本和服役寿命有关；而间接成本是指在制备涂层过程中带来的间接费用，如在涂层维护期间，海洋设施被迫停用而引起的误工所带来的经济损失等。将有机涂料与金属涂层相比，由于有机涂料成本较低，施工设备简单，操作简便，其一次性成本投入要低于金属涂层。但是，由于有机涂料工作寿命远小于金属涂层，尤其是在海南恶劣腐蚀环境以及存在划伤等条件下，在相同服役时间内，其所需要的维护次数要远多于金属涂层，一方面将增加海洋设施的维护工作量，占用大量的人力和物力；另一方面还会影响设施的正常工作。因此，从长效防腐和维护周期的角度来看，金属涂层的经济性更为显著。

再对比分析几种常用金属涂层的经济性。纯铝涂层与 Zn-15Al 涂层是常用金属涂层，利用年平均维持费用（即全部施工费用与使用年限之比）来评价涂层经济性是可行的。表 6.1 为金属涂层经济性比较。

纯铝涂层在海洋环境下易发生局部点蚀和严重的氯化腐蚀，因此其防护寿命仅为 1～2 年。由于 Zn-15Al 涂层中含有一定比例的 Zn-Al 金属间化合物，其防腐蚀性能比纯铝涂层稍好；但 Zn、Al 在海洋恶劣环境中多为活性溶解，且其腐蚀速度较大，因此 Zn-15Al 涂层的预估寿命也仅为 3～5 年；铝基非晶纳米晶涂层由于具有较高的非晶含量，其内部由非晶、纳米晶、氧化相多相共存的复合结构组成，以及其腐蚀过程形成的产物具有填充孔隙、屏蔽腐蚀介质的作用，其工作寿命预计为 10～15 年。从年平均维持费用来看，铝基非晶纳米晶涂层不足 50 元/m^2，为最低，还可延长维修周期，间接降低其维护成本。因此，采用高速电弧喷涂制备铝基非晶纳米晶涂层的技术在经济效益方面占有较大优势。

表 6.1　金属涂层经济性比较

对比项	纯铝涂层	Zn-15Al 涂层	铝基非晶纳米晶涂层
丝材价格/(元/公斤)	25	35	150
丝材成本/(元/m²)	40	100	200
涂层造价/(元/m²)	340	400	450
使用寿命/年	1～2	3～5	10～15
年平均维持费用/(元/m²)	170～340	80～133	30～45

6.3　铝基非晶纳米晶涂层的前景建议

通过试验检测分析以及初步的应用考核试验可以看出，高速电弧喷涂制备的铝基非晶纳米晶涂层富含非晶相且兼具防腐与耐磨双重功能，具有稳定的工作能力，可适用于海洋钢结构件设施表面材料的腐蚀防护，特别适用于存在磨损、划伤等苛刻环境下的长期工作。另外，该涂层与基体之间的结合强度较高，且涂层中具有少量孔隙，因此可作为钢结构材料与有机涂料的中间层进行高效连接，并可与有机涂料结合使用，有望实现"1+1>2"的防护效果。

高速电弧喷涂制备铝基非晶纳米晶涂层技术具有工艺简单、设备简易、安全可靠的特点，能够不受空间限制，且易于实现涂层大面积现场施工作业，因此可为海洋设施提供现场表面防护与维修服务。结合实验室检测及应用试验的结果，认为该涂层安全工作寿命有望达 10 年以上，可节约大量维修成本，并保障海洋钢结构件设施以及铝合金结构件材料的长期安全工作。

参 考 文 献

[1] 张先勇, 舒德学, 陈建琼. 海南万宁试验站大气环境及腐蚀特征研究. 装备环境工程, 2005, 2(4): 73-80.

[2] 黄本生, 卢曦, 刘清友. 石油钻杆 H_2S 腐蚀研究进展及其综合防腐. 腐蚀科学与防护技术, 2011, 23(3): 205-208.

[3] 周杰, 卢强, 吕拴录, 等. 塔里木油田用钻杆失效原因分析及预防措施. 钢管, 2010, 39(4): 48-52.

[4] 方志刚, 刘斌, 王涛. 静水压力对深海工程涂料防护性能的影响. 材料保护, 2012, 45(12): 51-53, 8.

[5] 李一, 赵述欣, 甘辉兵. 热喷涂技术在船体结构防腐中的应用. 世界海运, 2005, 28(5): 6-8.